数学建模案例丛书 ／ 主编 李大潜

UMAP
数学建模案例精选 ①

UMAP Shuxue Jianmo Anli Jingxuan

姜启源 等 编译

U0351936

高等教育出版社·北京

内容简介

  本书为《数学建模案例丛书》的第一册，书中的案例选自美国 COMAP 出版的 UMAP 期刊上的教学单元，包含的案例有戴水肺潜水的数学建模，日辐射量，地质定年法，民主选举中的数学与公正性，交易卡片的收集，交通信号灯的调度，纸牌、编码和大袋鼠，重力输水系统，依赖于温度的螨虫捕食者—食饵模型，草地生态系统的抗灾能力，小型哺乳动物的扩散，医用 X-光学成像的数学。这些案例的应用领域涉及工程、经济、交通、社会、地质、生物、生态、医学、测量等，数学知识基本上不超出微积分、微分方程、线性代数、概率、向量分析等大学基础数学的内容。教学方法讲究循序渐进、步步为营，数学推导详细，特别是在问题展开的过程中配备了相应的习题，让学生边阅读边练习。

  本书的案例可以作为数学建模课程的辅助教材和自学材料，也为讲授、学习其他数学课程的教师和学生提供了将数学方法应用于实际问题的丰富的素材和课外读物。

序

　　数学作为一门研究现实世界中的空间形式与数量关系的科学,它所研究的并非真正的现实世界,而只是现实世界的数学模型,即所研究的那部分现实世界的一种虚构和简化的版本。尽管数学建模这个术语的兴起并被广泛使用不过是近些年来的事,但作为联系数学与应用的重要桥梁,作为数学走向应用的必经的最初一步,数学建模与数学学科本身有着同样悠久的历史。从公元前三世纪建立的欧几里得几何,到根据大量天文观测数据总结出来的行星运动三大定律;从牛顿力学和微积分的创立,到出现在流体力学、电动力学、量子力学中的基本微分方程,无一不是揭露了事物本质的数学模型,且已成为相关学科的核心内容和基本构架。

　　半个多世纪以来,随着数学科学与计算机技术的紧密结合,已形成了一种普遍的、可以实现的关键技术——数学技术,成为当代高新技术的一个重要组成部分和突出标志,"高技术本质上是一种数学技术"的提法,已经得到越来越多人们的认同。作为基础学科的数学籍助于建模与算法向技术领域转化,变成了一种先进的生产力,对加强综合国力具有重大的意义。与此同时,数学迅速进入了经济、金融、人口、生物、医学、环境、信息、地质等领域,一些交叉学科如计量经济学、人口控制论、生物数学、数学地质学等应运而生,为数学建模开拓了广阔的用武之地。

　　另一方面,将数学建模引入教学,为数学和外部世界的联系提供了一种有效的方式,让学生能亲自参加将数学应用于实际的尝试,参与发现和创造的过程,取得在传统的课堂里和书本上无法获得的宝贵经验和切身感受,必将启迪他们的数学心智,促使他们更好地应用、品味、理解和热爱数学,在知识、能力及素质三方面迅速成长。

自上世纪 80 年代初数学建模进入我国大学课堂以来,经过 30 多年健康、快速的发展,目前已有上千所高校开设了各种形式的数学建模课程,正式出版的教材和参考书达 200 多本。全国大学生数学建模竞赛自 1992 年创办以来,受到广大师生的热烈欢迎,到 2014 年已有 1 300 多所院校、23 000 多个队的 7 万余名学生参加。可以毫不夸张地说,数学建模的课堂教学实践与课外竞赛活动相互促进、协调发展,是这些年来规模最大、最成功的一项数学教学改革实践。

用数学的语言和工具表述、分析和求解现实世界中的实际问题,并将最终所得的结果回归实际、检验是否有效地回答了原先的问题,这是数学建模展示的一个全过程。在 30 多年数学建模的教学实践中,已冲破了原有的数学教学模式,形成了一种案例式、讨论式的教学方法。通过一些源于生活、生动新颖,又内涵丰富、启示性强的案例,不仅能吸引学生浓厚的学习兴趣,而且对于培养、提高学生数学建模的意识、方法和能力都有切实的成效。

事实充分说明,数学建模能力的培养和训练,各种案例所起的作用是十分重要的。我们不仅要充分利用案例的广度,通过生动、丰富的案例,展示及阐述数学在诸多领域中的应用,更要特别注重案例的深度,着意选择一些随着假设条件不断贴近实际、所建立的模型不断改进、而由模型得到的结果也更加符合实际的案例,体现数学建模逐步深入和发展的过程。正因为如此,这套数学建模案例丛书,将由翻译、改编国外相关机构出版的案例和收集、汇编国内撰写的案例这两部分组成,以期给广大教师和学生提供数学建模方面的教学素材、学习读物和竞赛辅导材料,促进我国数学建模的教学及竞赛不断深入发展。

当然,数学建模要不断深入,就不能认为现有的、包括那些目前可能是有口皆碑的模型,已经到了十全十美的境地,可以画上句号了。对本丛书中所精心收集的案例,自然也应抱着这样的态度。这是数学建模一个显著的特点,是数学建模永远生气蓬勃的标志,也是广大的数学建模工作者永不止步的鞭策和动力。诚挚地希望广大读者能提出宝贵的建议,并积极提供可以收入本丛书的有关数学建模的案例或者素材,帮助编委会将这套丛书愈办愈好。

李大潜

2014 年 10 月

前　言

　　经过数学建模案例丛书编委会成员的共同努力,在全国大学生数学建模竞赛组委会和高等教育出版社的支持、配合下,《UMAP 数学建模案例精选(1)》顺利问世了。

　　本书的案例全部选自美国 COMAP(Consortium for Mathematics and Its Applications)出版的 UMAP(Undergraduate Mathematics and Its Applications)期刊上的教学单元。该刊物的对象是大学生和教师,主要发表数学建模及数学科学在各个领域中应用的研究论文、教学单元等,在每年举办的美国大学生数学建模竞赛和交叉学科竞赛中获得 Outstanding 奖的论文也在该刊物上刊载。

　　本书选编的数学建模案例有以下几个特点:

　　应用领域涉及工程、经济、交通、社会、地质、生物、生态、医学、测量等,每篇都对案例的应用背景作了简明、生动的介绍,让不大熟悉那个领域的读者也能基本上了解这个案例要讨论的问题,有些还对材料的历史由来给出较详细的说明。

　　数学知识基本上不超出微积分、微分方程、线性代数、概率、向量分析等大学基础数学的内容,学完这些课程的学生阅读案例,数学上不会遇到多大困难。个别案例用到数值分析、傅里叶变换、博弈论的知识。

　　教学方法讲究循序渐进、步步为营,数学推导比较详细,特别是在问题展开的过程中配备了相应的习题,让学生边阅读边练习。如果能在学习时按照要求把全部习题都做一遍,相信不仅有利于对问题的深入理解,而且对相关数学方法的学习也是一次很好的复习和提高。

本书的案例可以作为数学建模课程的辅助教材和自学材料,也为讲授、学习其他数学课程的教师、学生提供了将数学方法应用于实际问题的丰富的素材和课外读物。

编译者对原文中某些专业知识的理解不可避免地存在可以商榷之处,对一些次要的、过时的部分也作了适当的删节,为了给读者提供方便,特将本书的全部原文放到与本书配套的"数字课程"网站上。

姜启源

2014 年 10 月

目　录

1 戴水肺潜水的数学建模
The Mathematics of Scuba Diving

叶其孝　编译　谭永基　审校

摘要：

利用微分方程的指数解构建不同深度、不同持续时间的潜水减压时间表.

原作者：

D. R. Westbrook

Dept. of Mathematics and Statistics, University of Calgary, Calgary, Alberta, Canada T2N1N4.

westbroo@ acs. ucalgary. ca

发表期刊：

The UMAP Journal, 1997,18(2)：115 –143.

数学分支：

基础微积分

应用领域：

生理学

授课对象：

学习基础微积分的学生

预备知识：

与指数函数有关的微分和积分知识

相关材料：

Unit 676：Compartment Models in Biology, by Ron Barnes. The UMAP Journal,8 (2)：133 –160. 重印于 UMAP Modules：Tools for Teaching 1987, edited by Paul J. Campbell. Arlington,MA：COMAP, 1988. 207 –234.

目 录:

1. 引言

你是戴水肺的潜水者①吗？你能使用潜水表吗？你知道潜水表的数学基础是什么吗？你能构建你自己的潜水表吗？本教学单元之目的是描述潜水表的生理学基础以及计算中用到的数学.

2. 潜水简史

潜水是一种古老的消遣方式. 潜水用来获利 —— 采集海绵动物、贝壳和珍珠——以及潜水用于获得食品已经伴随我们一段时间了，而且人们很可能以潜水作为乐趣. 希腊人曾把潜水员用于军事目的，这在今天仍然具有重要战略意义.

古代潜水基本上是自由（或屏气）潜水，虽然有报道说大约公元前 330 年亚历山大大帝使用了一种原始的潜水钟（内贮空气、底部有开口，用于深海潜水—— 编译者注）. 潜水钟本质上是一个用重物固定的将空气（或其他气体）保留在其内部的倒置容器，将其沉到一定深度，使得潜水员可以在需要时返回该深度取氧，或者借助一根软管将潜水员与容器相连. 在潜水的进程中钟内的空气质量会变差，随着潜水的进展，人们发明了许多重新装满气体的方法.

---

① 戴水肺潜水（戴水下呼吸器潜水）又称 SCUBA DIVING（SCUBA – 全名为"Self-Contained Underwater Breathing Apparatus（自携式水下呼吸器）"），指潜水员自行携带水下呼吸系统所进行的潜水活动，其中有开放式（open-circuit）呼吸系统及封闭式（closed-circuit）呼吸系统，原理都是利用调节器（Regulator）装置把气瓶中的压缩气体转化成可供人体正常呼吸压力的气体. 开放式呼吸系统相对较简单，亦为现时较多人使用的器材，此种系统供应呼吸用气体（压缩空气）给潜水员呼吸使用. 封闭式呼吸系统又称循环式呼吸器（rebreather），此系统提供呼吸循环，充分利用呼吸器里的氧气，延长潜水时间. 对潜水员使用过的气体，系统会将其中的二氧化碳吸收，并重新注入适量氧气，再供应给潜水员. 此类系统可提供压缩空气、高氧（Nitrox）或多种混合气体给潜水员使用. 通过对不同的潜水时段和不同潜水深度供应不同气体的方法，可以预防潜水员病 Decompression Sickness（又称"减压病"）或氧毒症（Oxygen Toxicity）. —— 编译者注

1691 年，Sir Edmund Halley(埃德蒙·哈雷爵士,因为计算出哈雷彗星的公转轨道而成名——编译者注)建造了可能是第一个实用的潜水钟,并获得专利,该潜水钟大约有60 ft³(ft—英尺,1 ft = 0.304 8 m)的容积. 空气从桶里补充进来,而不洁的空气则通过一个阀装置排出去（直径为 3.5 ft、高为 6 ft 的直圆柱的体积 ≈ 56 ft³）. 为了能够从潜水钟的表面把新鲜空气泵入潜水钟而研制出成功的压力泵之前,已经过去了近 100年. 这种技术后来发展成从表面供给空气的个人潜水服,然后又发展成为自携式水下呼吸器(SCUBA).

随着下潜更深而且时间更长,很明显会有各种各样的生理风险介入进来. 这样的一种风险就是减压病,或"弯曲病",这是一种和长时间潜水或深潜后快速回到水面相关的疾病.

除潜水外,19 世纪还见证了"沉箱" —— 配备气锁并处在高压下的巨大箱子 —— 的出现,这就能够使在地下或水下工作的隧道挖掘机和桥梁建设者在水不会浸入沉箱的条件下工作. 人们很快就清楚了,为使在高压环境下工作数小时的工人在回到正常大气压力环境时免遭伤害甚至死亡的风险,需要一些特别的操作程序. 明显需要执行一系列小心谨慎的减压措施. 1854 年,医生 B. Pol 和 T. J. J. Wattelle 在一份报告中指出,"危险不在于进入含有压缩空气的竖井,也不在于待在那里时间长点或短点,唯独减压是危险的"[Hills 1977].

这时减压的常规程序通常是线性的(即,以每分钟大气压的恒定速率减压),而且一般说是根据部分实验对象的许多痛苦和若干死亡的经验设计出来的. 在圣路易斯大桥约 600 名工人中,119 人遭遇严重的神经系统减压病,而且导致 14 人死亡. "弯曲病"这个名称显然是缘于这些建桥工人由于关节疼痛所导致的走路步态. 这类似于那个时代时尚妇女的上身微向前屈的"希腊式弯曲"步行姿势,她们主动地以这种方式走路.

20 世纪早期,军事需求导致各国海军对减压病的兴趣,更细致的研究也已开始. 1906 年由生理学家 J. S. Haldane[①] 为皇家海军做的这方面的研究最具影响力. Haldane

---

① John Burdon Sanderson Haldane(约翰·伯顿·桑德森·霍尔丹, 1892.11.05—1964.12.01) 英国遗传学家、进化生物学家、数学家,被认为是种群遗传学的奠基人之一. ——编译者注

的潜水表(1908 年)是非常有效的,几乎消除了潜水所冒风险的减压病,从而使用了一段时间. 随着越来越多的经验被获得,Haldane 的表对于短时间潜水有些保守的问题变得明显了,于是作出了若干调整. 之后随着更长时间更大深度潜水的展开,人们发现这些潜水表对于长时间大深度的潜水反而保守得不够,从而做出了更加细化的改进. 更晚些时候出现了更进一步的细化潜水表,但是这些潜水表基本上仍然是在 Haldane 的原始想法的基础上改编而成的.

在下面几节中,我们将研究这些基本思路及其背后的数学. 构建合乎需要的万能潜水表,它要用到十分精细的数学方法,但是我们会以一种简化的形式运用这些思路来构建自己的潜水表.

> 不要把我们构造的潜水表用于任何潜水!
> 请使用你的潜水教练给你的潜水表.

3．Haldane 模型

当 Haldane 开始他的实验时,研究证实减压病的主要原因是空气中的惰性气体氮的气泡释放到各种组织和动脉血流中. 女潜水员在水下期间,她是在高压下呼吸空气的,结果是更多的氮气被压入她的血液中. 当她上浮时,她在较低压力下呼吸空气,从而溶解在她的血液中的氮形成了气泡 (由于溶解在血液里的空气中的氧被代谢掉了,所以它不会引起问题). 当旋松汽水瓶的瓶盖时会看到这种效应. 当瓶盖旋松时处于压力下的液体中的气体突然减压,气泡迅速形成.

起初,人们认为会有一个压力下降的临界值,高于这个临界值才会生病;但是 Haldane 对山羊做的实验却得到了不同的结论 (Haldane 发现山羊对减压病的敏感度是可接受地接近于人类对减压病的敏感度). 他发现不管原来的压力是多少,如果压力下降小于一个固定的比例,减压病就不会发生. 也就是说,存在一个值 M,压力 P_1 可以降低到 $P_2 = MP_1$ 时仍然不会发生"弯曲病". Haldane 提出了一个略小于 $1/2$ 的 M 值. 在我们的计算中将采用 $M = 1/2.15 \approx 0.465$.

这些实验的受试者被长时间暴露于较高的压力下,所以溶解的气体被提高到了饱和水平. 在潜水时,情况可能并非如此. 此外,对于在绝对压力高于两倍以上大气压下的长时间潜水而言,没有一次或几次的中间暂停,受试者不可能被带到一个大气压之下.(两个大气压的绝对压力的水深约为 10 m≈33 ft.)

为确定一个合适的暂停次数,需要了解气体是怎样溶解到身体组织中的以及怎样从身体组织中释放出来的模型. 首先,已知在肺部循环中的惰性气体之压力几乎瞬间等于肺中之压力,这就是环境外部压力. 因此,血液进入动脉系统的气体压力等于外部环境压力. 现在,必须建立一个气体在身体各种组织中的分布的数学模型.

简单的房室模型

模型假设

我们在这个教学单元中使用的简单模型是基于以下的假设:

- 血液以一个恒定的体积率 $v(\mathrm{mL/s})$ 流过组织.

- 如果在血液和组织中的气体压力为 $p(t)$,那么血液中气体的浓度为 $s_1 p(t)$ g/mL,组织中气体的浓度为 $s_2 p(t)$ g/mL,其中 s_1,s_2 为溶解度,都是常数,不过在不同组织中 s_2 的值不同.

这个模型是一个简单的房室模型(参见 Barnes [1987]). 气体以外部环境压力 p_e 进入肺部循环系统. 我们假定,当气体进入房室组织时血液中的气体压力为 p_e. 在组织和血液中的压力迅速与当地压力 $p(t)$ 趋同,而血液以压力 $p(t)$ 流出房室.

模型建立

气体的质量守恒定律成立,即在 $[t,t+\Delta t]$ 时间区间里:

　　　　房室内的质量增加 = 流进房室的质量增加 − 流出房室的质量增加.

房室中气体在任何时刻的质量为 $V_1 s_1 p(t) + V_2 s_2 p(t)$,其中 V_1 和 V_2 是以 mL 为单位测量的,它们分别代表在房室内血液和组织的体积. 于是,在 $[t,t+\Delta t]$ 时间区间里房室内的气体质量的增加为

$$V_1 s_1 p(t+\Delta t) + V_2 s_2 p(t+\Delta t) - V_1 s_1 p(t) - V_2 s_2 p(t)$$

气体以速率 $vs_1 p_e$ g/s 进入房室,并以速率 $vs_1 p$ g/s 离开房室.

流进房室的质量增加 – 流出房室的质量增加 $= (vs_1 p_e - vs_1 p(t)) \Delta t$

由质量守恒知

$$V_1 s_1 p(t+\Delta t) + V_2 s_2 p(t+\Delta t) - V_1 s_1 p(t) - V_2 s_2 p(t) = vs_1 (p_e - p(t)) \Delta t$$

或 $\dfrac{V_1 s_1 p(t+\Delta t) + V_2 s_2 p(t+\Delta t) - V_1 s_1 p(t) - V_2 s_2 p(t)}{\Delta t} = vs_1 (p_e - p(t))$

令 $\Delta t \to 0$,得到下面的微分方程模型

$$(V_1 s_1 + V_2 s_2)\frac{\mathrm{d} p(t)}{\mathrm{d} t} = vs_1 (p_e - p(t)) \quad \text{或} \quad \frac{\mathrm{d} p}{\mathrm{d} t} = k(p_e - p)$$

其中 $k = \dfrac{vs_1}{V_1 s_1 + V_2 s_2}$ 为组织常数. 图 1 给出了该模型的简单图解.

以速率 $vs_1 p_e$ 流进　　血液体积 V_1,组织体积 V_2　　以速率 $vs_1 p$ 流出
溶解度 s_2
组织压力 $p(t)$
气体的质量

图 1　房室模型的图解

在 Haldane 所生活的年代,人们认为这个模型对于升压($p_e \geqslant p(t)$)和减压($p(t) \geqslant p_e$)都是合适的. 人们早就知道身体的不同组织要求 s_2,V_1,V_2,v 的数值是不同的,而且同一血液并不流经所有的组织. Haldane 在设计他的潜水表时,考虑了微分方程中常数 k 的 5 种不同的值. 他的计算是基于微分方程的解和以下实验结果:可以通过在没有弯曲病来袭时的任何时刻的因子 M 的调整而降低外部的绝对压力.

在下面的模型求解中,为简单起见,我们假设空气全是氮气. 可以证明事实上这样的假设对结果并不造成大的区别(参见习题 6).

4. 微分方程的求解

可以求解微分方程

$$\frac{\mathrm{d} p}{\mathrm{d} t} = k(p_e - p) \tag{1}$$

求得潜水员身体各组织在任何时刻 t 所受到的压力 $p(t)$,其中 k 和 p_e 都是已知常数,只要压力 $p(t)$ 在某个瞬间是已知的,通常记这个时间为 $t=0$(我们从这个压力已知的时刻作为起点来计量压力演变的时间),即 $p(0)=p_0$,p_0 为已知常数. 如果你具有足够的积分学知识,可以通过下面的分离变量法来求得(1)的解. 如果你还没有学过积分学,但会求函数的导数的话,那么可以把下面求得的解 $p(t)$ 直接代入(1)来验证.

为了分离变量,把(1)写作

$$\frac{1}{(p_e-p)}\frac{\mathrm{d}p}{\mathrm{d}t}=k$$

并将两边对 t 积分,给出

$$\int \frac{1}{(p_e-p)}\frac{\mathrm{d}p}{\mathrm{d}t}\mathrm{d}t=\int \frac{1}{(p_e-p)}\mathrm{d}p=\int k\mathrm{d}t$$

求出该不定积分,我们得到

$$-\ln|p_e-p|=kt+C$$

其中 C 是一个任意常数. 两边取指数函数有

$$|p_e-p|=\mathrm{e}^{-(kt+C)}=\mathrm{e}^{-kt}\mathrm{e}^{-C}=A\mathrm{e}^{-kt}$$

其中 A 是一个任意常数,$A=\mathrm{e}^{-C}$. 因为我们已知 $p(0)=p_0$,这就得到 $|p_e-p_0|=A$,从而得到解

$$p(t)=p_e-(p_e-p_0)\mathrm{e}^{-kt} \tag{2}$$

对于 $p_0=1$ atm,$p_e=3$ atm 以及(a) $k=0.2$ min^{-1},(b) $k=0.1$ min^{-1} 情形的解的图形在图 2 中给出. 曲线表示从水面($p_0=1$ atm)下潜到大约 66 ft($p_e=3$ atm)的过程中任何时刻 t 时潜水员体内组织中的压力 $p(t)$. 类似地,$p_0=3$ atm,$p_e=1$ atm 以及(a) $k=0.2$ min^{-1},(b) $k=0.1$ min^{-1} 情形的解的图形在图 3 中给出. 这时曲线表示从组织压力为 3 atm 的深度上潜到水面 t min 时的压力.

如果 t 的单位取为 min,那么以 min^{-1} 为单位的 k 的作用表示在图 2 和图 3 中. 当 p_0 和 p_e 保持常数时,对于 $k=0.1$ min^{-1} 要达到给定压力所需的时间是对于 $k=0.2$ min^{-1} 要达到给定压力所需的时间的两倍. 我们还知道对于任何正的 k,当 t 变大时($t\to\infty$),不论 p_0 的值为多少,$p(t)$ 都趋于不变的外部压力 p_e.

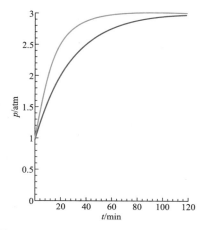 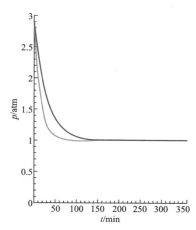

图2 $p_0 = 1$ atm，$p_e = 3$ atm 情形的解. 上面的曲线对应 $k = 0.2$ min^{-1}，下面的曲线对应 $k = 0.1$ min^{-1}. 曲线给出了从水面（$p_0 = 1$ atm）下潜到大约 66 ft（$p_e = 3$ atm）的过程中任意时刻 t 潜水员体内组织中的压力 $p(t)$

图3 $p_0 = 3$ atm，$p_e = 1$ atm 情形的解. 下面的曲线对应 $k = 0.2$ min^{-1}，上面的曲线对应 $k = 0.1$ min^{-1}. 曲线给出了从压力为 3 atm 的深度处上潜到水面过程中任意时刻 t 潜水员体内组织中的压力 $p(t)$

5. 半压力差时间

因为具有指数性质的解（2）对于所有正的 k 值，都有相同的渐近值 $p = p_e$，这些解常常由它们的半压力差时间（half-time）来表征，或者在放射性衰变中称为半衰期.

半压力差时间是 $p(t)$ 和外部压力之差降为这个差的一半所需要的时间，即在该时刻有

$$p - p_e = \frac{p_0 - p_e}{2}$$

由（2）知，如果 T 是半压力差时间，那么

$$p(t) - p_e = (p_0 - p_e) e^{-kT} = \frac{p_0 - p_e}{2}$$

因此，

$$e^{-kT} = \frac{1}{2} \Rightarrow e^{kT} = 2 \Rightarrow kT = \ln 2 \tag{3}$$

从这个方程我们知道无论 p_0 和 p_e 的值为多少都有 $k = \dfrac{\ln 2}{T}$，而且组织的半压力差时间 T 完全决定了(2)中 k 的值. 这就使半压力差时间在表征身体中各种组织时极其有用.

对于不同的半压力差时间，底部时间和减压程序之间的关系是不一样的. Haldane 知道，人体包含许多不同的组织，而且一种安全的减压程序必须确保在任何人体组织中不会发生弯曲病. Haldane 并不知道半压力差时间的确切值，所以为了汇编他的潜水表，他采用了 5 个不同的值(5 min, 10 min, 20 min, 40 min, 75 min)，并相信这将覆盖任何合理的半压力差时间的范围. 在那个时代以及以后相当长时间里，他的潜水表对于范围很广的潜水来说是有效的. 注意到

$$\mathrm{e}^{-kT} = \frac{1}{2}, \quad \mathrm{e}^{-kt} = \mathrm{e}^{-kT\left(\frac{t}{T}\right)} = \left(\mathrm{e}^{-kT}\right)^{\frac{t}{T}} = \left(\frac{1}{2}\right)^{\frac{t}{T}}$$

我们把(2)重写为

$$p(t) = p_e + (p_0 - p_e)\left(\frac{1}{2}\right)^{\frac{t}{T}} \tag{4}$$

6. 戴水肺而且无中间暂停的潜水

大多数休闲娱乐性的潜水常常是潜到给定的深度，呆在该深度(或该深度上面一点)一段时间，然后直接上潜到水面. 这就是如下面的表 1 所示的"无中间暂停"或"无减压"潜水. 容许呆在底部的时间有赖于潜水的深度. 例如，表 1 说你可以在 70 ft 水深处呆 50 min("呆"包括下潜或上潜时的暂停).

表 1   潜水表(取自 Hammes and Zimos [1988])

深度/ft	40	50	60	70	80	90	100	110	120	130
时间/min	200	100	60	50	40	30	25	20	15	10

可以用以下方式从我们的模型生成无中间暂停的潜水表.

我们想对以下情景进行建模，即潜水员从初始组织气体压力为 1 atm 的水面下潜，并希望待在水深 d ft 外部压力为 $p_e = 1 + \dfrac{d}{33}$(33 ft 的水深给出 1 atm 的压力；该等式中包

含 1 是因为在水面 $d=0$ 处早就有 1 atm 的压力). 我们利用 (2)得到 t min 后的组织气体压力, 即

$$p(t) = 1 + \frac{d}{33} - \frac{d}{33}e^{-kt} \quad (\text{对于给定的组织 } k \text{ 是已知的})$$

Haldane 的实验表明: 如果组织中达到的压力小于 2.15 atm, 那么潜水员可以直接上潜到压力为 1 atm 的水面. 因此潜水员有一个由下式

$$2.15 = 1 + \frac{d}{33}(1 - e^{-kt_d}) \quad \text{即} \quad \frac{d}{33} = \frac{1.15}{1 - e^{-kt_d}}$$

给出的限制性潜水时间 t_d. 这个关系给出了由组织的 k 值(等价地, 由该组织的半压力差时间 $T = \dfrac{\ln 2}{k}$)表示的该组织的限制性潜水时间.

当 k 变小时, 即半压力差时间 $T\left(=\dfrac{\ln 2}{k}\right)$ 变大时, 容许时间 t_d 变长. 为确保所有的组织都是安全的, t_d 由具有最短半压力差时间(在 Haldane 的方案中为 5 min)所限制. 这就给出了下面的关系

$$d = \frac{38}{1 - e^{\frac{-t_d \ln 2}{5}}}$$

潜水表通常是把 t_d 写作深度 d 的函数, 我们的模型给出这样的函数为

$$t_d = 5\ln\left(\frac{d}{d - 38}\right)/\ln 2$$

解释验证

你将发现这个关系和出版的潜水表在定性意义上是吻合的(参见图 4); 由于 Haldane 的 M 值的保守性质以及他的短程潜水的 5 min 的组织半压力差时间, 在定量意义上的吻合不是很好.

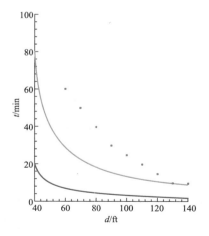

图 4　无中间暂停潜水. $t_d = 5\ln\left(\dfrac{d}{d-38}\right)/\ln 2$ 和 $t_d = 20\ln\left(\dfrac{d}{d-38}\right)/\ln 2$ 的图形与表 1 的潜水表中的暂停点的比较

7. 有减压暂停的潜水

对于不属于无中间暂停的潜水,必须满足一组更为复杂的条件. 我们再次遵循 Haldane 的方法.

计算减压程序的标准方法是考虑在 10 ft 的倍数深度处有一系列暂停. 第一次暂停必须满足:在该深度处的外部压力不小于在该潜水深度处停留期间各组织达到压力的 M 倍. 组织压力有赖于在该深度所花的时间和组织的半压力差时间. 最大的组织压力出现在具有最短半压力差时间的组织中. 考虑下面三个例子.

例 1 考虑一小时潜到 66 ft 深度处的潜水,在该深度处的压力约为 3atm. 为节约某些计算,(相对于 Haldane 的 5 种组织)我们假设,有 3 种组织的半压力差时间分别为 10 min、20 min 和 40 min. 由(4)知,在外部压力为 p_e 处组织压力为

$$p(t) = p_e + (p_0 - p_e)\left(\frac{1}{2}\right)^{\frac{t}{T}}$$

其中 p_0 为初始组织压力,T 为组织的半压力差时间,而 t 为到达 66 ft 深度处的时间(以 min 为单位). 潜水开始时的压力 $p_0 = 1$ atm. 1 h 后达到 66 ft 水深处 (60 min,3 atm,$p_e = 3$ atm),各组织的压力分别为

$$T = 10\text{-min 组织}:p(60) = 3 - 2\left(\frac{1}{2}\right)^6 \approx 2.97$$

$$T = 20\text{-min 组织}:p(60) = 3 - 2\left(\frac{1}{2}\right)^3 \approx 2.75$$

$$T = 40\text{-min 组织}:p(60) = 3 - 2\left(\frac{1}{2}\right)^{\frac{3}{2}} \approx 2.29$$

上潜到外部压力为 2.97/2.15≈1.38,或约 12.5 ft(0.38 × 33). 为保持上升的高度都是 10 ft 的倍数,第一次上升到 20 ft 的地方(1.60 atm ≈ 1 + 20/33).

在这个深度潜水员要暂停休息一下. 我们必须决定这次暂停要持续多久. 为此,必须决定下一次暂停的深度. 我们选择在 10 ft 深度或 1.30 atm(≈1 + 10/33). 潜水员必须呆在 20 ft 水深处直到所有的组织压力降到潜水员上升到压力为 1.30 atm 的水深处

时组织压力值——即直到所有的组织压力都降到 $2.15 \times 1.30 = 2.795$ atm 为止. 在 20 ft 暂停休息处,开始时这三类组织压力分别为 2.97、2.75、2.29. 对于上升到 10 ft 深度来说,20 min 和 40 min 组织压力早就足够低了. 对于 10 min 组织而言,t min 将产生压力

$$T = 10\text{-min 组织}: p(t) = 1.6 - (1.6 - 2.97)\left(\frac{1}{2}\right)^{\frac{t}{10}} = 1.6 + 1.37\left(\frac{1}{2}\right)^{\frac{t}{10}}$$

(我们再次对 $T = 10$ 的 $p_e = 1.6$ 和 $p_0 = 2.97$ 利用(4)). 潜水员必须暂停在 20 ft 水深处直到所有的组织压力都低于 2.795 atm,此压力在 10 ft(1.30 atm)处是安全的. 对于 10-min 组织而言,这就意味着 t 必须大于

$$2.795 = 1.6 + 1.37\left(\frac{1}{2}\right)^{\frac{t}{10}} \quad \text{的解,即应大于} \quad t = \frac{10\ln\left(\dfrac{1.37}{1.195}\right)}{\ln 2} \approx 1.971$$

假设用 2 min 上升到水深 20 ft 处. 我们必须计算 2 min 后在 20 ft 处的组织压力

$$T = 10\text{-min}: p(2) = 1.6 + 1.37\left(\frac{1}{2}\right)^{\frac{2}{10}} \approx 2.79$$

$$T = 20\text{-min}: p(2) = 1.6 + 1.15\left(\frac{1}{2}\right)^{\frac{2}{20}} \approx 2.67$$

$$T = 40\text{-min}: p(2) = 1.6 + 0.69\left(\frac{1}{2}\right)^{\frac{2}{40}} \approx 2.27$$

这些就是在 10 ft(1.30 atm)暂停处的初始压力. 下一个上潜就是到达水面(1 atm)了,其安全压力为 2.15 atm. 在 10 ft(1.30 atm)处停留的时间必须足够长,使得所有 3 个组织压力都回落到 2.15 atm 之下. 对于一个 t min 的暂停,其压力将为

$$T = 10\text{-min}: p(t) = 1.3 + (2.79 - 1.3)\left(\frac{1}{2}\right)^{\frac{t}{10}}$$

$$T = 20\text{-min}: p(t) = 1.3 + (2.67 - 1.3)\left(\frac{1}{2}\right)^{\frac{t}{20}}$$

$$T = 40\text{-min}: p(t) = 1.3 + (2.27 - 1.3)\left(\frac{1}{2}\right)^{\frac{t}{40}}$$

而且 t 必须足够大,使得所有三个组织压力都低于 2.15 atm. 对于 10-min 组织,这需要 8.10 min,对于 20-min 组织,这需要 13.77 min(求解 $T = 20\text{-min}: 2.15 = 1.3 + (2.67 - 1.3)\left(\frac{1}{2}\right)^{\frac{t}{20}}$ 的结果,约为 13.7728 ——编译者注),对于 40-min 组织,这需要 7.62 min.

在 10 ft 处的停留时间必须大于 13.77 min——例如 14 min. 对于用一小时潜到 66 ft 深度的一种合适的减压程序由下面两个暂停

在 20 ft 处的 2 min 暂停

在 10 ft 处的 14 min 暂停

组成. 上潜 66 ft 的时间也将延长约 1.5 min.

例2　我们采取 Haldane 潜水表推荐的一种上潜安排[Hempleman 1982, 330]. 对于在 90 ft 水深处 130 min 的上潜, Haldane 潜水表推荐的暂停如下:

在 30 ft 处的 5 min 暂停

在 20 ft 处的 25 min 暂停

在 10 ft 处的 30 min 暂停

在这个计算中,我们将采用全部 5 个 Haldane 的半压力差时间 5、10、20、40 和 75 min. 首先计算在 90 ft 130 min(≈ 3.73 atm)上潜饱和压力. 然后计算在每个暂停点暂停期末的压力. 最后我们指出上潜到下一个暂停点的安全压力(见表2).

表2　Haldane 潜水表推荐的在 90 ft 130-min 上潜的分析

组织	压力			
	90 ft (3.73 atm)	30 ft (1.9 atm)	20 ft (1.6 atm)	10 ft (1.3 atm)
5	3.73	2.82	1.64	1.30
10	3.73	3.19	1.88	1.37
20	3.70	3.41	2.36	1.67
40	3.44	3.31	2.71	2.14
75	2.91	2.86	2.60	2.285
下一暂停点的安全压力	$1.9 \times 2.15 \approx 4.08$	$1.6 \times 2.15 = 3.44$	$1.3 \times 2.15 \approx 2.8$	2.15

我们看到除一个阶段外的每个阶段,允许潜水员上潜到下一个暂停点的安全压力在每个组织中达到. 这个例外就是对 75-min 组织的到水面的最后一次上潜. Haldane 给出从各暂停点上潜到下一个暂停点的暂停时间为 2 min;如果这个时间被包含在潜水时间内,那么这个终点压力稍有下降. 然而,这个例子展示了长时间潜水 Haldane 潜水表中存在的问题.

在更近的美国海军的潜水表 T–10(在 Hammes and Zimos [1988]中复制了该表)对这种潜水给出的暂停时间为

在 30 ft 处的 5 min 暂停

在 20 ft 处的 36 min 暂停

在 10 ft 处的 74 min 暂停

这个减压程序甚至对半压力差时间大于 75 min 时也是允许的.

图 5 利用 Haldane 潜水表的安排展示了半压力差时间为 5、10、20、40、75 min 的组织压力图形. 最右边的分片"台阶"显示了在暂停点的安全压力.

例 3 我们考虑 1 h 潜到 80 ft（约 3.43 atm）处的潜水. Haldane 潜水表给出如下的暂停

在 20 ft 处的 9 min 暂停

在 10 ft 处的 18 min 暂停

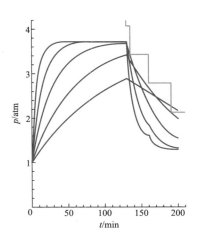

图 5 由 Haldane 潜水表推荐的具有减压暂停的潜到 90 ft 的 130 min 的潜水. 左边从上到下是对半压力差时间为 5、10、20、40、75 min 在 90 ft 处的组织压力. 右边从上到下是上潜期间的组织压力. 最右边的分片"台阶"显示了在暂停点的安全压力

为潜水到下一个暂停点,我们再次给出潜水员离开每个水位时的压力（表 3）.

表 3 Haldane 潜水表推荐的在 80 ft 60-min 下潜的分析

组织	压力		
	80 ft (3.43 atm)	20 ft (1.6 atm)	10 ft (1.3 atm)
5	3.43	2.13	1.37
10	3.39	2.56	1.66
20	3.17	2.75	2.08
40	2.57	2.43	2.13
75	2.03	2.00	1.89
下一暂停点的安全压力	3.44	2.80	2.15

在这种情形中,在继续潜水前,所有的组织在所有的水位处的安全组织压力都已经达到. 但是,这个减压程序现在被认为是相当保守的. 美国海军的潜水表推荐这种下潜只需要在 10 ft 17 min 的一次暂停.

这类程序可以用适当多的组织来进行计算（你可能愿意编写一个程序来执行这些计算）.

习题

在下面所有的习题中,都假设 $M = \dfrac{1}{2.15}$.

1. 对在 3.5 atm(80～85 ft)处分别在 1.7 atm(23 ft)和 1.3 atm(10 ft)两处暂停 40 min 的潜水,求其减压程序(只考虑 10-min 和 20-min 两种组织).

2. 对在 4.0 atm(100 ft)处分别在 1.9 atm(30 ft)、1.6 atm(20 ft)和 1.3 atm(10 ft)三处暂停 2 h 的潜水,求其减压程序(考虑 10,20,40-min 组织).

3. 证明可以使习题 2 中的潜水稍微快一点,如果使 3 次停留时间都等于 T_1,第一次停留在 1.9 atm(30 ft),而第二、三次停留的深度有待确定(作为证明的第一步,可以只考虑 40-min 的组织;然后再验证对 10-min 和 20-min 的组织都是合适的.).

4. 对于单个半压力差时间 T 和 n 次涨停的减压安排,证明最短上潜时间在每次暂停时间都相同的情形下达到,并按照该暂停时间来决定每次暂停的深度(每次暂停的确切时间由暂停的次数决定).

5. 对于单个组织,试证明有可能存在一种连续不断的上潜,在这种上潜中存在时刻 t,组织压力在时刻 t 正好等于 2.15 乘以潜水者在时刻 t 经受的压力. 求该潜水者在时刻 t 的水深(压力 = $1 + d/33$ atm,这里 d 以 ft 计). 利用这样的安排,求从在 4 atm 处的长时间上潜要用多长时间(假定单个组织半压力差时间为 40 min 以及从 4 atm 瞬间上潜到 1.86 atm = 4/2.15 atm.).

6. 如果组织中氮(的部分)压力占到压力的 80%,以及无暂停潜水的安全氮压力等于 2.15 乘大气中氮的部分压力(0.8 atm),证明关联无暂停潜水中时间和水深的方程不变.

7. 检验对 45 min 在 85 ft(3.58 atm)潜水的 Haldane 潜水表推荐的暂停安排的安全性. 在 30 ft 处暂停 2 min,在 20 ft 处暂停

7 min,在 10 ft 处暂停 15 min（U. S. Navy Table T – 10 ［Hammes and Zimos 1988］对这个潜水给出的是在 10 ft 处暂停一次 15 min）.

8. 反复潜水

戴水肺潜水表的主要部分专门用于反复潜水. 反复潜水的问题就是在一次"无减压"潜水后,组织压力可以是 2.15 乘以大气压力. 紧接着的潜水返回到大于 37 ft(外部压力大于 2.15 atm)将提升组织压力高于安全上潜到水面所允许的极限. 两次潜水间在水面的休息降低了第二次潜水开始时的压力,但是这要用大约 12 h 来使所有的组织压力恢复到 1 atm. 第一次潜水后剩余的这种组织压力称为剩余氮压力（residual nitrogen pressure（RNP））. 为简单计,在下面的计算中我们只考虑 20-min 组织.

例 4 第一次潜水:在 80 ft 15 min 上潜到水面. 第二次潜水是在水面休息 1 h 后潜到 100 ft. 我们只对 20-min 组织计算"无减压"的第二次潜水的安全时间.

在 80 ft（$p_e \approx 3.4$ atm）处 15 min 后的压力 p 为

$$p = 3.4 - (3.4 - 1)\left(\frac{1}{2}\right)^{\frac{15}{20}} = 1.97$$

因为 1.97 小于 2.15,所以上潜到水面是安全的.

在水面($p_e = 1$ atm）1 h 后的组织压力 p 为

$$p = 1 - (1 - 1.97)\left(\frac{1}{2}\right)^{\frac{60}{20}} = 1.12$$

下潜到 100 ft（4 atm）的压力为

$$p(t) = 4 - (4 - 1.12)\left(\frac{1}{2}\right)^{\frac{t}{20}}$$

直到 $p = 2.15$ 前潜水者都是安全的,即,直到

$$t = 20\ln(2.88/1.85)/\ln 2 = 12.77 \text{ min}$$

前潜水者都是安全的.

图 6 展示了这个例子中作为时间的函数的压力变化曲线.

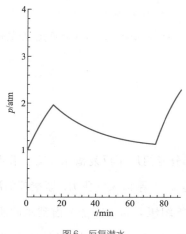

图6 反复潜水

实际的戴水肺潜水表通过把剩余氮压力分类为 A 组、B 组、C 组等办法涵盖了大量不同的计算. 第一次潜水后就可找到其组别. 对于给定的时间区间里剩余压力的影响就是改变分类的组别;新的组别决定下次潜水的安全时间. 下面我们给出一个例子.

例5

潜水1:在 100 ft 15 min 上潜到水面

潜水2:下潜到 80 ft

两次潜水间在水面的暂停时间:1 h

我们查阅后面的表4. 首先看潜到 100 ft 处的行. 注意到无暂停潜水的时限为 25 min. 而潜水时间是 15 min,所以我们在该行往左查到 15 为止. 然后在该列往下查,查到反复组别标记"E".

在水面的暂停时间为 1 h,即 60 min. 继续从该列往下找,直到找到包含 60 min 在内的两个数:

0:55

1:57

从该行往左直到我们找到新的反复潜水组别标记"D".

对于下潜到 80 ft 的第二次潜水,利用标记 D 继续在该行查,直到与 80 ft 相应的列交叉处. 该位置包含两个数 18(RNT)和 22(TR). 它们的意思是,因为前一次潜水,这就好像我们早就在这个水深处呆了 18 min,而我们剩余的时间还有 22 min.

表4 潜水表.© NAUI（美国全国潜水教练员协会版权所有）1987. 报告得到允许（报告的权限）

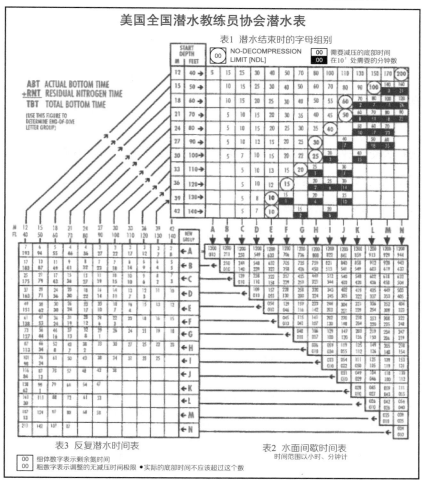

习题

在下面的习题中运用(2)，即

$$p(t) = p_e - (p_e - p_0)e^{-kt}$$

8. 考虑例 4 中潜水的同样次序安排，但是要增加一个 40-min 的组织. 对于第二次潜水来说，会有什么不同吗？

9. 在第一次用 10 min 潜水到 100 ft 处后的 1 h，求进行第二次潜水到 80 ft 处的安全时间. 要考虑 20-min 和 40-min 的组织半压力差时间.

9. 下潜和上潜期间的压力变化

到现在为止,我们都是假设从某水深处到另一个水深处的潜水都是瞬间完成的. 这是不能做到的;此外,快速移动也不被推荐. 约为 60 ft/min 的稳定的上潜或下潜速率并非不合理,我们将考察这种速率对组织压力的影响.

我们的基本方程

$$\frac{\mathrm{d}p}{\mathrm{d}t} = k(p_e - p)$$

(其中 p_e 是外部压力)仍然成立,但是 p_e 不再是常数. 对于以常速率下潜的情形,我们有 $p_e = 1 + 60t/33$ atm,从而微分方程变为

$$\frac{\mathrm{d}p}{\mathrm{d}t} = k\left(1 + \frac{60t}{33} - p\right) \quad 或 \quad \frac{\mathrm{d}p}{\mathrm{d}t} + kp = k\left(1 + \frac{60t}{33}\right) \tag{5}$$

这不再是一个分离变量方程,而是一个线性方程,从而必须用不同的方法来求解. 下面叙述一种可能的解法.

首先我们试图猜一个解. 在考察过这个方程后,我们觉得 $p = A + Bt$ 似乎是一种可能的猜测,其中 A, B 有待选定. 把它代入(5),我们看到如果能选择 A, B 使得

$$B + k(A + Bt) = k\left(1 + \frac{60t}{33}\right)$$

那么我们就得到了一个解.

选择 $B = \frac{60}{33}$ 和 $kA + B = k$,因此 $A = 1 - \frac{60}{33k}$ 就给出了一个解

$$p = 1 + \frac{60}{33}\left(t - \frac{1}{k}\right)$$

我们把这个解称为特积分. 于是,如果写下

$$u = p - \left[1 + \frac{60}{33}\left(t - \frac{1}{k} \right) \right] = p - 1 - \frac{60t}{33} + \frac{60}{33k}$$

其中 p 是该方程的任何解,那么就得到

$$\frac{\mathrm{d}u}{\mathrm{d}t} + ku = \frac{\mathrm{d}p}{\mathrm{d}t} + kp - \frac{60}{33} - k\left(1 + \frac{60t}{33} \right) + \frac{60}{33} = 0$$

因为 p 是 (5) 的解.

如果 $\frac{\mathrm{d}u}{\mathrm{d}t} + ku = 0$,那么我们可以再次应用分离变量得到

$$\int \frac{1}{u} \frac{\mathrm{d}u}{\mathrm{d}t} \mathrm{d}t = \int k \mathrm{d}t$$

它蕴含着 $-\ln|u| = kt + C$ 或 $u = A\mathrm{e}^{-kt}$,其中 A 是任意常数. 在这种方法中,通常把 u 称为余函数. 因此,如果 p 是 (5) 的任何解,那么它可以写作

$$p = 1 + \frac{60}{33}\left(t - \frac{1}{k} \right) + u = 1 + \frac{60}{33}\left(t - \frac{1}{k} \right) + A\mathrm{e}^{-kt}$$

这就是说,任何解都是一个特积分和一个余函数之和. 该方法可用于任何一阶线性方程. 为满足初始条件 $p(0) = p_0$,我们得到

$$1 - \frac{60}{33k} + A = p_0 \text{ 或 } A = p_0 - 1 + \frac{60}{33k}$$

$$p = 1 + \frac{60}{33}\left(t - \frac{1}{k} \right) + \left(p_0 - 1 + \frac{60}{33k} \right)\mathrm{e}^{-kt} \tag{6}$$

$$p = 1 + \frac{60}{33}\left(t - \frac{1}{k} \right) + \left(p_0 - 1 + \frac{60}{33k} \right)\left(\frac{1}{2} \right)^{\frac{t}{T}} \tag{7}$$

对于给定水深处的上潜可以得到一个类似的解.

例 6 求以速率 60 ft/min 从水面下潜到 100 ft(4 atm) 水深处后 20-min 组织中的压力.

以速率 60 ft/min 从水面下潜到 100 ft 所需的时间为 $100/60 = 5/3$ min. 初始压力为 $p_0 = 1$,而 $k = \ln \frac{2}{T} = 0.034\,66\,(T = 20)$. 所以

$$p = 1 + \frac{60}{33}\left(\frac{5}{3} - \frac{1}{0.034\,66} \right) + \frac{60}{33(0.034\,66)}\left(\frac{1}{2} \right)^{\frac{5}{3 \times 20}} = 1.086$$

为完成一个完整的潜水,必须把这些压力变化包含在该完整的潜水程序安排中.我们将不去详细地做这些工作了,尽管这些工作仅仅是冗长的计算而不是困难的工作.

最后,我们要指出,如果认为下潜是瞬间完成的,5/3 min 后在 100 ft 处的压力将为 1.17 atm.

习题

　　10. 求以速率 60 ft/min 从 100 ft 上潜到 10 ft 结束时 20-min 组织中的压力,假设上潜开始时的压力为 4 atm. 把这个压力和瞬间上潜到 10 ft 的压力进行比较.

10. 结束语

在本教学单元中,我们讨论了导出潜水表的一个简单方法,该方法的基础是 Haldane 提出的一个模型.虽然现代的潜水表不能借助如此简单的方法导出,但是大多数现代方法是通过改进 Haldane 提出的模型和方法,并根据经验进行调整得到的(参见,例如,Bornmann〔1970〕).

11. 习题解答

所有的解答或者利用(4)

$$p(t) = p_e + (p_0 - p_e)\left(\frac{1}{2}\right)^{\frac{t}{T}} \qquad (*)$$

或者利用(4)的逆

$$t = T\ln\left(\frac{p_0 - p_e}{p - p_e}\right)/\ln 2 \qquad (**)$$

1. 在潜水期间, $p_e = 3.5$, $t = 40$ min, $p_0 = 1$.

对于 $T = 10$, $p = 3.344$; 对于 $T = 20$, $p = 2.875$. 上潜到 20 ft(1.6 atm)应该是安全的, 因为 $2.15 \times 1.6 = 3.44$. 在 20 ft(1.6 atm)处的暂停时间应该足够长, 使得上潜到 10 ft (1.3 atm)也是安全的. 这就要求 $p(t)$ 下降到 $2.15 \times 1.3 = 2.795$.

对于 $T = 10$, 由(∗∗)式, 要求

$$t = 10\ln\left(\frac{3.344 - 1.6}{2.795 - 1.6}\right)\Big/\ln 2 \approx 5.454 \text{ min}$$

$$(p_0 = 3.344, p_e = 1.6, p = 2.795)$$

对于 $T = 20$, 由(∗∗)式, 要求

$$t = 20\ln\left(\frac{2.875 - 1.6}{2.795 - 1.6}\right)\Big/\ln 2 \approx 1.870 \text{ min}$$

$$(p_0 = 2.875, p_e = 1.6, p = 2.795)$$

因此, 暂停 5.454min 是需要的. $T = 20$ 组织中的压力为 2.655, 而在 $T = 10$ 组织中的压力为 2.795.

在 10 ft(1.3 atm)处的暂停时间应该足够长使得上潜水面 (1 atm)是安全的. 这就要求 $p(t)$ 下降到 2.15.

对于 $T = 10$, 由(∗∗)式, 要求

$$t = 10\ln\left(\frac{2.795 - 1.3}{2.15 - 1.3}\right)\Big/\ln 2 \approx 8.146 \text{ min}$$

对于 $T = 20$, 由(∗∗)式, 要求

$$t = 20\ln\left(\frac{2.655 - 1.3}{2.15 - 1.3}\right)\Big/\ln 2 \approx 13.455 \text{ min}$$

于是, 一种安全的暂停安排为: 20 ft(1.6 atm)处暂停 5.454-min, 在 10 ft(1.3 atm)处暂停 13.455-min. 总的暂停时间为 18.909 min.

2. 和习题 1 中的含义类似, 在潜水终结处 $p_e = 4$, $p_0 = 1$, $t = 120$ min 的各种压力为: 对于 $T = 10$, $p = 4$; 对于 $T = 20$, $p = 3.953$; $T = 40$, $p = 3.625$.

在 1.9 atm 处的第一次暂停:(因为 $1.9 \times 2.15 = 4.085$, 所以是安全的.)要减压到 $1.6 \times 2.15 = 3.44$ 所需的时间为: 对于 $T = 10$ 为 4.47 min; 对于 $T = 20$ 为 8.296 min; 对

于 $T = 40$ 为 6.547 min.

需要 8.296 min 的暂停. 这次暂停后, $T = 10$ 组织的压力将低于 $T = 20$ 组织的压力, 而且在之后的潜水中将保持这种关系, 因此我们不再需要考虑 $T = 10$ 组织.

在 1.9 atm 处 8.296 min 后, $T = 20$ 组织的压力为 3.44, 而 $T = 40$ 组织的压力为 3.39.

在 1.6 atm 处的第二次暂停: 减压到 $2.15 \times 1.3 = 2.795$ 所需时间为: 对于 $T = 20$ 为 12.5 min;

对于 $T = 40$ 为 23.4 min. 据此我们只需要考虑 $T = 40$ 组织. 在第二次暂停后, 其压力为 2.795.

在 1.3 atm 处的第三次暂停: 减压到 2.15 对 $T = 40$ 组织所需时间为 32.584 min.

三次暂停所需的总时间为 64.3 min.

3. 和习题 2 相同的潜水. 我们只考虑 $T = 40$ 组织并安排三次等时间暂停. 第一次暂停在 1.9 atm 处, 不过余下的暂停的水深要从等时间暂停的条件计算得到.

第一次上潜后 $T = 40$ 组织中的压力为 3.625. 上潜到 1.9 肯定是安全的.

假设第二、三次暂停分别在压力 p_2, p_3 处. 于是潜水者必须在 1.9 atm 处暂停直到 $p = 2.15 p_2$, 在 p_2 atm 处暂停直到 $p = 2.15 p_3$, 以及必须在 p_3 atm 处暂停直到 $p = 2.15$. 从 (4) 的逆知道相等的暂停时间为

$$t_1 = \frac{40}{\ln 2} \ln\left(\frac{3.625 - 1.9}{2.15 p_2 - 1.9}\right) = \frac{40}{\ln 2} \ln\left(\frac{2.15 p_2 - p_2}{2.15 p_3 - p_2}\right)$$

$$= \frac{40}{\ln 2} \ln\left(\frac{2.15 p_3 - p_3}{2.15 - p_3}\right)$$

这就给出

$$\frac{1.725}{2.15 p_2 - 1.9} = \frac{1.15}{2.15 \dfrac{p_3}{p_2} - 1} = \frac{1.15}{2.15 \dfrac{1}{p_3} - 1}$$

后一个等式给出 $\dfrac{p_3}{p_2} = \dfrac{1}{p_3}$, 或 $p_2 = p_3^2$. 前一个等式给出 $2.472\,5 p_3^3 - 0.46 p_3 - 3.708\,75 = 0$. 该方程只有一个实解 $p_3 = 1.199$. 因此 $p_2 = p_3^2 = 1.438$ 从而 $t_1 = 21.438$. 总的暂停时间为

$3t_1 = 64.314$，这是一个非常小的改进．我们可以验证，第一次暂停后，$T = 20$ 组织的压力为 2.877，$T = 10$ 组织的压力为 2.375，都低于 $T = 40$ 组织的安全压力 3.092（$= 2.15 \times 1.438$）．

4. 我们假设上潜开始时的组织压力 p_0 是已知的．分别在压力 p_1, p_2, p_3 处进行三次暂停，其中 $p_1 = p_0/2.15$，而每次暂停结束时的压力分别为 $2.15p_2, 2.15p_3, 2.15$．于是每次暂停的时间为

$$t_1 = \frac{T}{\ln 2}\ln\left(\frac{p_0 - p_1}{2.15p_2 - p_1}\right) = \frac{T}{\ln 2}\ln\left(\frac{1.15}{2.15\dfrac{p_2}{p_1} - 1}\right)$$

$$t_2 = \frac{T}{\ln 2}\ln\left(\frac{2.15p_2 - p_2}{2.15p_3 - p_2}\right) = \frac{T}{\ln 2}\ln\left(\frac{1.15}{2.15\dfrac{p_3}{p_2} - 1}\right)$$

$$t_3 = \frac{T}{\ln 2}\ln\left(\frac{2.15p_3 - p_3}{2.15 - p_3}\right) = \frac{T}{\ln 2}\ln\left(\frac{1.15}{2.15\dfrac{1}{p_3} - 1}\right)$$

我们希望通过选择 p_2, p_3 来极小化 $t_1 + t_2 + t_3$．这等价于极大化

$$F(p_2, p_3) = \ln\left(\frac{p_2}{p_1} - M\right) + \ln\left(\frac{p_3}{p_2} - M\right) + \ln\left(\frac{1}{p_3} - M\right)$$

其中 $M = 1/2.15$，而 p_1 是已知的．利用微积分，我们求临界点

$$\frac{\partial F}{\partial p_2} = \frac{1}{\left(\dfrac{p_2}{p_1} - M\right)}\frac{1}{p_1} + \frac{1}{\left(\dfrac{p_3}{p_2} - M\right)}\left(\frac{-p_3}{p_2^2}\right) = 0$$

$$\frac{\partial F}{\partial p_3} = \frac{1}{\left(\dfrac{p_3}{p_2} - M\right)}\frac{1}{p_2} + \frac{1}{\left(\dfrac{1}{p_3} - M\right)}\left(\frac{-1}{p_3^2}\right) = 0$$

这给出

$$\frac{p_2}{p_2 - Mp_1} = \frac{p_3}{p_3 - Mp_2} = \frac{1}{1 - Mp_3}$$

由此得到 $p_2^2 = p_1p_3$，$p_2 = p_3^2$，最后有 $p_3 = p_1^{1/3}$，$p_2 = p_1^{2/3}$．这也给出

$$t_1 = t_2 = t_3 = \frac{T}{\ln 2}\ln\left(\frac{1.15}{2.15/p_1^{1/3} - 1}\right)$$

（对于 $p_0 = 3.625$，我们有 $p_1 = 1.686, p_2 = 1.417, p_3 = 1.190, t_1 = 20.482$ min，从而总时间为 $3t_1 = 61.447$ min.）

5. 对于连续不停的上潜，外部压力应该等于组织压力除以 2.15. 于是 $p(t)$ 的微分方程变为

$$\frac{\mathrm{d}p}{\mathrm{d}t} = k(p_e - p) = k\left(\frac{p}{2.15} - p\right) = -k\frac{1.15}{2.15}p, \quad k = \ln2/T$$

$$\frac{\mathrm{d}p}{\mathrm{d}t} = -0.535kp$$

该方程的解为 $p = p(0)\mathrm{e}^{-0.535kt}$，其中 $p(0)$ 是 $t = 0$ 时的压力. 潜水者在时刻 t 的水深通过

$$1 + \frac{d}{33} = p_e(t) = \frac{p(0)\mathrm{e}^{-0.535kt}}{2.15}$$

与 $p_e(t)(\ = p(t)/2.15)$ 关联起来.

对于在 4 atm 和 $T = 40$ 的长时间潜水，我们有

$$d = 33 \times 1.86\left(\frac{1}{2}\right)^{0.535t/40} - 33 = 33\left[1.86\left(\frac{1}{2}\right)^{0.0134t} - 1\right]$$

上潜到水面的时间等于与 $d = 0$ 相应的 t 的值，即

$$t = \frac{1}{0.0134}\frac{\ln 1.86}{\ln 2} \approx 66.81$$

6. 如果氮气的部分压力为 $0.8p$，其中 p 是组织压力，那么氮的最大安全压力为 0.8×2.15，所以条件 $p < 2.15$ 仍然成立. 此外，外部气体压力为 p_e，那么外部氮气压力为 $0.8p_e$，从而氮气的吸收方程为

$$\frac{\mathrm{d}}{\mathrm{d}t}(0.8p) = k(0.8p_e - 0.8p)$$

其初始氮气压力为 $0.8p_0$. 因此，压力的微分方程是一样的，而且安全的上潜判据也是一样的.

7. 表 5 给出了半压力差时间为 5、10、20、40 和 75 min 在各暂停结束时的压力.

表5 习题7中的潜水各暂停结束时的压力

	5	10	20	40	75	下一暂停处的压力
45 min 在 3.58 atm	3.57	3.46	3.04	2.40	1.88	4.08
2 min 在 1.9 atm	3.17	3.26	2.96	2.38		3.44
7 min 在 1.6 atm		2.62	2.67	2.29		2.795
15 min 在 1.3 atm			2.11	2.06		2.15

从表5我们知道在各种情形下上潜到下一个暂停点应有的安全压力. 75 那列的空白处没有计算,因为它们都小于 1.88. 在 5 那列的空白处都小于 10 那列相应位置处的值,10 那列最后那个空白处小于 20 那列相应位置处的值.

8. 在 3.4 atm 15 min 的第一次潜水. 其压力为:对 $T=20$,为 1.97;对 $T=40$,为 1.55.

60 min 后在水面,$p_e = 1$. 对 $T=20$,$p=1.12$;对 $T=40$,$p=1.19$.

下潜到 4 atm. 潜水者可以待在那里直到组织压力等于 2.15. 对 $T=20$,需要 12.77 min;对 $T=40$,需要 24.12 min. 在 12.77 min 后潜水者仍必须回到水面.

9. 在 4 atm 10 min 的第一次潜水. 其压力为:对 $T=20$,$p=1.88$;对 $T=40$,$p=1.48$.

60 min 后在 1 atm 处:对 $T=20$,$p=1.11$;对 $T=40$,$p=1.17$.

直到 $p=2.15$ 第二次潜水到 3.4 atm:对 $T=20$,17.47 min;对 $T=40$,33.40 min.

潜水者必须在 17.47 min 后上潜.

10. 我们要用(7). 上潜时间为 $90/60 = 3/2$,所以我们有

$$p = 1 + \frac{60}{33}\frac{3}{2} - \frac{60}{33(\ln 2/20)} + \left(3 + \frac{60}{33(\ln 2/20)}\right)\left(\frac{1}{2}\right)^{\frac{3}{40}} = 3.92$$

在 10 ft (1.3 atm) 处用 1.5 min 把压力降为 3.86 atm.

参考文献

Bachrach, Arthur. 1982. A short history of man in the sea. In Bennett and Elliott, (1982):1 – 14.

Barnes, Ron. 1987. Compartment models in biology. UMAP Modules in Undergraduate Mathematics and Its Applications:Module 676. The UMAP Journal,8(2):133 – 160. Reprinted in UMAP Modules:Tools for Teaching

1987, edited by Paul J. Campbell, 207 – 234. Arlington, MA: COMAP, 1988.

Bennett, Peter B. , David H. Elliott. 1982. The Physiology and Medicine of Diving. 3rd ed. London: Bailliere Tindall.

Bornmann, Robert C. 1970. U. S. Navy experiences with decompression from deep helium oxygen saturation excursion diving. In: Human Performance and Scuba Diving, Proceedings of the Symposium on Underwater Physiology at Scripps Institute of Oceanography. La Jolla, Calif. Chicago, IL: Athletic Institute.

Hammes, Richard B. , Anthony G. Zimos. 1988. Safe Scuba. Long Beach, CA: The National Association of SCUBA Diving Schools. Chapter 9.

Hempleman, Henry V. 1982. History of evolution of decompression procedures. In Bennett and Elliott, (1982): 319 – 351.

Hills B. A. 1977. Decompression Sickness. New York: JohnWiley & Sons.

Moon, Richard E. , Richard D. Vann, Peter B. Bennett. 1995. The physiology of decompression illness. Scientific American, 273(2): 70 – 77.

Vann, Richard D. 1982. Decompression theory and applications. In Bennett and Elliott, (1982): 352 – 382.

Walder, Dennis. 1982. The compressed air environment. In Bennett and Elliott, (1982): 15 – 30.

2 日辐射量

Insolation

但 琦 编译 叶其孝 审校

摘要：

本文用球面三角学、向量和微积分等简单工具对太阳辐射入射量进行建模，并将计算结果与地球科学教科书中的图形表示和全国各地的测量站搜集的数据进行了比较. 本研究可推广到各种应用中.

原作者：

Joseph Bertorelli

Dept. of Mathematics and Computer Science, Queensborough Community College of CUNY Bayside, NY 11364.

jbertorelli@ qcc. cuny. edu

发表期刊：

UMAP/ILAP Modules 2001 – 02 : Tools for Teaching, 61 – 80.

数学分支：

微积分

应用领域：

地球科学、太阳能工程、建筑学

授课对象：

微积分、工程和建筑学的学生

相关材料：

Unit 751 : Clock Time vs. Sun Time : The Analemma, by L. R. King. The UMAP Journal 1996, 17 (2) : 123 – 144. 重印于 UMAP Modules : Tools for Teaching 1996. edited by Paul J. Campbell. Lexington, MA : COMAP. 79 – 100.

目　录:

网上更多……　　本文英文版

1. 引言

对人类来说,地球与太阳光的关系是最为重要的天文现象.太阳为生命过程的维持、大气与海洋环流的驱动、陆地景观的侵蚀和搬运等地质作用的产生提供所有能量[Strahler,1971].

在这一模型中,我们对日辐射量进行分析,日辐射量即为到达地表的太阳辐射的能量.地球表面的日辐射量随地点、时刻、日期以及接收面方位的变化而变化.对日辐射量变化的计算可用于太阳能电池板应用和居住建筑设计,以便能最大限度地从外墙接收能量并最大限度地增加室内天然采光.

在没有大气的情况下,位于北极圈或赤道上的点是否会在一年靠近中间的那些月份接收更多的辐射能量呢? 如何将太阳能电池板置于最佳倾斜角以最大限度地获取太阳能?

在地球大气层表面,垂直于辐射传播方向上的单位面积在单位时间内受到的太阳辐射,称为太阳常数(solar constant),通过卫星观测,现已知其实际值是随着地球与太阳距离的变化而变化的,平均值约为 $S_m = 1.37 \text{ kW/m}^2$.

习题

1. 如果地球与太阳的距离在夏至日为 1.521×10^{11} m,在冬至日为 1.471×10^{11} m,则冬季地球大气层表面的太阳辐射强度比夏季高多少?

我们运用球面三角学、向量和微积分来计算,为计算太阳辐射量,我们使用点积.设 *sun* 为一个大小为 S_m 的向量,方向由地球中心指向太阳;设 *normal* 为一个垂直于受光照平面的向外的单位向量.假设太阳光垂直地通过区域 ΔA,投射到受光照平面上的区

域为 $\Delta A'$(图 1).

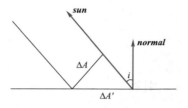

由点积的定义, $\boldsymbol{sun} \cdot \boldsymbol{normal} = S_m \cos i$. 由于通过 ΔA 的流量等于通过 $\Delta A'$ 的流量, 并且 $\Delta A = \Delta A' \cos i$, 故通过 $\Delta A'$ 的单位面积的通量也等于 $S_m \cos i$.

图 1 通过 ΔA 的太阳辐射的表面区域

2. 背景

地球每天绕着一条自转轴旋转, 这条自转轴是一条几乎通过北极星的直线. 与此同时, 地球在一个被称为黄道面的平面上环绕太阳运行, 而太阳也在黄道面之上. 地球的自转轴并不与黄道面相垂直, 而是与黄道面的垂线成约 23.5°角, 并偏向北极星一侧. 因此, 冬至(约 12 月 22 日)正午, 站在地球南纬 23.5° 位置, 太阳将位于人的头顶正上方; 在春分(约 3 月 21 日)及秋分(约 9 月 21 日)正午, 太阳位于赤道正上方; 而在夏至(约 6 月 21 日)正午, 太阳将位于地球北纬 23.5°的观察者头顶正上方. 向量 $\boldsymbol{sun}$ 与赤道平面的夹角称为太阳赤纬角(图 2), 从夏至经由秋分到冬至, 太阳赤纬角由 23.5°变为 $-23.5°$, 其间在秋分时为 0°.

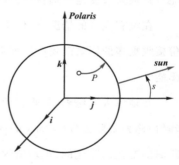

图 2 坐标系

设点 P 为地球的球体表面上的一点, 设坐标系的原点位于地球中心, $\boldsymbol{i}, \boldsymbol{j}, \boldsymbol{k}$ 是三个单位向量, 如图 2 所示. 在北半球上的 P 点, 一个人看到太阳通常从东方升起, 在正午达到地平线以上的最高点(P 点在 yz 平面上), 然后从西方落下. 在美国, 太阳在正南方, 在日出与日落的正中间达到最高点. 设向量 $\boldsymbol{sun}$ 是一个大小为一年中给定一天的常量, 方向与 y 轴成夹角 s, 并位于 yz 平面上, 则

$$\boldsymbol{sun} = S_m(\cos s\boldsymbol{j} + \sin s\boldsymbol{k}) \tag{1}$$

在纬度 l 上的点 P, 我们为观察者建立一个更为直观的坐标系: 设 $\boldsymbol{south}$、$\boldsymbol{east}$、$\boldsymbol{zenith}$(天顶)为三个单位向量, 方向如图 3 所示.

下面研究在点 P 太阳能集热器平板的放置方向问题. 为此, 我们再定义两个角度 a 和 b, 如图 4 所示. 向量 **normal** 为一个垂直于该太阳能集热器的单位向量, 其在水平面 (south-east, 东 – 南平面) 上的投影与正南方向逆时针夹角为 a (称为方位角), 其与向量 **zenith** 方向的夹角为 b (称为天顶角).

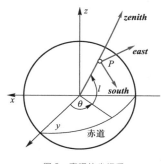

图 3 直观的坐标系

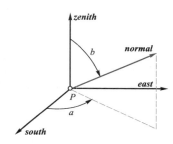

图 4 a 角和 b 角定义

我们可以将向量 **normal** 表示为

$$normal = \sin a \sin b\ east + \cos a \sin b\ south + \cos b\ zenith \qquad (2)$$

例如, 在水平面上, 有 $b = 0°$; 在一个向西的竖直墙面上, $a = -90°$ 且 $b = 90°$.

为了能方便地使用单位向量 i, j 和 k 表达向量 **normal**, 应对向量 **south**、**east** 和 **zenith** 进行坐标变换.

图 5 表示出我们是如何用下面的等式对向量 **east** 进行重写的:

$$east = -\cos \theta i - \sin \theta j \qquad (3)$$

其中, θ 是 y 轴 (或正午) 到点 P' 逆时针方向的夹角, 与一天中的某个时刻相关. 图 5 中的点 P' 是图 3 中点 P 在 xy 平面上的投影.

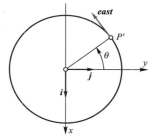

图 5 $east = -\cos \theta i - \sin \theta j$ 的图示

习题

2. 设 l 为被测的纬度, 且在北半球为正 (图 3), 作图显示 (4)、(5)

$$south = -\sin\theta\sin li + \cos\theta\sin lj - \cos lk \qquad (4)$$

$$zenith = -\sin\theta\cos li + \cos\theta\cos lj + \sin lk \qquad (5)$$

如果我们将(3)(4)(5)式代入(2),可得

$$normal = [\,-\sin a\sin b\cos\theta - \cos a\sin b\sin\theta\sin l - \cos b\sin\theta\cos l\,]i +$$
$$[\,-\sin a\sin b\sin\theta + \cos a\sin b\cos\theta\sin l + \cos b\cos\theta\cos l\,]j +$$
$$[\,-\cos a\sin b\cos l + \cos b\sin l\,]k \qquad (6)$$

为了得到向量 $normal$ 表面的对比辐射率,进行点积

$$sun \cdot normal = S_m(\,-\sin a\sin b\sin\theta\cos s + \cos a\sin b\cos\theta\sin l\cos s +$$
$$\cos b\cos\theta\cos l\cos s - \cos a\sin b\cos l\sin s + \cos b\sin l\sin s\,) \qquad (7a)$$

与(7a)等效的公式在 Kondratyev[1969,342 – 345]中曾使用过,该公式是 Gordov 的研究成果.

习题

3. 验证等式(6)和(7a).

一年中某一天的太阳赤纬角 s 可以在地球仪上"8 字曲线"图表上查到,也可在 Strahler[1971]和 King[1996]的文献中查到.下面给出的是一年中某一天的 s 近似公式,因为地球每小时转 15 度,所以 θ 可以计算出来,当在正午之前时,$\theta < 0$,而正午之后,$\theta > 0$.

3. 水平面上的日辐射总量

地球科学教科书中展示了太阳能在大气层表面分布情况的图形[Strahler 1971],这些图形已由环绕我们星球运行的卫星的测量结果所验证.本节将推导出这一模式并探讨其意义.

一个平面的入射日辐射总量取决于纬度和从日出到日落的积累.令这个平面为水平($b = 0°$),则等式(7a)可以简化为

$$rate = \boldsymbol{sun} \cdot \boldsymbol{normal} = S_m(\cos\theta\cos l\cos s + \sin l\sin s) \tag{7b}$$

在这里,辐射率(rate)的单位是 kW/m^2. 对于特定的日期和地点(即 s 和 l 为定值),当辐射率为零时,θ 的值 θ_1、θ_2 分别对应日出和日落的角度.

$$\theta_1 = -\arccos(-\tan l\tan s), \quad \theta_2 = \arccos(-\tan l\tan s) \tag{8}$$

对于某些地区和一年中的某些季节,当白昼持续一整天时,如果我们用弧度来表示 θ,辐射率从 $\theta = -\pi$ 开始积累,直到 $\theta = \pi$ 为止.

θ 值在正午之前为负,在正午之后为正,令

$$D = 入射辐射的日总量$$

为求出 D 值,需要计算在日出和日落之间的辐射率的总和,即对辐射率积分,

$$D = \int_{\theta_1}^{\theta_2} rate\, d\theta = S_m\cos l\cos s\int_{\theta_1}^{\theta_2}\cos\theta d\theta + S_m\sin l\sin s\int_{\theta_1}^{\theta_2} d\theta \tag{9}$$

我们希望 D 的最后单位是 kW/m^2,由于积分变量 θ 的单位为弧度,可以

- 将该变量替换为表示时刻的变量 h,这里 $h/24 = \theta/2\pi$,于是 $\theta = \pi h/12$,h 在 h_1 和 h_2 之间变动;或者

- 直接将(9)中的结果乘以 $12/\pi$.

用以上任意一种方法,我们可以得出

$$D = \frac{24S_m}{\pi}(\cos l\cos s\ \sqrt{1-\tan^2 l\tan^2 s} + \sin l\sin s\arccos(-\tan l\tan s)) \tag{9a}$$

这个公式告诉我们,在某一固定纬度和一年中的特定日期(因此太阳赤纬角 s 为定值)每平方米的水平面上接收了多少太阳能.

对于白昼持续一整天的时间和地区,θ 在 $-\pi$ 和 π 之间变化,则从(9)的直接积分可得到相应的式子:

$$D = 24S_m\sin l\sin s \tag{9b}$$

在绘制函数图之前,为使结果方便使用,我们首先考虑如何通过一年中特定的日期来计算太阳赤纬角 s.

为简单起见,假设从黄道面上的北极星看,地球以逆时针方向沿圆形路径环绕太阳运动. 设单位向量 $\boldsymbol{p}$,$\boldsymbol{q}$ 和 $\boldsymbol{r}$,$\boldsymbol{p}$ 的方向为太阳指向 W 点(地球在冬至日的位置)的方向,$\boldsymbol{q}$

的方向为太阳指向 S 点(地球在春分日的位置)的方向,$r = p \times q$(使用右手定则)从平面向上,如图6所示.这些向量正如向量 *Polaris* 一样相对于恒星是固定的.向量 *Polaris* 与 r 的夹角为23.5°,且向量 *Polaris* 位于 rp – 平面之内,这个倾斜角造成了地球上的四季变化,并解释了在北半球太阳夏高冬低的现象.

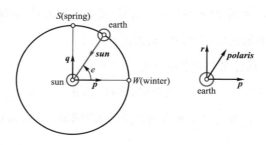

图6　地球的方向图

用 p,q 和 r 的形式来表示 *Polaris*,则得到 $\textit{Polaris} = \sin 23.5° p + \cos 23.5° r$,以及 $\textit{sun} = S_m[-\cos e p - \sin e q]$,将这两个向量做点积计算,可得

$$\textit{Polaris} \cdot \textit{sun} = -S_m \cos e \sin 23.5°$$

现在我们得到两种 *Polaris* 和 *sun* 的点积表达式,第一种如上,第二种采用图1中的坐标系通过(1)得出

$$\textit{Polaris} \cdot \textit{sun} = -S_m \cos e \sin 23.5°$$

$$= S_m \sin s$$

把两式结合起来求解 s,可得

$$s = \arcsin(-\cos e \sin 23.5°) \tag{10}$$

并且,e(以度为单位)由下面的近似公式与一年中的某一天相关(从冬至日开始计数):

$$e = 360 \frac{day}{365} \tag{11}$$

运用(9a)、(10)和(11)并使用绘图程序,我们可以给出日辐射率是如何随纬度和日期变化的.例如,假设将一点置于北极圈(北纬66.5°),将另一点置于赤道(0°),分别绘制全年太阳日辐射总量变化曲线图,可得图7.

就北极圈的变化曲线而言,我们观察到在一年的中期阶段,夏季漫长的白昼中,北部地区接收了相当多的能量;另一方面,赤道变化曲线的峰值则在春分日和秋分日,此时太阳位于赤道的正上方.赤道曲线的变化周期为半年,这是因为:从冬至日到夏至日(太阳赤纬角 s 从 $-23.5°$ 变化至 $23.5°$)和从夏至日到冬至日(太阳赤纬角 s 从 $23.5°$ 变化至 $-23.5°$),重复着同样的循环周期.

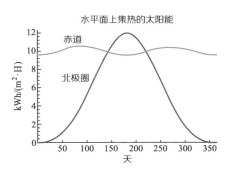

图 7　北极圈与赤道处日辐射总量变化曲线图

习题

4. 在一年中确定一个日期,比如 6 月 21 日,思考日辐射总量在这一天如何随纬度变化而变化,大约在哪一纬度,日辐射总量为最大?

我们把日辐射总量 D 作为日期和纬度两个变量的函数,绘制出日辐射总量 D 函数的等高线图,见图 8(图 7 展示了当纬度为 $66.5°$ 和 $0°$ 时图 8 的片断).在同一条等高线上的每一点(日期,纬度)都表示获得同样的日辐射总量.如果用三维空间来表示,沿着这张图表上纬度为 $66.5°$ 的水平线走过去,就会像是爬上一座大山又从另一边下去一样

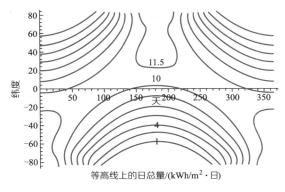

图 8　日辐射总量作为日期和纬度的函数的等高线图

(见图 7),该图形关于垂直线日期 = 182.5(初夏时节)反射对称. 在这一模型中,南北半球接受的能量总量相等,该图形关于水平轴同样是反射对称的,只是对称后上下横向偏移了 182.5.

习题

5. 运用代数和三角恒等式证明关于图 8 中图形对称性的说法.

6. 简单的 s 近似公式为

$$s = 23.5\sin\left[\frac{360\ (day - 91.25)^{\circ}}{365}\right]$$

这里正弦函数的自变量以度为单位. 用绘图程序将上式和由(10)和(11)得来的 s 的计算结果进行比较.

现在,用公式(7b)替换(7a),我们就可以计算除水平面以外的其他表面的日辐射总量,根据纬度和季节,朝东或朝西的平面比朝南的平面获得更多的日辐射总量.

4. 晴朗大气中的衰减效应

当太阳光穿过大气层时,一部分被大气吸收,一部分被散射,被散射的这部分光线有的进入宇宙,有的到达地球形成散射辐射. 因此,在一个晴朗的日子里,当太阳在头顶正上方时,到达地球的光线是其原有强度的 60% 到 80% [Meinel 和 Meinel,1976]. 对于不同的太阳天顶角,散射辐射约占射向水平面总能量的 15%,但这一百分比在城市地区偏高,在沙漠地区明显偏低. 此外,由于湿度的原因,衰减系数也取决于一年中的日期和一天中的时刻. 在美国西南地区,此系数更接近于 80%. 我们假设,当太阳位于正上方时,将直射光与散射光包括在内,此系数的平均估计值为 70%.

对于一束与地面不相垂直的光线,取向量 **sun** 和向量 **zenith** 之间的夹角进行计算(图 9).

我们使用近似算法,假设大气层的高度为 1 个单位(对短波长辐射的吸收从地面约 50 英里处开始;99% 的大气聚集在距地面 20 英里以内),则太阳穿越大气层的长度为

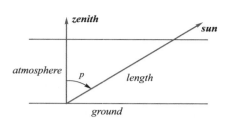

$$length = \sec p = 1/\cos p$$

这种近似计算对太阳穿越大气层的路

图 9 与地面不垂直的太阳光示意图

径长度估计偏高,因此对于较大 p 值(接近于 90°),衰减值估计偏高;但在一天中 p 值较大的时段,太阳能的贡献并不对一天的总量具有显著影响,而且大气的厚度与地球半径相比是很小的.

一个地面上的平面接收到的辐射,其衰减系数是什么? 例如,假设图 9 中的 p 为 60°,于是太阳穿过大气的路程为大气厚度的两倍,那么该平面接收的能量就是在没有大气层情况下接收能量的 $0.7 \times 0.7 = 0.7^2$ 倍,我们使用这一简易模型计算衰减系数,与复合折旧法(compound depreciation)的结果

$$衰减系数 = 0.7^{length}$$

相同. 但由图 9、(1)式和(5)式,我们得出

$$\cos p = \frac{sun \cdot zenith}{S_m}$$

$$= \cos \theta \cos l \cos s + \sin l \sin s$$

将修正后的辐射率公式替换(7a),得到

$$rate = 0.7^{length} \, sun \cdot normal \tag{12}$$

前面介绍过,$normal$ 是一个与接收能量的平面相垂直的向量,能量的接收过程开始于日出或接收平面开始受到光照(取二者中较晚的一种情况),结束于日落或接收平面不再受到光照(取二者中较早的一种情况),为求解接收平面开始受光和结束受光的情况,我们利用公式(7a),令

$$sun \cdot normal = 0$$

利用(8)即可求解日出和日落角度 θ_1、θ_2,从而得出日辐射总量 $D = \int_{\theta_1}^{\theta_2} rate \, d\theta.$

5. 结论

用简易模型(包括衰减模型)作出的预测,与实测数据相比究竟如何?

后面的第 8 节是日辐射总量计算的 Maple 程序,它是基于以上推导出的模型来计算不同的纬度、不同日期和不同朝向的接收平面的日辐射总量.

太阳辐射测量是全球关注的研究领域,特别是美国能源部资助的全国太阳能辐射数据库[U.S. Dept. of Energy,1994],对于不同的地点的月平均测量值现已积累了连续多年的数据.

针对设在纽约的一个测量站,表 1、表 2 和图 10、图 11、图 12 显示了该数据库中的典型观测数据与模型值之间的对比情况,测量值的标记为灰色方块,模型值的标记为黑色圆点.计算值与实测值吻合并有相同的模式.

表 1 是纽约的日辐射量计算与测量结果,单位为 $kW/(m^2 \cdot 日)$.计算值取自每月 15 日,测量值取 30 年中的月平均值.

表 1　纽约的日辐射量计算与测量结果

月份	方向			
	水平		朝南倾斜（纬度 40.78°）	
	计算值	测量值	计算值	测量值
二月	2.3	2.7	4.2	4.7
四月	5.5	4.9	6.0	6.6
六月	7.1	6.1	6.1	7.2
八月	5.9	5.4	6.1	6.9
十月	3.6	3.2	5.2	5.3
十二月	1.3	1.6	2.9	3.1

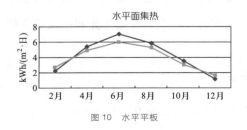

图 10　水平平板

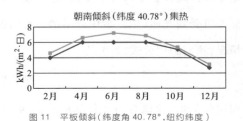

图 11　平板倾斜(纬度角 40.78°,纽约纬度)

表 2 是纽约的垂直平板集热器日辐射量计算与测量结果,单位为 kW/(m² · 日).
计算值取自每月 15 日,测量值取 30 年中的月平均值.

表 2 纽约的垂直平板集热器日辐射量计算与测量结果

月份	方向		月份	方向	
	竖直朝南			竖直朝南	
	计算值	测量值		计算值	测量值
二月	3.6	3.6	八月	2.5	3.0
四月	2.9	3.1	十月	3.7	3.6
六月	1.4	2.6	十二月	2.9	2.7

注意,当集热器从水平位置向上倾斜时,计算值与测量值的读数是如何增加的呢?从图 12 我们可以看出,在倾斜角逐渐增大过程中,其读数先是达到一个最大值,然后开始下降.

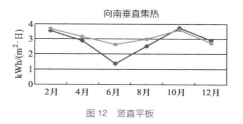

图 12 竖直平板

对于竖直的平板集热器,在 6 月的计算值与实测值之间存在较大差异.在 6 月,竖直的集热平面在一天中很大一部分时间内不受光照;在正午,太阳在地平线上方约 72° 角处(指在纽约的纬度上),所以太阳的直射光与该平面形成一个倾斜角度,在这种情况下,散射能量在总能量中的比例大大高于 15%,所以我们的模型对垂直表面的太阳辐射估计低了.

习题

7.(太阳能工程)用 Maple 程序进行实验:选定一个纬度,改变集热器倾斜角并测算最佳倾斜角度.经验法表明,最佳角度是将集热器面向南方并以与纬度相同的角度倾斜,同时衰减系数也在变化.

8. 利用 Maple 程序计算 6 月 21 日处于不同纬度上的水平集热器的日辐射总量,并将结果与习题 4 的结果进行比较.

9.(建筑学)住宅建筑接收太阳能的最佳形状是长边为东西向的矩形[Johnson 1981].求竖直墙壁从南向偏转 10° 和 20° 时接收能量的变化情况.

6. 后续展望

房间的日照采光是另一个研究方向,但本文并未涉及.在 Tilt [2001]的文献中可以找到将以上原理运用于住宅在建工程的例子.

在图 9 中,计算光线穿过大气的长度时可以把地球的曲率考虑在内,拉普拉斯研究了这个问题,同时包括了不同密度的空气对光的折射效果的影响[Kondratyev 1969,161 – 165].

云层对集热平面接收的辐射量具有很大影响,因此各类太阳能集热器在每一时刻接收能量变化的估算都要考虑云层.大气对太阳光光谱中不同波长的光具有选择性影响,而太阳能电池的转换效率取决于入射光的光谱[Hu 和 White 1983].

接收到的光谱随着太阳在一天中的移动而变化.笔者曾对自己读高一的儿子提到,把光合作用机制与不同波长相联系将是十分有趣的研究,但被告知已有相关研究成果面世[Campbell 等 1997,114 – 115].

7. 部分习题解答

1. 通过半径为 1.471 球壳的太阳能(瓦)等于通过半径为 1.521 球形的太阳能.利用一个球体的表面积公式($S = 4\pi R^2$)比较两个表面单位面积的流量,在冬至的强度比在夏至的强度大约要高出 6.9%.

4. 图 13 是用公式(9a)和(9b)计算的大气上方的日照总量,在北极上面有一个绝对最大值,在接近 40°处有一个相对最大值.为了找到相对最大值,在公式(9a)中设 $day = 182.5$ 或 $s = 23.50$,并且对纬度作日照的函数图形,用一阶导数找到临界点,该点的纬度界于 43°和 44°之间.(哪个城市最接近这个纬度?)

5. $s = \arcsin\left[-\cos\left(360\frac{day}{365}\right)\sin 23.5° \right]$,在(9)中让 day 变为 $day - 182.5$(一个变换),则 s 变为 $-s$,让 l 变为 $-l$(一个反射),则 D 也随之改变.

8. 图 14 显示到达地球的日辐射量的计算结果,衰减因子以 0.7 为基准. 得到衰减因子为 0.6 和 0.8 的图,并把这些结果和习题 4 的图进行比较是有益的.

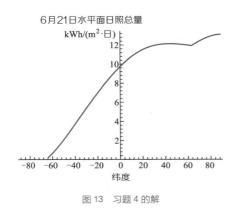

图 13 习题 4 的解

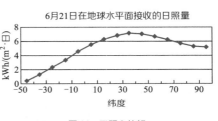

图 14 习题 8 的解

8. 附录:Maple 程序

此程序可求得第 5 节表格中的计算值.

变量 rate0 的计算使用了大气衰减效应前的日照量公式(见(7a)式):

```
> rate0:= − sin(a) ∗ sin(b) ∗ sin(th) ∗ cos(s)
+ cos(a) ∗ sin(b) ∗ cos(th) ∗ sin(l) ∗ cos(s)
+ cos(b) ∗ cos(th) ∗ cos(l) ∗ cos(s)
− cos(a) ∗ sin(b) ∗ cos(l) ∗ sin(s)
+ cos(b) ∗ sin(l) ∗ sin(s);
```

变量 rate1 则综合考虑了衰减系数和太阳常数(见(12)式):

```
> rate1:=1.37 ∗ .7^(1/(cos(th) ∗ cos(l) ∗ cos(s) + sin(l) ∗ sin(s)))
∗ (rate0);
```

设定纬度和接收平面方位,并将单位转换为弧度(参见图 4):

> l：= ?；a：= ?；b：= ?；

> l：= l * Pi/180；a：= a * Pi/180；b：= b * Pi/180；

设定太阳赤纬角 s (见习题 6 中的公式)：

> s：= 23.5 * sin(360 * (? - 91.25)/365)；s：= s * Pi/180；

求出日出或接收平面开始受光两者中较晚一种情况所对应的 θ 角：

> th_a1：= fsolve (rate0 = 0, th = -3.14..0)；

> sunrise_eq：= cos(th) * cos(l) * cos(s) + sin(l) * sin(s) = 0；

> th_a2：= fsolve (sunrise_eq, th = -3.14..0)；

> if th_a1 > th_a2 then th_1：= th_a1 else th_1：= th_a2 fi；

求出日落或接收平面不再受光两者中较早一种情况所对应的 θ 角：

> th_b1：= fsolve (rate0 = 0, th)；

> th_b2：= fsolve (sunrise_eq, th)；

> if th_b1 > th_b2 then th_2：= th_b2 else th_2：= th_b1 fi；

避免指数(长度)的奇异性并积分：

> epsilon：= 0.1；th_1：= th_1 + epsilon；th_2：= th_2 - epsilon；

> int(rate1, th = th_1..th_2)；

在最后一次积分中将时间标度转变为小时(2π 弧度等于 24 h)，并将结果用单位 kWh/m^2 表示：

> 3.82 * evalf(%)；

参考文献

Campbell N., L. Mitchell, J. Reece. 1997. Biology. Reading, MA：Addison-Wesley.

Hu C., R. White. 1983. Solar Cells from Basics to Advanced Systems. New York：McGraw-Hill.

Johnson T. 1981. Solar Energy：The Direct Gain Approach. New York：McGraw-Hill.

King L. R. 1996. Clock Time vs. Sun Time：The Analemma. UMAP Modules in Undergraduate Mathematics and Its Applications：Module 751. The UMAP Journal, 17(2)：123 - 144. Reprinted in UMAP Modules：Tools for Teaching 1996, edited by Paul J. Campbell, 79 - 100. Lexington, MA：COMAP.

Kondratyev K. 1969. Radiation in the Atmosphere. New York：Academic Press.

Meinel A.,M. Meinel. 1976. Applied Solar Energy. Reading,MA:Addison-Wesley.

Strahler A. 1971. The Earth Sciences. New York:Harper & Row.

Tilt,Anni. 2001. Daylighting strategies for a ranch house. Fine Homebuilding,137(2001):98 – 103.

United States Department of Energy. 1994. National Solar Radiation Data Base(Version 1.1).

3 地质定年法
Geological Dating

杨启帆　编译　叶其孝　审校

摘要：

距今 6 500 万年前白垩纪末期，恐龙时代在第五次物种大灭绝中终结. 新的地质学研究正挑战着当前关于恐龙灭绝的解释，地质样本定年是其中有意义的研究方向之一. 本文介绍一种地质定年法，该法通过对百万年前的沉积物样本进行铱元素含量的测定，通过所得含量确定铱元素的沉降速率，从而确定样本年份. 可以根据该方法来确定取自深海钻芯样本的年份，并在此基础上讨论误差的传播与不确定性.

原作者：

Peter Bruns

Geomar Research Center for

Marine Geosciences，D－24148

Kiel，Germany.

pbruns@ geomar. de

L. R. King

Dept. of Mathematics，Davidson

College Davidson，NC 28036.

riking@ davidson. edu

发表期刊：

The UMAP Journal，1998，19（4）：

395－418.

数学分支：

微积分

应用领域：

地质学、地球科学

授课对象：

大学一年级本科生

预备知识：

微积分基本定理、复合函数求导、反函数存在定理

目 录:

1. 引言

在地质学研究领域,Bruns 等[1996,1997]的近期研究得出了一个重要结果,给出了恐龙灭绝的时间,这一结果得到了大家的认同.本文介绍的方法是该结果的应用与发展,首先简述相关背景和进展.

关于恐龙灭绝的原因,科学家们一直争论不休,其中得到大家普遍认可的是陨石撞击学说[Alvarez 等 1980](图 1).陨石撞击学说是指一颗小行星撞击了海洋,产生了巨大的海啸和地震,导致大量火山喷发,爆炸后大量气体和尘埃进入大气层形成了一片云层.在很短的时间内,也许只有几周,由于这片云层中窒息的烟雾和大量的碎片导致太阳不能照射到地球,使得气温开始下降,据估计它下降多达 55 ℉,不仅恐龙无法生存,有可能直接导致了当时地球上 25% 至 75% 物种的灭绝.

图 1　小行星撞击和恐龙的灭绝（艺术家 Marjorie C. Leggitt 许可）（参见 Johnson ［1995］）

地球史上有好几次生物大灭绝事件,每次都有超过一半的生物物种灭绝,其中恐龙大灭绝事件最为著名.大家普遍认为这次大灭绝发生在大约 6 500 万年前,最为有力的证据是介于白垩纪和第三纪之间的 K/T 地质界线（K/T boundary）,也可称为 K/T 地质层.

目前,关于恐龙灭绝的原因有很多解释,强有力的证据来源于多个不同领域.然而,没有确凿的证据能证明灭绝是由于一场小行星撞击的灾难引起的.因为,一方面有证据表明在这场灾难发生之前就已经有物种灭绝,另一方面有证据似乎能表明在这场灾难之后应该灭绝的物种有幸存下来的痕迹.另一个比较有说服力的原因是大量的火山爆发,造成地球激烈的温室效应,各物种无法适应新的气候与环境而无法生存[Officer 和 Page 1996].一个强有力的证据是 K/T 地质层,在这一地质层富含铱元素,这正好与行星撞击和火山爆发带来的影响相吻合.本文作者 Bruns 认为除了小行星撞击与火山爆发,任何其他事件都无法解释铱元素浓度的显著增加[Bruns 等 1997].Bruns 提出了沉积速率的概念,并给出了针对具体样本进行沉积速率计算的方法.给定百万年前沉积物样本,记 $z(t)$ 为在地质时间 t 时样本中铱元素的含量,则沉积速率或沉降率可以表示为导数 dz/dt.通过对沉积速率的分析,我们可能可以找到 K/T 地质层中富有铱元素的证据,例如铱元素含量的显著增加是由大气影响或是火山爆发造成的.本文第二作者 King 认为,至少我们可以将这种方法教给学生,让学生可以从理论上利用这一地质定年法进行实践.

读者可以利用本文介绍的方法对样本进行地质定年,并可以将所得结果与专业方法鉴定出的年份进行比较.文中有一节专门介绍了 K/T 地质层,学生可以发现铱元素含量的激增,并被要求解释这一现象的影响与作用.在第 7 节,我们将探讨地质定年法的误差.本模型中涉及的样本地质定年法并没有应用于实际,下一节将重点介绍什么是样本地质定年法以及没有用于实际的原因.

2. 钻芯样本定年法

有很多专家和学者致力于地质定年的研究,这个领域的文章有很多,之前的研究结果不断被更新、改进.只有那些与事实更为接近的研究成果才能得以流传下去.本文的方法与结果目前还是新颖而有效的,也许在不久的将来就会过时.本文建模过程中所用到的数据均为海底钻探所得钻芯样本的数据(图 2).

在现有研究成果里,有很多方法可以用来进行地质样本定年.其中,有很多方法效果很好,而且这些方法是彼此独立的.我们在进行地质样本定年时可以使用多种方法,并将这些结果进行比较,如果结果是值得信任的,那我们就基本上解决了问题,如果有

图2 JOIPES号及其于1995年1月在大西洋赤道附近的非洲西海岸提取的钻芯样本

些方法所得结果出入很大,那我们就会发现一些新的问题有待进一步解决.

地质学家常用的地质样本定年法可以分为绝对定年法和相对定年法:

- 绝对定年法:通过对不同放射性同位素的衰变进行测量来精确确定具体年份;

- 相对定年法:通过确定一系列地质历史上的事件发生的先后顺序关系来估计具体年份,例如,通过对比观察恐龙骨骼化石以及人类骨骼中的沉积物来确认两者在地质历史上的先后关系;此外,还可以通过测量各层的不同沉积物以及磁化特征来确定它们形成时期的先后.

其中,直接的绝对定年法的应用需要有放射性同位素的存在,而间接的相对定年法可以使用稳定的(即非放射性的)同位素或是各种沉积参数来进行.绝对定年法可以通过对同位素的测量得到其浓度和比率,然后根据这些数据来精确确定具体年份;而相对定年法只能判断各地质事件的先后顺序,如果需要确定其具体年份,则需要对其中某个地质事件进行具体年份的确定,并以此来推出其他地质事件发生的年份.

碳-14(C^{14})定年法就是一个直接定年法.C^{14}是一种放射性同位素,半衰期约为5 700 年.C^{14}是大气层中的氮气受到来自外太空的宇宙射线中的中子不断地照射而产生的,并通过新陈代谢进入活着的生物体内.只要生物体活着,它就一直吸收C^{14},而这些C^{14}也不断地衰变损耗掉.C^{14}产生的速率与衰变的速率极为接近,所以,自古以来地球上C^{14}的含量一直没有变.生活在不同时期各生物体中C^{14}与C^{12}的含量比率也是一致的,其中 C^{12} 是最常见的同位素并且是稳定的. 一旦生物体死亡,C^{14} 的吸收就会停止,而其体内的 C^{14} 的衰变还在继续进行,所以死亡的生物体中 C^{14} 所占的比率会随着年代的推移而减少. 正是由于 C^{14} 的半衰期和生物体中 C^{14} 与 C^{12} 的含量比率是已知的,我们可以通过测量化石中 C^{14} 与 C^{12} 的实际比率,通过对比计算来确定化石中生物体的死亡时间. 在实际应用中,测量各不同同位素的浓度并不是科学家们的目的,科学家们是通过直接测量所得到的结果与既定的标准进行比较,从而确定具体的年份.

氧 – 18(O^{18})和氧 – 16(O^{16})都是稳定的同位素,我们同样可以通过 O^{18} 与 O^{16} 的比率来进行年份的确定,这也是一种直接定年法. O^{18} 与 O^{16} 的化学性质相同,但是 O^{18} 的原子量更重,这会导致水在蒸发期间出现分馏,也即 O^{16} 被蒸发而 O^{18} 仍然以液体的形式存在. 研究人员通过对不同时期化石中氧同位素的研究发现,不同时期 O^{18} 与 O^{16} 的比率呈现出循环变化,这个变化和天文循环模式有关系. 例如,地球相对于太阳的椭圆轨道的偏心率呈现出周期性变化. 目前,我们已经确定了不同周期,这些周期性变化影响着气候的变化,进而影响着极地冰层大小及蒸发的变化,这些都直接影响了 O^{18} 与 O^{16} 的比率,不同的比率对应着不同的时期. 氧同位素比率法广泛用于深海冰芯等各地质样本的测定中,通过将测量结果与已知结果对比,即可确定样本年份.

除上文所述的同位素定年法外,我们还可以用其他直接定年法,例如通过磁化率或霰石浓度来确定年份.

相对定年法的具体例子有生物地层学（biostratigraphy）以及磁性地层学（magnetostratigraphy）. 生物地层学是研究各地质层相互关系的重要方法. 在整个地质时期内各种生物一个接一个按先后顺序出现. 相同的层总是发现有相同的叠覆次序并且包含相同的特有化石. 这就是说化石顺序律与地层层序律是一致的. 化石年份的相对性可以通过任意连续区间的地层位置来推断,在一个更高位置发现的化石年龄远小于沉积于下层的化石的年龄. 磁性地层学是通过对沉积物磁性的测量,求出地磁场的极性变化来研究地层. 在整个地质史上,地磁场极性倒转出现过多次,因此,对地层剖面中岩石磁性极性变化的任一完全统计,都可用来确定沉积物序列.

各方面因素会导致结果出现误差、甚至是错误. 例如,没有人能够确定宇宙射线照射产生C^{14}的恒定速率是多少;同位素在经历漫长的埋藏过程中极有可能受到化学蚀变的影响;不同的物种对于生物示踪剂的摄取可能不同.这些因素的影响足以说明在地质定年过程中,我们不可能得到绝对正确的结果.也正是由于误差的存在,所以有很多学者进行误差分析的研究工作.

由于各种定年法都有自己特定的优势和劣势,因此通过多种方法综合考虑,进行年份确定能得到更可靠的结果.各生物地质层和地磁地层通常与同位素数据或化石信息有关联.各定年法的绝对误差及相对误差会随地质年代的久远而增加,但一般都显著小于10%.

下面我们介绍怎样通过铱元素来进行地质样本定年.在海洋沉积物中,铱元素主要来源于两个方面:一小部分来源于陆地物质,而更大一部分则来源于宇宙物质,宇宙物质中的铱元素通过沉降沉积到海底深处,这些铱元素的量大约是陆地物质的 10 000 倍.虽然在一般情况下,相对于陆地物质中的铱元素,宇宙物质输入到地球的铱元素可以忽略不计,但是由于高浓度的铱仍可以影响深海沉积物的铱元素浓度,所以以下情况有可能发生.例如,如果地面沉降速率低,则宇宙中输入的铱元素相对来说会增加,而当地面沉降速率高时,铱浓度往往较低,相反地,当地面沉降速率减小时宇宙铱元素输入虽较少但仍会导致铱元素浓度的增加.因此铱元素的浓度可以被描述为沉降速率的函数.

3. 定年法与导数

给定一个从海底提取的钻芯样本,假设样本沉积深度为24 m.我们将样本沉积方向设为 z 轴,取 z 轴正方向竖直向下,记 $z=0$ 为钻芯样本的顶部,则 $z=24$ 为其底部.在研究不同地质沉积层钻芯样本的年份时,我们可以设年份函数(record function)$t=t(z)$,其中 t 的单位为百万年.此时,我们可以假定 $t(0)=0$,显然地质沉积层年份 t 会随其沉积深度 z 的增加而增加.假设 K/T 地质层的沉积深度为 z_{KT},则其沉积时间为

$$t_{KT}=t(z_{KT})$$

我们采用的样本定年法将利用年份函数的导数 $\mathrm{d}t/\mathrm{d}z$,这是与上述各种方法的不同与创新之处.我们还将说明如何得到导数 $\mathrm{d}t/\mathrm{d}z$ 的近似值,从而确定其年份(见习题7).

根据反函数存在定理,由于年份函数 $t = t(z)$ 是单调递增的,所以其反函数存在,即沉降深度函数 $z = z(t)$,沉降速率为沉降深度函数的导数 dz/dt. 两个函数的导数之间的关系为

$$\frac{dz}{dt} = \frac{1}{dt/dz}$$

前文曾提到,恐龙灭绝有可能是小行星撞击引发大爆炸及大量火山爆发所导致的,一个强有力的证据就是沉积深度为 z_{KT} 的 K/T 地质层中铱元素含量的剧增,这明显是地外物质导致的. 这是因为地球表面铱元素的含量很低,铱元素含量的剧增只能是由于外来因素导致的(Alvarez 等 [1980] 首次指出在 K/T 地质层这一界线中富有高含量的铱元素,并将这些调查结果与重大事件联系起来并进行研究). 如图 3 所示,小行星撞击地球后造成的影响是短期内铱元素大量沉积. 另一方面,铱元素的剧增也有可能是由于在沉降深度为 z_{KT} 的 K/T 地质层形成时沉降速度非常

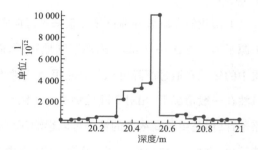

图 3　铱元素含量分布图(K/T 地质层处含量明显激增),单位:$\frac{1}{10^{12}}$

缓慢,也即 dz/dt 的值非常小. 这同样意味着,当时的陆地面积相对小,铱元素含量也比较低,然后有一个富含铱元素的比较大的天外来客(小行星)撞击了地球,导致了铱元素在短时间内的飙升. 但是,缓慢的沉降率意味着K/T 地质层不可能快速形成. 感兴趣的读者可以自己分析一下,如果事实是铱元素的飙升是由于缓慢沉降引起的,那么在 K/T 地质层形成时是发生了大规模的生物灭绝还是逐渐灭绝?

4. 利用导数确定参数间关系

地球处于银河系中的太阳系里,以固定的轨道围绕着太阳公转,在太阳系里还有很多其他星球围绕着太阳公转,同时还有大量的宇宙尘埃,每年都有大量的宇宙尘埃到达地球. 本文作者 Bruns 意识到可以通过地球表面和地外物质中铱元素浓度的巨大差异

来计算地质层的沉降速度. 在计算时,我们必须要确定宇宙尘埃在海底沉积的速度,也即宇宙物质质量累积速率(mass accumulation rate).

习题

1. 目前,每年到达地球表面的宇宙尘埃的质量大约为 19.2×10^4 t. 记地球的半径为 R,则地球表面积为 $4\pi R^2$. 取 $R = 6\,370$ km,请计算沉积到海底的宇宙尘埃的质量累积速率(单位:t/(百万年·cm²)),在计算时不考虑从陆地转移到海底的宇宙尘埃.

接下来,我们来研究宇宙尘埃的质量累积速率与沉降速率 $\mathrm{d}z/\mathrm{d}t$ 之间的关系. 假设深海钻芯样本的形状为圆柱体,底面圆半径为 r,实际情况中,r 一般约为 5 cm. 在下面计算中选取的半径为 s(见图 4),以使得其横截面面积正好为 1 cm². 为方便起见,记这样的钻芯样本为 $s-$芯(s-core).

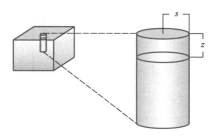

图 4 z cm 处半径为 s 的 $s-$芯

记在原钻芯样本 z cm 处的 $s-$芯的质量为 $mass(z(t))$(单位:g),则 $s-$芯质量累积速率为导数 $\dfrac{\mathrm{d}(mass(z(t)))}{\mathrm{d}t}$(考虑到 $s-$芯的面积,这个导数的单位是 g/(百万年·cm²)). 根据复合函数求导的链式法则有

$$\frac{\mathrm{d}(mass(z(t)))}{\mathrm{d}t} = \frac{\mathrm{d}(mass(z))}{\mathrm{d}z} \cdot \frac{\mathrm{d}z}{\mathrm{d}t} \tag{1}$$

习题

2. 设有原钻芯样本 z cm 处的 $s-$芯,证明 $\dfrac{\mathrm{d}(mass(z))}{\mathrm{d}z}$ 是 $s-$芯的密度(单位:g/cm³).

3. 给定原钻芯样本 z cm 处的 s – 芯,记年份函数为 $t = t(z)$,在习题 2 的基础上证明其导数满足以下结论:

$$\frac{dt}{dz} = \frac{d(mass(z))/dz}{d(mass(z(t)))/dt} \qquad (2)$$

根据(1)式,可得样本沉降速率为样本质量累积速率除以样本密度,其中密度我们可以直接测量得到,质量累积速率可以假定为恒定的(见习题1).现在面临的问题是如何确定钻芯样本中陆地物质的质量累积速率,下一节将针对这一问题进行介绍,习题6也涉及这一问题.

5. 铱元素积累模型

在计算地质史时间的铱元素质量累积速率时,我们要考虑到外来物质及地球物质铱元素浓度的差异是巨大的,外来物质中铱元素含量通常是地球上的 10 000 倍.如果假定来自宇宙尘埃等外来物质基本上保持一个恒定的速度,而不考虑如小行星撞击以及大规模火山爆发等异常事件发生,那么我们可以得到没有异常事件发生时铱元素浓度的质量累积速率.下面建立这种铱元素积累模型,习题6也涉及这个模型.

首先给出建立模型所需的一些定义、符号及一些假设:

$I_{sed}(z)$:深度为 z 处地质层中的铱元素浓度$\left(单位:\dfrac{1}{10^{12}}\right)$;

I_{cos}:宇宙尘埃中铱元素浓度$\left(\dfrac{4.6 \times 10^5}{10^{12}}\right)$;

I_{ter}:地球陆地物质中的铱元素浓度$\left(\dfrac{30}{10^{12}}\right)$;

M_{cos}:宇宙尘埃的质量累积速率,假设为常数(见习题1,5);

$M_{ter}(z)$:深度为 z 处地质层中地球陆地物质的质量累积速率.

铱元素积累模型(iridium model):

$$I_{sed}(z) = \frac{M_{cos}I_{cos} + M_{ter}(z)I_{ter}}{M_{cos} + M_{ter}(z)}$$

注意,在上述铱元素积累模型中,等式右边只有 $M_{ter}(z)$ 不是常数,其余都为常数. 实际情况表明陆地物质质量累积速率 $M_{ter}(z)$ 的值在一个很大范围内,大约为 1 g/(百万年·cm²)到 1 000 g/(百万年·cm²). 类似地,$I_{sed}(z)$ 的取值大约在 $\frac{10}{10^{12}}$ 到 $\frac{50\ 000}{10^{12}}$ 之间. 由于 $M_{ter}(z)$ 与

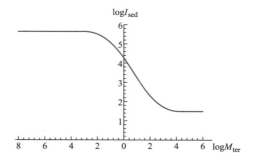

图 5　铱元素浓度 I_{sed} 与物质质量累积速率 M_{ter} 的关系(竖轴左/右侧: 宇宙/地球物质)

$I_{sed}(z)$ 两组数据大小差异太大,因此在进行两者的相关性研究之前,我们先对数据做一些处理,都取对数得到新的两组数据,以便于进行研究(图 5).

习题

4. 解释图 5 中坐标轴单位刻度的含义.

5. 如果图 3 中铱元素浓度的飙升是由于缓慢沉积引起的,那么多缓慢才可能导致这一结果? 我们研究的范围从 K/T 地质层上方 $z = 20.31$ m 到下方 $z = 20.7$ m 处. 为了方便计算,可以假设 $z = 20.31$ m 处 $I_{ter} = 0$,请利用铱元素积累模型计算物质质量累积速率 M_{ter}. 注意:$I_{cos} = 460\ 000\left(\dfrac{1}{10^{12}}\right)$,$M_{cos}$ 的取值见习题 1. 另外,注意 $z = 20.31$ m 处 $I_{ter} = 0$ 这一假设是为了方便计算,按实际情形 $z = 20.31$ m 处 $I_{ter} = 30\left(\dfrac{1}{10^{12}}\right)$,请分析 $I_{ter} = 0$ 这一假设对 M_{ter} 的具体值产生了多大影响,并说明原因.

6. 请利用量纲分析法验证铱元素积累模型的正确性,并利用其推导下述质量沉积速率方程:

$$\frac{\mathrm{d}mass(z)}{\mathrm{d}t} = M_{cos} + M_{ter}(z) = \frac{M_{cos}(I_{cos} - I_{ter})}{I_{sed}(z) - I_{ter}} \tag{3}$$

7. 根据习题 3 与习题 6 的结论推导下述等式,并分析如何

根据导数 dt/dz 来确定深度为 z 的地质层的年份(注意,根据(4)

式 dt/dz 已被放大 100 倍,单位由百万年/cm 变为百万年/m.).

$$\frac{dt}{dz} = 100 \cdot \frac{(I_{sed}(z) - I_{ter})\dfrac{dmass(z)}{dz}}{M_{cos}(I_{cos} - I_{ter})} \tag{4}$$

6. 利用积分求解年份函数

根据微积分基本定理,可以通过以下方法求解年份函数:

(1) $z > 0$ 时: $t(z) = t(z) - t(0) = \displaystyle\int_0^z \frac{dt}{du}du$;

(2) $z_2 > z_1$ 时: $t(z_2) - t(z_1) = \displaystyle\int_{z_1}^{z_2} \frac{dt}{du}du$.

根据习题 7,可以通过对一个具体的钻芯样本进行测量得到 dt/dz 的具体值. 但是,为了利用上述方法进行计算,我们必须得到 dt/dz 在对应区间上的所有取值. 表 1 中给出了不同深度下铱元素的浓度等数据,根据这些数据可以得到相应的 dt/dz 的值,但是由于这些数据是离散的,在相邻两个深度中间的一系列深度下 dt/dz 的值还有待我们确定. 如果假设在相邻两个深度之间所有地质层对应的 dt/dz 的值是常数,则得到的逼近函数为一个分段常数函数;如果假设在相邻两个深度之间所有地质层对应的 dt/dz 的值是线性变化的,这时得到的逼近函数是一个折线图,也即线性拟合. 高阶近似方案同样也是存在的,这些方案比线性拟合更加复杂,也更接近实际情形,例如多项式函数拟合. 在微积分学中,第一种近似方案(阶梯函数及线性拟合)是右侧黎曼积分方法(Riemann sums)和梯形法则(trapezoid rule),第二种方法中的二次函数逼近为牛顿 – 辛普森迭代法(Newton-Simpson's method).

所以,为了计算出各地质层具体的年份,我们给出了 dt/dz 的多种拟合函数. 那么,哪一种拟合误差最小呢? 关于这个问题可能没有定论,只能通过数据对比来判断孰优孰劣(见习题 8). 下面采用的是最简单的近似方案(使用分段函数)来获取样本的 dt/dz

的近似值,并通过计算得到样本年份的近似值,我们简称这种方法为瞬时技术 (instantaneous technique). 计算中所用到的数据见表 1 与表 2,这些数据来自北太平洋中部的海底钻芯样本(样本 LL44 – GPC3)[Kyte 等 1993].

习题

8. 假设我们在利用上述方法确定年份函数时,只有表 1 中的数据. 基于表 1 数据,图 6 中给出了利用右侧黎曼积分、梯形法及牛顿 – 辛普森迭代法对应的近似方案. 图 6 左边采用的基准深度为 0.25、1.00 和 2.01,而右边采用的基准深度为 0.25、1.26 和2.01. 请分析左右两边基于不同基准深度的近似方案的优点与缺点. 通过这个习题,我们会发现利用钻芯样本的离散数据进行处理与计算是可行的,但是有误差,第 7 节将专门介绍误差分析.

表 1 钻芯样本 LL44 – GPC3(顶部)

深度/m	铱浓度/ $\frac{1}{10^{12}}$	密度/（ g/cm³ ）
0.25	240	0.61
0.42	240	0.64
0.57	190	0.66
0.71	170	0.67
0.87	250	0.65
1.00	350	0.64
1.16	250	0.61
1.26	210	0.65
1.37	240	0.67
1.43	260	0.68
1.63	210	0.68
1.76	180	0.67
1.85	190	0.70
1.95	170	0.72
2.01	250	0.71

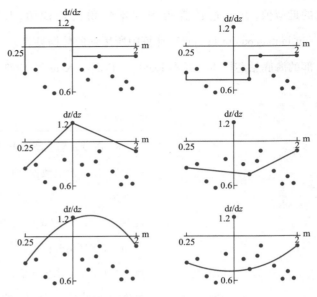

图6　基于表 1 数据的三种近似方案曲线图

表 2　钻芯样本 LL44 – GPC3（含 K/T 地质层）

深度/m	铱浓度/$\frac{1}{10^{12}}$	密度/（g/cm³）
20.00	260	0.41
20.06	250	0.39
20.10	300	0.40
20.15	340	0.44
20.20	520	0.51
20.31	610	0.48
20.35	2 200	0.49
20.41	3 000	0.49
20.45	3 300	0.49
20.50	3 800	0.50
20.55	10 100	0.50
20.65	700	0.47
20.70	820	0.44
20.75	430	0.43
20.80	630	0.42
20.85	340	0.43
20.90	320	0.42
20.95	370	0.41
21.00	380	0.41

9. 对于表 1 与表 2 中的数据,通过拟合可以得到 dt/dz 的分段常数函数,图 7 给出了相应图形. 图 7 右边包含 K/T 地质层的拟合折线图中能够明显观察到铱元素浓度的飙升. 假设宇宙物质输入到地球的速度不变,请分析样本 LL44 - GPC3 表层与 K/T 地质层的沉降速率(单位:m/百万年).

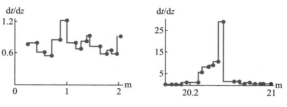

图 7　分段常数拟合函数(左侧:表层,右侧:含 K/T 层)

10. 设有钻芯样本 LL44 - GPC3,且 r_k 为区间 $(z_{k-1}, z_k]$ 上 dt/dz 的近似值,请证明以下结论:

$$t_i - t_{i-1} = r_i(z_i - z_{i-1}), 2 \leq i \leq n$$

并利用这一系列等式计算深度为 z_k 的各地质层相应年份 t_k,例如:

$$t_n = (t_n - t_{n-1}) + (t_{n-1} - t_{n-2}) + \cdots + (t_2 - t_1) + t_1$$

11. 请用瞬时法计算深度为 $z = 2.01$(表 1)及 $z = 20.55$(表 2 中 K/T 地质层)的地质层的年份. 计算前者时取 $t_1 = 0.14$ 百万年($z = 0.25$ 处),计算后者时取 $t_1 = 65.84$ 百万年($z = 20.00$ 处). Kyte 等 [1993] 指出深度为 $z = 2.01$ 及 $z = 20.55$ 的地质层的年份分别为 0.86 百万年和 66.39 百万年.

7. 精密度、准确度及误差分析

精密度、准确度及误差的不恰当处理会让我们的结果不好甚至出现错误,这种情况常常在学生中出现.下面让我们通过测量值与理论值的对比来解释一下它们的含义.

　　首先来看看测量值,在实际测量过程中通常会对一个测量对象进行多次测量,多次测量值的标准偏差具有内部重现性(internal reproducibility),我们将这个标准偏差称为精密度(precision).

　　为了保证测量值有意义,必须对测量值进行校准.首先要给定一个参考的标准,然而这个标准也不一定就是实际值,同样也存在误差.因此,测量值的优劣取决于精度分析与校准的准确性.通过校准得到的测量值与实际值之间的分析即为准确度(accuracy)分析,也即外部重现性(external reproducibility).注意精密度影响着准确度,高精密度是准确度的必要条件,但是高精密度不一定带来高准确度.在数学学科之外,误差(error)的定义是模糊的,可以认为误差就是精密度或是准确度,为了方便分析,本文所讨论的误差即为准确度.

　　如果通过沉积物中铱元素浓度来确定其年份,那么针对每个地质层的离散的沉积速率必须联系起来综合考虑(见习题 10).每个测量数据的固有误差会通过积分过程传播导致更大的误差甚至是错误.所以,最终结果的准确度取决于测量的精确度、校准的可靠性以及误差传播的分析.由于在利用沉积物中铱元素浓度来确定年份时,误差传播会对结果产生很大影响(图 8),因此该方法还没有用于地质材料的实际定年(见习题 12 和 13).

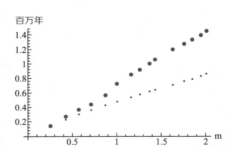

图 8　误差传播图:大点表示利用本文方法计算所得表 1 地质层的年份,小点所代表年份见 Kyte 等［1993］（见习题 11）

　　令 $t = t(z)$ 为实际年份函数,函数 $f(z) = \dfrac{\mathrm{d}t}{\mathrm{d}z}$ 为其导函数,记 $\bar{t} = \bar{t}(z)$ 为计算所得年份函数,函数 $\bar{f}(z)$ 为其导数.给定常数 $p > 0$,如果对于每一地质层有 $|\bar{t}(z) - t(z)| \leqslant p \cdot t(z)$ 且 $|\bar{f}(z) - f(z)| \leqslant p \cdot f(z)$,则称 $\bar{t}$ 的准确度为 $p \cdot 100\%$（在实际计算中,准确度可以因 z 而定）.

　　利用瞬时法确定年份时,误差传播满足下面定积分的基本性质:

$$\int_a^b (\lambda f(x) + \mu g(x))\,\mathrm{d}x = \lambda \int_a^b f(x)\,\mathrm{d}x + \mu \int_a^b g(x)\,\mathrm{d}x \quad \text{（线性等式）} \qquad \text{(i)}$$

$$\int_a^c f(x)\,\mathrm{d}x = \int_a^b f(x)\,\mathrm{d}x + \int_b^c f(x)\,\mathrm{d}x \tag{ii}$$

如果 $\bar{t}$ 的准确度为 $p \cdot 100\%$，根据最坏情况有 $\bar{f}(z) = (1+p)f(z)$．令 $z_1, z_2, \cdots, z_n$ 对应我们所测样本的分层，则有最深（最后）一层的所得年份的误差为

$$\bar{t}(z_n) - t(z_n) = \int_0^n (\bar{f}(u) - f(u))\,\mathrm{d}u = p\int_0^{z_1} f(u)\,\mathrm{d}u + \cdots + p\int_{z_{n-1}}^{z_n} f(u)\,\mathrm{d}u$$

（第一个等式由性质（i）推出，第二个等式根据性质（i）和（ii）推出）．每一层的误差都会传播到最后一层，最后一层的误差由所有误差叠加而得．

由于 $M_{\cos}$ 在分母中，如果 $M_{\cos}$ 的值非常小，可能会导致所得导数值非常大．因此我们单独考虑年份函数计算式（4）中的 $M_{\cos}$．

习题

12．记 $M_{\cos}$ 的测量值为 $\overline{M}_{\cos}$，并设 $\overline{M}_{\cos}$ 的准确度也为 $p \cdot 100\%$，即 $\overline{M}_{\cos}$ 满足

$$\overline{M}_{\cos} = (1-p)M_{\cos}$$

证明：计算所得年份函数

$$\bar{f}(z) \text{ 满足 } \bar{f}(z) = (1+q)f(z)$$

其中 $q = p/(1-p)$．

13．设 $\overline{M}_{\cos} = (1-p)M_{\cos}$ 且 $p = 0.5$，请在习题 12 的基础上计算 K/T 地质层的年份（表 2 中 $z = 20.55$ 处）．

误差传播只适用于利用瞬时法确定年份，并不适用于确定沉降速率 $\mathrm{d}z/\mathrm{d}t$．传统的计算沉降速率的方法主要通过针对相邻两层地质层进行测量与计算得出，而利用铱元素来确定沉降速率只受测量准确度的影响．因此，与确定样本年份不同，通过铱元素确定沉降速率受误差传播的影响较小，这体现在实际地质研究中．为了分析通过传统测量方法测量沉降速率 $\mathrm{d}z/\mathrm{d}t$ 时误差传播的影响，记 $\bar{t}(z)$ 为测量值，为了方便分析，我们可以先假设 $z = z_1$ 地质层处 $\bar{t}(z_1) = t(z_1)$，再来研究当前面所得测量数据准确度为 $p \cdot 100\%$ 时，相应结果的准确度会如何（见习题 14、15）．

14. 假设 $\bar{t}(z_1) = t(z_1)$ 且 $|\bar{t}(z_2) - t(z_2)| \leqslant p \cdot t(z_2)$,试证明

$$\left| \frac{z_2 - z_1}{\bar{t}(z_2) - \bar{t}(z_1)} - \frac{z_2 - z_1}{t(z_2) - t(z_1)} \right| \leqslant \frac{p \cdot t(z_2)}{\bar{t}(z_2) - \bar{t}(z_1)} \cdot \frac{z_2 - z_1}{t(z_2) - t(z_1)}$$

15. 假设有 $\bar{t}(z_2) - \bar{t}(z_1) \approx p \cdot \bar{t}(z_2)$,取 $p = 0.1$ 请在习题 14 的基础上讨论所得关于沉降速率结果的可靠性.

8. 模型推广

表 1 和表 2 中的数据只是 Kyte 等 [1993] 中所用数据的一小部分,包括钻芯样本 LL44 – GPC 每一层地质层的完整数据可在该文 1737 ~ 1739 页找到. 读者还可以利用不同的近似方案来计算 $\mathrm{d}t/\mathrm{d}z$,例如:瞬时法、梯形法、牛顿 – 辛普森迭代法、高阶近似方案等,并将这些结果进行对比,判断每种方法的优劣及对结果的影响.

在本文中,我们假设宇宙尘埃中铱元素浓度 M_{cos} 是常数,读者还可以考虑宇宙尘埃中铱元素浓度不是常数的情形. 例如,先找到一个符合某个地质层的 M_{cos} 的具体值,进而来估计相邻地质层的 M_{cos} 的值. 读者可以借助计算机软件来处理.

关于宇宙尘埃对铱元素的影响,感兴趣的读者可以参阅 Bruns 等 [1997],另外,Raup [1991] 和 Stanley [1987] 详细介绍了物种灭绝事件,而关于地质知识的合适教材有 Emiliani [1992] 和 Stanley [1989].

9. 习题解答

1. 0.037 6 g/(百万年 · cm²).

2. 当 $\Delta z \to 0$ 时,可以将地质深度 z 到 $z + \Delta z$ 之间的样本理解为一个密度均匀的平面薄片,$mass(z + \Delta z) - mass(z)$ 即为该平面薄片的质量,s – 芯的横截面积为单位横截面

积,所以差商 $\dfrac{mass(z+\Delta z)-mass(z)}{\Delta z}$ 当 $\Delta z \to 0$ 时即为该平面薄片的质量.

3. 由反函数存在定理即可推出 $\left(\dfrac{\mathrm{d}t}{\mathrm{d}z}=1\Big/\dfrac{\mathrm{d}z}{\mathrm{d}t}\right)$.

4. 因为 $x=\log_{10}(M_{\mathrm{ter}})$,所以 $x=2$ 表示 $M_{\mathrm{ter}}=10^2$,$x=-2$ 表示 $M_{\mathrm{ter}}=10^{-2}$,I_{sed} 类似.

5. $M_{\mathrm{ter}}(z)=M_{\mathrm{cos}}\cdot\dfrac{I_{\mathrm{cos}}-I_{\mathrm{sed}}(z)}{I_{\mathrm{sed}}(z)-I_{\mathrm{ter}}}$;

$M_{\mathrm{ter}}(20.55)=1.68$ g/(百万年 $\cdot$ cm^2),$M_{\mathrm{ter}}(20.31)=29.78$ g/(百万年 $\cdot$ cm^2),

$M_{\mathrm{ter}}(20.70)=21.85$ g/(百万年 $\cdot$ cm^2),如果 $I_{\mathrm{ter}}=0$,则分别为:$1.67,28.31,21.06$.

6. 略(代数).

7. 略(代数).

8. 通过基准点 $\{0.25,1.00,2.01\}$ 拟合所得近似值与实际值差距较大;而通过另一组基准点 $\{0.25,1.26,2.01\}$ 辛普森方法拟合所得结果较好.

9. 因为 $\dfrac{\mathrm{d}z}{\mathrm{d}t}$ 是 $\dfrac{\mathrm{d}t}{\mathrm{d}z}$ 的倒数(反函数存在定理),$\dfrac{\mathrm{d}t}{\mathrm{d}z}$ 的值较大时对应 $\dfrac{\mathrm{d}z}{\mathrm{d}t}$ 的值较小,反之亦然.

10. 我们所用的年份函数导数为习题 9 的结论,根据微积分基本定理有

$$t(z_k)=\int_{z_1}^{z_k}\frac{\mathrm{d}t}{\mathrm{d}u}\mathrm{d}u+t(z_1)=\sum_{j=2}^{k}\int_{z_{j-1}}^{z_j}r_j\mathrm{d}u+t(z_1)=\sum_{j=2}^{k}r_j(z_j-z_{j-1})+t(z_1)$$

11. 对于表 1,$t_{15}=\sum_{k=2}^{15}r_k(z_k-z_{k-1})+t_1=1.31+0.14=1.45$ 百万年;对于表 2,

$t_{11}=\sum_{k=2}^{11}r_k(z_k-z_{k-1})+t_1=3.47+65.84=69.31$ 百万年.

12. 略(代数).

13. $\dfrac{\sum\limits_{k=2}^{11}r_k(z_k-z_{k-1})}{1+q+65.84}$,其中 $q=p/(1-p)=1$.

14. 略(代数).

15. 在本题条件下,习题 14 结论中不等式右边为

$$\frac{t(z_2)}{t(z_2)} \cdot \frac{z_2 - z_1}{t(z_2) - t(z_1)}$$

根据习题 14 的假设,可得

$$\frac{1}{1+p} \leqslant \frac{t(z_2)}{t(z_2)} \leqslant \frac{1}{1-p}$$

我们得出:当 $p = 0.1$ 时,使用传统方法得到的沉降速度是非常可靠的,是实际值的 100% 左右,尽管两个子值的精度是 10%.

参考文献

Johnson, Kirk R. 1995. One really bad day. Museum Quarterly(Denver Museum of Natural History) , (1995) :2 – 5.

Officer, Charles B. , Jake Page. 1996. The Great Dinosaur Extinction Controversy. Reading, MA : Addison-Wesley.

Raup D. M. 1991. Extinction : Bad Genes or Bad Luck? New York : W. W. Norton.

Stanley S. M. 1987. Extinction. New York : Scientific American Books.

Emiliani C. 1992. Planet Earth : Cosmology, Geology, and the Evolution of Life and Environment. New York : Cambridge University Press.

Stanley S M. 1989. Earth and Life Through Time. New York : W. H. Freeman.

Alvarez L. W. , W. Alvarez, F. Asaro, et al. 1980. Extraterrestrial cause for the Cretaceous Tertiary extinction. Science, 308(1980) :1095 – 1108.

Bruns P. , H. Rakoczy, E. Pernicka, et al. 1997. Slow sedimentation and Iranomalies at the Cretaceous-Tertiary boundary. Geologische Rundschau, 86 :168 – 177.

Bruns P. , W. C. Dullo, W. W. Hay, et al. 1996. Iridium concentration as an estimator of instantaneous sediment accumulation rates. Journal of Sedimentary Research, 66 (1996) :608 – 611.

Kyte F. T. , M. Leinen, G. R. Heath, et al. 1993. Cenozoic sedimentation of the North Central Pacific : Inferences from elemental geochemistry of core LL44 – GPC3. Geochimica et Cosmochimica Acta, 57 (1993) :1719 – 1740.

4 民主选举中的数学与公正性

Mathematics and Fairness in Democratic Elections

姜启源　编译　吴孟达　审校

摘要：

首先介绍选举理论中的 5 种投票方法（简单多数、单轮决胜、系列决胜、Coombs 法、Borda 计数）和 5 条公平性准则（多数票、Condorcet 获胜者、Condorcet 失败者、无关候选人的独立性、单调性），并用政治和社会领域的若干实例给以解释. 然后给出著名的 Arrow 不可能性定理的两种不同的版本，以及对 Arrow 一条公平性准则的修正；按照修正后的准则，存在满足所有公平性准则的投票方法.

原作者：

Richard E. Klima

Dept. of Mathematical Sciences,

Appalachian State University,

Boone, NC 28608.

klimare@ appstate. edu

发表期刊：

UMAP/ILAP Modules 2009：Tools

for Teaching, 55 – 100.

数学分支：

离散数学

应用领域：

政治学, 选举理论

授课对象：

学习文科数学课程的大学一年级学生

预备知识：

标准的高中数学课程, 算术与逻辑

相关教学单元：

UMAP Module 384：Merrill,

Samuel, Ⅲ. 1980. Decision

analysis for multicandidate voting

systems.

目 录:

网上更多……　本文英文版

1. 引言

　　虽然选举中用到的数学看来很简单,可是也有不少你想不到的东西,特别是在本文讨论的选举形式中:多于两位候选人,并且要求投票人将全部候选人从第 1 名依次排序.在只有两位候选人时,按照多数票规则(majority rule)即可:得到第 1 名票数占多数(超过半数)的候选人为获胜者.

　　然而,在多于两位候选人的选举中,可能没有得到第 1 名票数占多数的候选人,例如 1998 年 Minnesota 州州长选举中有 3 位候选人,前职业摔跤选手 Ventura 以第 1 名票数最多而获胜,尽管他得到第 1 名的票数只占 37%.这表明有 63% 的投票人更偏爱另外的某位候选人,这些投票人甚至会把 Ventura 排到 3 位候选人的最后一名.

　　另一个例子:一个班 30 名学生从 A,B,C,D 共 4 支球队中投票选举班级喜爱的球队,假定每个学生将球队从第 1 名排到第 4 名,投票结果如表 1.

表 1　30 名学生对喜爱球队的投票结果

投票人数	11	10	9
第 1 名	B	C	A
第 2 名	D	D	D
第 3 名	C	A	C
第 4 名	A	B	B

　　随意一看你可能认为 B 是获胜者,但是有近 2/3 的投票人将 B 排到最后一名.也可以考虑 C 是获胜者,因为不仅没有投票人将 C 排到最后,而且把 C 排在第 1 名的投票人只比把 B 排在第 1 名的少 1 人.还可以考虑 D,因为没有投票人把 D 排到第 2 名以后.

2. 投票方法集锦

2.1 简单多数法

简单多数法(plurality method):得到第 1 名票数最多的候选人为获胜者.

这个方法易于实施,因为投票人只能将一位候选人排在第 1 名(下面的例子中仍假定投票人要将候选人全部排序).但是简单多数法也有缺点,可以从以下例子看到.

例 1 对于 30 名学生选举喜爱的球队,投票结果见表 1.按照简单多数法获胜者是 B.

例 2 对于 1998 年 Minnesota 州州长选举,3 位候选人是 Coleman,Humphrey 和 Ventura,选举后的调查表明,投票人的意愿与表 2 的结果完全相似,其中第 1 名的百分比与实际一致.

表 2   1998 年 Minnesota 州州长选举投票结果

投票人百分比	35%	28%	20%	17%
第 1 名	Coleman	Humphrey	Ventura	Ventura
第 2 名	Humphrey	Coleman	Coleman	Humphrey
第 3 名	Ventura	Ventura	Humphrey	Coleman

按照简单多数法获胜者是 Ventura.

例 1 和例 2 清楚地表明了简单多数法的一个严重问题,因为没有考虑除投票人把哪位候选人排在第 1 名以外的全部排序信息,被多数投票人排在最后的候选人也有可能是获胜者.在这两个例子中几乎 2/3 的投票人将获胜者排到最后.显然,好的投票方法应该考虑更多的排序信息,下面是以不同方式实现这个想法的几种投票方法.

2.2   单轮决胜法

单轮决胜法(single runoff method):得到第 1 名票数最多和次多的两位候选人进入决胜投票,由简单多数法决定决胜投票的获胜者,并确定为整个选举的获胜者.

例 3 考虑例 1 的球队选举,投票结果见表 1.

表 1 30 名学生对喜爱球队的投票结果①

投票人数	11	10	9
第 1 名	B	C	A
第 2 名	D	D	D
第 3 名	C	A	C
第 4 名	A	B	B

得到第 1 名票数最多和次多的是 B,C,按照单轮决胜法只有这 2 支球队进入决胜投票.假定所有投票人对 B,C 的偏爱在第一次投票后没有改变,那么决胜投票的结果将如表 3(A,D 已退出,投票人只需对 B,C 排序).

表 3 30 名学生对喜爱球队单轮决胜投票的结果

投票人数	11	10	9
第 1 名	B	C	C
第 2 名	C	B	B

按照单轮决胜法获胜者是 C.

从例 1 和例 3 看出,按照简单多数法和单轮决胜法选举的获胜者可以不同,所以获胜者不仅取决于投票人的偏爱,而且依赖于评价偏爱的方法,这也许有点出人意料.下面将会看到更多的例子.

例 4 单轮决胜法用于法国总统选举.决胜投票是在初次投票几周后举行,而且初次投票中并不要求投票人对候选人排序,只投票给最偏爱的一位候选人,根据这些信息确定进入决胜投票的两位候选人.

在 2002 年法国总统选举中进入初次投票的有 16 位候选人,得到票数的百分比如表 4.

表 4 2002 年法国总统选举初次投票中候选人得票百分比

候选人	得票百分比	候选人	得票百分比
Chirac	19.88%	Bayrou	6.84%
Le Pen	16.86%	Laguiller	5.72%
Jospin	16.18%	Chevènement	5.33%

---

① 为了读者的方便,将表 1 重排在此.下同.

续表

候选人	得票百分比	候选人	得票百分比
Mamère	5.25%	Mégret	2.34%
Besancenot	4.25%	Taubira	2.32%
Saint-Josse	4.23%	Lepage	1.88%
Madelin	3.91%	Boutin	1.19%
Hue	3.37%	Gluckstein	0.47%

几周后决胜投票在 Chirac 和 Le Pen 之间举行,结果如表 5. 获胜者是 Chirac.

表5　2002 年法国总统选举决胜投票中候选人得票百分比

候选人	得票百分比
Chirac	82.21%
Le Pen	17.79%

法国政局中 Le Pen 是一位有争议的候选人,舆论界有"法国希特勒"之称,在初次投票和决胜投票中他得到的票数表明,投票人对他的态度两极分化. 实际上,2002 年超过 60% 的选民不喜欢 Le Pen,他之所以能够进入决胜投票,是投票方法决定的. 在决胜投票中 Chirac 以超过 60% 票数的优势击败 Le Pen,让不喜欢 Le Pen 的选民得以宽心. 若采用简单多数法,Le Pen 只比 Chirac 少 3%.

本来,Chirac 和 Jospin 是被看好能够进入决胜投票的势均力敌的两位候选人,但是 Le Pen 以稍多一点的票数挤掉了 Jospin. 然而几乎可以肯定,如果选民的偏爱不变,Chirac 和 Jospin 将有一场决战,假若不用单轮决胜投票,而是采取下面的系列决胜投票的话.

2.3　系列决胜法

系列决胜法(instant runoff method 或 sequential runoff method):进行多轮决胜投票,每轮只淘汰得第 1 名票数最少的候选人,当剩下两位候选人时,由简单多数法决定获胜者,并确定为整个选举的获胜者.

例5　再次考虑例 1 的球队选举,投票结果见表 1.

表1　30 名学生对喜爱球队的投票结果

投票人数	11	10	9
第 1 名	B	C	A
第 2 名	D	D	D
第 3 名	C	A	C
第 4 名	A	B	B

初次投票中得第 1 名票数最少的球队是 D,按照系列决胜法进入第 2 轮的球队是 A,B,C,假定投票人对这 3 支球队的偏爱都不改变,那么第 2 轮的投票结果将如表 6.

表 6 按照系列决胜法第 2 轮的投票结果

投票人数	11	10	9
第 1 名	B	C	A
第 2 名	C	A	C
第 3 名	A	B	B

第 2 轮投票中得第 1 名票数最少的球队是 A,按照系列决胜法进入第 3 轮的球队为 B,C,假定投票人对这 2 支球队的偏爱不变,那么第 3 轮的投票结果将如表 7.

表 7 按照系列决胜法第 3 轮的投票结果

投票人数	11	10	9
第 1 名	B	C	C
第 2 名	C	B	B

于是,按照系列决胜法整个选举的获胜者是 C.

国际奥林匹克委员会采用系列决胜法选择奥运会举办城市. 通常,先从申办城市中挑出 5 座入围城市,然后奥委会成员进行几轮投票,每轮淘汰得票最少者,直至选出获胜城市.

例 6 2004 年夏季奥运会 5 座入围城市是 Athens,Buenos Aires,Cape Town,Rome 和 Stockholm. 在奥委会的各轮投票中不要求成员对候选城市排序,只投票给最偏爱的一座城市,每轮投票将得票最少的城市淘汰. 在 2004 年夏季奥运会举办城市的第 1 轮投票中,5 座入围城市的票数如表 8.

表 8 2004 年夏季奥运会举办城市第 1 轮投票结果

城市	Athens	Buenos Aires	Cape Town	Rome	Stockholm
票数	32	16	16	23	20

因为 Buenos Aires 和 Cape Town 都得票最少,按照奥委会的规定,对这两座城市要进行一轮投票,得票多的留下,得票少的淘汰. 投票结果如表 9.

表 9 两座城市的投票结果

城市	Buenos Aires	Cape Town	弃权
票数	44	62	1

Buenos Aires 被淘汰,Athens、Cape Town、Rome 和 Stockholm 进入下一轮. 第 2 轮投票结果如表 10.

表 10　2004 年夏季奥运会举办城市第 2 轮投票结果

城市	Athens	Cape Town	Rome	Stockholm
票数	38	22	28	19

Stockholm 被淘汰,Athens、Cape Town 和 Rome 进入下一轮. 第 3 轮投票结果如表 11.

表 11　2004 年夏季奥运会举办城市第 3 轮投票结果

城市	Athens	Cape Town	Rome
票数	52	20	35

Cape Town 被淘汰,Athens 和 Rome 进入最后一轮. 最后一轮投票结果如表 12.

表 12　2004 年夏季奥运会举办城市最后一轮投票结果

城市	Athens	Rome
票数	66	41

最终获胜者是 Athens.

例 6 的投票结果比初看起来更有趣,Athens 在每轮投票中都得票最多,而 Cape Town 尽管在第 1 轮投票中是得票最少的城市之一,但并不是在淘汰 Buenos Aires 后下一个被淘汰的城市. 事实上,如果第 2 轮投票中投给 Stockholm 的 19 票在第 3 轮投票中都投给 Cape Town,Rome 就将在淘汰 Stockholm 后被淘汰,而 Cape Town 将在最后一轮投票中与 Athens 对决. 那么 Athens 和 Cape Town 哪一个会在最后一轮获胜呢？ 如果投给 Rome 的 35 票在最后一轮投票中都投给 Cape Town(这是完全可能的),那么 Cape Town 将是最终的获胜者. 这就是说,在最初一轮投票中差点被淘汰的城市也可能最终获胜！

2.4　Coombs 法

如果例 6 改变每一轮淘汰一座城市的办法,Cape Town 也会是获胜者. 假定在每轮投票时不投票给最偏爱的,而是投票给最不偏爱的,并且淘汰得票最多的. 这种办法是美国心理学家 Clyde Coombs (1912—1988)提出的.

Coombs 法(Coombs' method):除了每轮不是淘汰第 1 名票数最少的,而是淘汰倒数第 1 名票数最多的候选人以外,其余与系列决胜法相同.

娱乐游戏中常常采用系列决胜法和 Coombs 法.

例 7　还是考虑例 1 的球队选举,投票结果见表 1.

表 1　30 名学生对喜爱球队的投票结果

投票人数	11	10	9
第 1 名	B	C	A
第 2 名	D	D	D
第 3 名	C	A	C
第 4 名	A	B	B

在初次投票中倒数第 1 名票数最多的是 B,按照 Coombs 法进入第 2 轮的有 A,C,D,假定投票人对这 3 支球队的偏爱都不改变,那么第 2 轮的投票结果将如表 13.

表 13　按照 Coombs 法对喜爱球队第 2 轮的投票结果

投票人数	11	10	9
第 1 名	D	C	A
第 2 名	C	D	D
第 3 名	A	A	C

倒数第 1 名票数最多的是 A,按照 Coombs 法进入第 3 轮的为 C,D,假定投票人对这 2 支球队的偏爱不变,那么第 3 轮的投票结果将如表 14.

表 14　按照 Coombs 法对喜爱球队第 3 轮的投票结果

投票人数	11	10	9
第 1 名	D	C	D
第 2 名	C	D	C

于是按照 Coombs 法最终获胜者是 D.

例 7 中投票人对候选人的偏爱与例 1、例 3、例 5 相同,值得注意的是:

- 按照简单多数法获胜者是 B(例 1).
- 按照单轮决胜法和系列决胜法获胜者是 C(例 3、例 5).
- 按照 Coombs 法获胜者是 D(例 7).

于是我们再次看到,谁是获胜者不仅取决于投票人的偏爱,而且与采用的投票方法有关.

2.5　Borda 计数法

Borda 计数法以法国天文学家、海军军官 Jean – Charles de Borda（1733—1799）命

名.用这个方法例 7 中的获胜者也是 D.

Borda 计数法(Borda count method):对每一张选票,排倒数第 1 名的候选人得 1 分,排倒数第 2 名的得 2 分,依此下去,排第 1 名的得分是候选人的总数.将全部选票中各位候选人的得分求和,总分最高的为获胜者.

例 8　仍看例 1 的球队选举,投票结果见表 1.

表 1　30 名学生对喜爱球队的投票结果

投票人数	11	10	9
第 1 名	B	C	A
第 2 名	D	D	D
第 3 名	C	A	C
第 4 名	A	B	B

A 排第 1 名有 9 票,第 3 名有 10 票,第 4 名有 11 票,A 的总分计算如下:

A　　　　　　　　　　$9 \times 4 + 10 \times 2 + 11 \times 1 = 67$ 分

同样地计算 B,C,D 的总分

B　　　　　　　　　　$11 \times 4 + 19 \times 1 = 63$ 分

C　　　　　　　　　　$10 \times 4 + 20 \times 2 = 80$ 分

D　　　　　　　　　　$30 \times 3 = 90$ 分

按照 Borda 计数法获胜者是 D.

在大学的篮球、橄榄球队的民意调查中,经常采用 Borda 计数法选出最受欢迎的球队和球星.

例 9　电视体育频道今日美国 2004 赛季从 25 支大学篮球队推选 5 支顶级球队的投票结果如表 15,给出 Borda 计数得分(一张选票中排第 1 名的得 25 分,排第 2 名得 24 分,……)以及排第 1 名的票数.媒体常用这种方式表示大学的篮球队、橄榄球队的民意调查结果.

表 15　电视体育频道今日美国 2004 赛季从 25 支大学篮球队推选 5 支顶级球队的投票结果

球队	Borda 计数得分	第 1 名票数
1. Kansas	741	8
2. Wake Forest	724	12
3. North Carolina	697	6
4. Georgia Tech	604	1
5. Illinois	598	1

虽然 Wake Forest 得第 1 名票数比 Kansas 多,但由于按照 Borda 计数法排序,Kansas 领先于 Wake Forest.

3. 选举中的公平性准则

从上节介绍的 5 种投票办法看到,在投票者对候选人同样的偏爱下,不同的投票方法会导致不同的结果,这是一个既有趣又令人不安的现象.不仅是选举,其他如成对比较、通过式投票以及(选举美国总统的)选举人团制度中都有类似情况.我们自然要问:哪一种投票办法才是正确的?

回答这个问题的最好办法也许是询问研究选举理论的学者:什么方法最好? 现在让我们换一个角度提出问题,讨论选举中的所谓"公平性准则",看看哪些准则必须满足,上面的方法违反了哪些准则.

3.1 多数票准则

多数票准则(majority criterion):得到第 1 名票数超过投票人半数的候选人应当为获胜者.

一种特定的投票方法或者满足、或者违反这个准则.例如,简单多数法满足多数票准则,因为若一位候选人得到第 1 名的票数超过半数,那么他的得票数必定多于其他任意候选人,所以按照简单多数法他是获胜者.

应该正确地理解多数票准则的含义.比如这个准则并不是说,获胜者必须是第 1 名得票数超过半数的.例 1 不能说明违反了多数票准则,在那个选举中没有候选人(球队)第 1 名得票数超过半数,所以这个准则没有用到(当然也无所谓违反).从例 1 到例 3、例 5、例 7、例 8,投票者对候选人的偏爱是一样的,这些例子没有一个说明违反了多数票准则,都是因为没有第 1 名得票数超过半数的候选人.

与简单多数法一样,单轮决胜法和系列决胜法也满足多数票准则.如果一位候选人得到第 1 名的票数超过半数,假定投票人在以后的各轮投票中不改变对候选人的偏爱顺序,那么不论用单轮决胜法还是系列决胜法,这位候选人都不可能被淘汰.

另一方面,Borda 计数法违反多数票准则,虽然这不是说采用 Borda 计数法每次选举都会违反这个准则,例 8 就不能解释成这种违反. 而下面的例子将说明 Borda 计数法确实违反了多数票准则.

例 10   1971 赛季推选 20 支顶级大学橄榄球队的投票结果如表 16,给出了 Borda 计数得分及排第 1 名的票数.

表 16   1971 赛季推选 20 支顶级大学橄榄球队的投票结果

球队	Borda 计数得分	第 1 名票数
1. Notre Dame	885	15
2. Nebraska	870	26
3. Texas	662	5
4. Michigan	593	1
5. Southern Cal	525	1
6. Auburn	434	1
⋮	⋮	全部 0
20. Northwestern	58	1

总共有 50 名投票人,排第 1 名的票数全在表 16 中显示. Nebraska 得到第 1 名的票数过半,但是 Borda 计数得分不是第 1 位,这个投票结果说明 Borda 计数法违反多数票准则.

3.2   Condorcet 获胜者准则

这条准则是以法国哲学家、政治学家 Marie Jean Antoine Nicolas de Caritat,Marquis de Condorcet (1743—1794) 命名的.

Condorcet 获胜者准则(Condorcet winner criterion):如果候选人 X 在与每一位候选人的两两对决中都获胜(按照多数票准则),那么 X 应当是获胜者. 以下简称获胜者准则.

这样的候选人 X 称为这次选举的 Condorcet 获胜者. 这条准则是说,如果选举中存在一位 Condorcet 获胜者,那么他就是这次选举的获胜者.

例 11   再次回到例 1 的球队选举,投票结果见表 1.

表 1   30 名学生对喜爱球队的投票结果

投票人数	11	10	9
第 1 名	B	C	A
第 2 名	D	D	D
第 3 名	C	A	C
第 4 名	A	B	B

在 B 和 D 的两两对决中谁获胜？11 位投票人将 B 排在 D 前面，19 位投票人将 D 排在 B 前面，如果只有这两位候选人，D 与 B 的票数之比是 19 对 11，两两对决中 D 获胜.

类似地，D 与 C 的票数之比是 20 对 10，D 与 A 的票数之比是 21 对 9，因而 D 是这次选举的 Condorcet 获胜者. 在表 1 给出的投票人的偏爱下，若某种计票方法确定的获胜者不是 D，那就一定违反获胜者准则. 回顾按照简单多数法 B 是获胜者（例 1），按照单轮决胜法和系列决胜法 C 是获胜者（例 3 和例 5），所以这些方法都违反获胜者准则. 虽然 Coombs 法和 Borda 计数法也违反获胜者准则，但是根据表 1 给出的偏爱并不能说明这一点，因为按照 Coombs 法和 Borda 计数法，D 正好是获胜者（例 7 和例 8）.

例 11 既没有表明 Coombs 法或 Borda 计数法违反获胜者准则，也不能证明这两种方法满足准则. 为了得到一种方法满足这个准则的结论，必须在投票人的任意偏爱条件下，选举结果都不违反准则. 特定的例子可以说明一种投票方法违反一条公平性准则，但是不能证明这种方法满足一条准则.

3.3 Condorcet 失败者准则

Condorcet 失败者准则（Condorcet loser criterion）：如果候选人 Y 在与每一位候选人的两两对决中都未获胜，那么 Y 不应当是获胜者. 以下简称失败者准则.

这样的候选人 Y 称为这次选举的 Condorcet 失败者. 这条准则是说，如果选举中存在一位 Condorcet 失败者，那么他就不能在这次选举中获胜.

例 12 再次回到例 1 的球队选举，投票结果见表 1.

表 1 30 名学生对喜爱球队的投票结果

投票人数	11	10	9
第 1 名	B	C	A
第 2 名	D	D	D
第 3 名	C	A	C
第 4 名	A	B	B

B 与 D 的票数之比是 11 对 19，B 与 C 的票数之比是 11 对 19，B 与 A 的票数之比也是 11 对 19，因而 B 是这次选举的 Condorcet 失败者. 于是，在表 1 给出的投票人的偏爱下，若某种投票方法确定 B 是获胜者，那就一定违反失败者准则. 回顾按照简单多数法

B 是获胜者(例 1),所以简单多数法违反这条准则. 虽然单轮决胜法、系列决胜法、Coombs 法和 Borda 计数法也可能违反失败者准则,但是根据表 1 给出的偏爱并不能说明这一点,因为按照这些方法 B 不是获胜者(例 3、例 5、例 7 和例 8).

3.4 无关候选人的独立性准则

有一些选举不仅仅要选出一个获胜者,而且要得到候选人的排序,例 10 中表 16 就是如此.

表 16   1971 赛季推选 20 支顶级大学橄榄球队的投票结果

球队	Borda 计数得分	第 1 名票数
1. Notre Dame	885	15
2. Nebraska	870	26
3. Texas	662	5
4. Michigan	593	1
5. Southern Cal	525	1
6. Auburn	434	1
⋮	⋮	全部 0
20. Northwestern	58	1

候选人的排序与投票方法有关,在例 10 中如果采用简单多数法,Nebraska 将是第 1 名,Notre Dame 第 2,Texas 第 3,Michigan 等表 16 中列出的 4 队同为第 4,表中没有列出的其他各队第 1 名票数为 0.

对于决胜投票法候选人的最终排序与被淘汰的顺序相反. 例如在例 6 表 8 奥运会举办城市的投票中,最终排序依次是 Athens、Rome、Stockholm、Cape Town 和 Buenos Aires. 在例 4 表 4 在 2002 年法国总统选举中,最终排序依次是 Chirac,Le Pen 和其他候选人.

引入最终排序是因为这对于判断选举公平性的两条准则是必需的. 第一条准则是

无关候选人独立性准则(independence of irrelevant alternatives criterion):假定在最终排序中候选人 X 领先于候选人 Y,如果其他一位候选人退出选举,或者一位新的候选人进入选举,那么在最终排序中候选人 X 仍领先于候选人 Y. 以下简称独立性准则.

下面的例子说明,系列决胜法违反独立性准则.

例 13   例 5 中用系列决胜法确定了例 1 表 1 选举的获胜者,根据被淘汰的球队的顺序,最终排序应为 C,B,A,D.

假定 B 退出选举,在投票者对其余 3 支球队的偏爱不变的情况下,投票结果如表 17.

表 17 学生对喜爱球队的投票结果(B 退出选举)

投票人数	11	10	9
第 1 名	D	C	A
第 2 名	C	D	D
第 3 名	A	A	C

在剩下 3 支候选球队中得第 1 名票数最少的候选人是 A,按照系列决胜法进入第 2 轮的球队是 C,D,假定投票人对这 2 支球队的偏爱都不改变,那么第 2 轮的投票结果如表 18.

表 18 用系列决胜法对喜爱球队的第 2 轮投票结果(B 退出选举)

投票人数	11	10	9
第 1 名	D	C	D
第 2 名	C	D	C

于是在 B 退出选举后用系列决胜法对其余 3 支球队的最终排序是 D,C,A.注意,最终 D 排在 A 前面,而例 5 中当 B 是候选球队时最终 D 排在 A 后面,这就违反了独立性准则,因为 B 退出选举后最终排序中 D 从 A 后面移到 A 前面.

B 退出选举还导致最终排序中 D 从 C 后面移到 C 前面,这又一次违反了这个准则.

花样滑冰比赛的裁判结果历来常引起争议,有的就与选举中遇到的问题有关,看下面的例子.

例 14 2002 年冬季奥运会花样滑冰比赛结果以称为序列数(ordinals)的一串数字为依据,在每名选手比赛结束后裁定.女子花样滑冰比赛中出现的序列数导致一场看似诡异的结果.在最后一位选手出场前的比赛结果是,美国选手 Michelle Kwan(即著名华裔选手关颖珊)排第 1 名,另一位美国选手 Sarah Hughes 排第 2 名.这意味着,如果最后一位选手退出比赛,那么比赛的最终结果如表 19.

表 19 2002 年冬季奥运会女子花样滑冰比赛最后一位选手出场前的结果

奖牌	选手
金牌	Michelle Kwan
银牌	Sarah Hughes

然而最后一位选手——俄罗斯的 Irina Slutskaya 没有退出比赛,根据她的序列数这次比赛的最终结果如表 20.

表 20   2002 年冬季奥运会女子花样滑冰比赛的最终结果

奖牌	选手
金牌	Sarah Hughes
银牌	Irina Slutskaya
铜牌	Michelle Kwan

裁定序列数的办法不难理解,但对这个例子并不重要,这里从略. 重要的是,加入一位新的候选人 Slutskaya 后,最终 Hughes 从 Kwan 的后面移到前面,这违反了独立性准则.

例 14 的情况看来难以令人相信,至少比例 13 更难理解. 这只是因为我们完全知道例 13 中的投票方法,而不了解例 14 是如何裁判的. 然而,由于 Slutskaya 的加入使得 Hughes 从 Kwan 后面移到前面,本质上与例 13 中因为 B 退出选举使 D 从 A 后面移到 A 前面没有什么不同,都是对这条准则的违反.

3.5   单调性准则

单调性准则(monotonicity criterion):假定候选人 X 在一次选举的最终排序中居于某个位置,如果某些投票人改变投票的排序,只将 X 提前而其他候选人的排序不变,那么在新的选举的最终排序中 X 的位置不应在原来位置的后面.

能够违反单调性准则看来似乎是荒谬的,然而下面两个例子说明单轮决胜法和系列决胜法都违反这条准则.

例 15   重看例 4 按照单轮决胜法进行的 2002 年法国总统选举,在初次投票中各位候选人得到票数的百分比如表 4.

表 4   2002 年法国总统选举初次投票中候选人得票百分比

候选人	得票百分比	候选人	得票百分比
Chirac	19.88%	Bayrou	6.84%
Le Pen	16.86%	Laguiller	5.72%
Jospin	16.18%	Chevènement	5.33%

续表

候选人	得票百分比	候选人	得票百分比
Mamère	5.25%	Mégret	2.34%
Besancenot	4.25%	Taubira	2.32%
Saint-Josse	4.23%	Lepage	1.88%
Madelin	3.91%	Boutin	1.19%
Hue	3.37%	Gluckstein	0.47%

在决胜投票中 Chirac 与 Le Pen 相遇, Chirac 令人信服地获胜. 现在假定在初次投票中有 1% 的投票人将原来投给 Le Pen 的票转投 Chirac, 这会使初次投票的结果如表 21.

表 21　2002 年法国总统选举初次投票结果（1% 从 Le Pen 转到 Chirac）

候选人	得票百分比	候选人	得票百分比
Chirac	20.88%	Saint-Josse	4.23%
Jospin	16.18%	Madelin	3.91%
Le Pen	15.86%	Hue	3.37%
Bayrou	6.84%	Mégret	2.34%
Laguiller	5.72%	Taubira	2.32%
Chevènement	5.33%	Lepage	1.88%
Mamère	5.25%	Boutin	1.19%
Besancenot	4.25%	Gluckstein	0.47%

根据这样的初次投票结果, 在决胜投票中竞选的将是 Chirac 与 Jospin——两位广为期待的在决胜投票中相遇的候选人. 虽然我们无法确切知道哪一位会在决胜投票中获胜, 然而 Jospin 确有实际胜出的可能性. 而一旦 Jospin 在决胜投票中获胜, 就违反了单调性准则. 这次选举中按照投票人最初的真实意愿, 最终排序 Chirac 位居第 1, 然而原来投给 Le Pen 的票的 1% 转投 Chirac 这一点点改变（好像有利于 Chirac）, 却可能使 Chirac 在最终排序中落到第 2 位.

例 15 中这个诡异的结果清楚地说明单调性准则的重要性. 假如表 21 反映投票人最初的真实意愿, 那么那些最偏爱 Chirac 将他排在第 1 位的投票人, 会伤害到 Chirac 在最终排序中的位置! 可能更好是其中某些投票人把票转投给 Le Pen, 即使很不喜欢他. 假定一些投票人明白这一点是合理的, 即把票投给 Le Pen, 增加 Le Pen 领先 Jospin 而进入决胜投票的可能性（他们知道在决胜投票中 Chirac 一定能击败 Le Pen）, 以避免让 Jospin 进入有可能胜过 Chirac 的决胜投票.

这就是说, 单轮决胜法对于虚假投票非常敏感, 所谓虚假投票是指: 投票不反映投票人的真实意愿,而是帮助所喜爱的候选人在最终结果中得到某个位置.

下面的例子表明,系列决胜法对于虚假投票也非常敏感.

例 16   重新考察例 6 中奥委会用系列决胜法决定 2004 年夏季奥运会举办城市,第 1 轮投票中 5 座入围城市的票数如表 8.

表 8   2004 年夏季奥运会举办城市第 1 轮投票结果

城市	Athens	Buenos Aires	Cape Town	Rome	Stockholm
票数	32	16	16	23	20

Buenos Aires、Stockholm、Cape Town、Rome 4 座城市依次被淘汰,Athens 获胜.

假定原来投给 Cape Town 的一票转投给 Athens,这是只有利于 Athens 的一点改变,可使第 1 轮投票结果如表 22.

表 22   2004 年夏季奥运会举办城市第 1 轮投票结果(假定投给 Cape Town 的一票转投给 Athens)

城市	Athens	Buenos Aires	Cape Town	Rome	Stockholm
票数	33	16	15	23	20

按照这个结果第 1 个被淘汰的城市不是 Buenos Aires,而是 Cape Town. 剩下 4 座城市进入下一轮,我们无法确切知道会有什么结果,但是出现表 23 的情况是可能的.

表 23   2004 年夏季奥运会举办城市第 2 轮投票结果(假定第 1 轮投给 Cape Town 的一票转投给 Athens)

城市	Athens	Buenos Aires	Rome	Stockholm
票数	33	31	23	20

按照这个结果进入下一轮的城市是 Athens、Buenos Aires、Rome,虽然仍无法确切知道会有什么结果,但是出现表 24 的情况是可能的.

表 24   2004 年夏季奥运会举办城市第 3 轮投票结果(假定第 1 轮投给 Cape Town 的一票转投给 Athens)

城市	Athens	Buenos Aires	Rome
票数	33	51	23

这样,Athens 和 Buenos Aires 将进入最后一轮的竞争,而 Buenos Aires 有可能获胜. 如果真的如此,单调性准则就不成立了.

在这次选举中按照投票人最初的偏爱,第 1 轮投票 Athens 位居第 1,而有利于 Athens 的一点点改变(投给 Cape Town 的一票转投给 Athens),在最终排序中却可以使 Athens 落到第 2 位.

4. 对投票方法中缺陷的论证

前面讨论了 5 种投票方法(简单多数法、单轮决胜法、系列决胜法、Coombs 法、Borda 计数法)和 5 条公平性准则(多数票准则、获胜者准则、失败者准则、独立性准则、单调性准则),研究公平性准则的一个原因是,从这些准则的角度考察投票方法,能够得到对这些方法的某些评价. 通过上面的例子我们看到:

- 简单多数法违反获胜者准则和失败者准则(例 11、例 12);
- 单轮决胜法违反单调性准则(例 15);
- 系列决胜法违反独立性准则(例 13);
- Borda 计数法违反多数票准则(例 10).

然而,的确没有看到 Coombs 法违反任何准则的例子. 这是否意味着 Coombs 法比其他方法好呢? Coombs 法真的是正确的投票方法吗? 很遗憾,请看习题 17!

可是我们并没有考察当今社会中用到的所有投票方法,也许存在一种满足全部公平性准则的投票方法呢! 难道需要继续研究不同的投票方法,直到找出满足全部公平性准则的那一种方法吗?

4.1 Arrow 不可能性定理

1951 年 Kenneth Arrow(RAND 公司一位研究投票方法的经济学家)向自己提出了一个类似的问题,他列出自己的公平性准则,并且为找不到满足所有准则的投票方法而困扰,他不断修正提出的准则,一再尝试,但是没有结果. 几年后他这样表述这个经历.

我开始有种想法,也许不存在满足所有我认为是合理条件[Arrow 公平性准则]的投票方法,我着手去证明这点,实际上只用了不过几天时间.

Arrow 用"不过几天时间"得到的是选举理论历史上最重要的结果,现在被称为 Arrow 不可能性定理,由于这个成果 Arrow 获得 1972 年诺贝尔经济学奖.

Arrow 的成果是什么呢? 出人意料的是,虽然即使用他本人的术语写出的结果并不难理解,但是许多讨论 Arrow 的结果的书,包括一些高层次的数学教科书,都采用与 Arrow 自己写的有些差别的表述:[Aufmann 等. 2004,873;Bennett 和 Briggs 2002,614;

Blitzer 2005,746;Tannenbaum 2007,29].

Arrow 不可能性定理(修正版本)(Arrow's impossibility theorem)　任何一种投票方法都至少违反下列 4 条准则之一:多数票准则、获胜者准则、独立性准则、单调性准则.

虽然这不是 Arrow 最初的结果,但仍是正确的、重要的,需要确切地理解它.比如,它不是说,按照任何投票方法进行的每一次选举都至少违反 4 条准则之一,而是表明,对于任意给出的投票方法,总可以发现投票人对候选人偏爱的某种排序,使得在这种投票方法下选举结果至少违反 4 条准则之一.

Arrow 本人给出的公平性准则并不包含多数票准则和获胜者准则,而是包括以下 3 条其他的准则(用 Arrow 自己的术语):

- 非独裁性(nondictatorship):不存在这样的投票人,使得候选人的最终排序总是与他的排序相同;
- 普遍性(universality):投票人对候选人的任何排序都是允许的;
- 主权性(citizen sovereignty):选举中每一种可能的最终排序,都可以从投票人对候选人的偏爱排序得到.

Arrow 还假定选举中投票人对候选人的偏爱总是具有

可传递性(transitive):如果某投票人偏爱候选人 X 胜于 Y,偏爱 Y 胜于 Z,则偏爱候选人 X 胜于 Z.

由此,Arrow 的结果的原始版本可表述为

Arrow 不可能性定理(原始版本)　任何一种满足偏爱可传递性的投票方法都至少违反下列准则之一:非独裁性、普遍性、主权性、独立性准则、单调性准则.

Arrow 对这个结果正确性的解释超出了本文的范围,但类似的说明并不难理解(见 Hodge 和 Klima〔2005,79 – 89〕).这里不去解释 Arrow 的结果,而是考察它在选举理论中的含义.例如,Arrow 的结果是说不存在好的投票方法吗?或者是说每种投票方法都有些不好之处吗?回答这样的问题取决于对投票方法"好"或"不好"的解释.

Arrow 的结果的全部意思就是,每一种投票方法都至少违反一条准则,对于那些认为每种投票方法都必须满足所有准则的人来说,确实不存在好的方法.可能难以说服人们相信一种投票方法违反非独裁性、普遍性、主权性或者单调性,可是很容易使人认可

一种投票方法违反独立性.我们已经看到系列决胜法(例13)和序列数方法(例14)违反独立性的例子,再看看习题20.这样,似乎没有投票方法满足这条准则了(但是再看看习题24d吧).

4.2 Saari 可能性定理

California 大学教授、选举理论的世界主要学者之一 Donald Saari 认为,无关候选人独立性准则太强,他提出了一种弱化的办法.

在选举中比较一对候选人,有时不仅要区别更偏爱哪一位,而且要给出偏爱的强度.度量强度的一种办法是看两位候选人在偏爱排序中相差几个位置.

为了说明 Saari 弱化无关候选人独立性的想法,再次考察例1的投票.

表1　30 名学生对喜爱球队的投票结果

投票人数	11	10	9
第1名	B	C	A
第2名	D	D	D
第3名	C	A	C
第4名	A	B	B

对于 D 和 A 一对候选人(球队),11 位投票人对 D 比 A 偏爱 2 个位置,10 位投票人对 D 比 A 只偏爱 1 个位置,所以前者对 D 比 A 的偏爱更强.

如果其他某位候选人退出选举,就可能影响一些投票人对于 D 比 A 偏爱的强度,比如 C 退出后,新的投票结果将如表 25.

表 25　学生对喜爱球队的投票结果(C 退出选举)

投票学生数	11	10	9
第1名	B	D	A
第2名	D	A	D
第3名	A	B	B

这里 11 位投票人对 D 比 A 的偏爱变弱了(从偏爱 2 个位置变为 1 个位置),这就是说,C 的退出影响了一些投票人对于其他候选人偏爱的强度,如果强度是用候选人在排序中相差几个位置衡量的话.

显然,加入一位新的候选人也可以影响一些投票人对于原来候选人偏爱的强度,如果新候选人出现在某些投票排序中原来候选人之间的话.当候选人退出或加入时由于偏爱强度的改变,应该允许最终排序的变化,于是有时就会违反独立性准则.

Saari 提出一条考虑到投票人对候选人偏爱强度、比独立性更弱的准则,即

二元强度独立性准则(intensity of binary independence criterion):假设在一次选举的最终排序中候选人 X 领先于 Y,如果发生了诸如候选人退出或加入的变化,但是投票人对 X 和 Y 之间的偏爱强度没有改变,那么最终排序中候选人 X 仍领先于 Y[Saari 2001, 189 – 190].

用二元强度独立性准则代替无关候选人独立性准则,得到以下结果[Saari 2001,190].

可能性定理(A possibility theorem)　有一种满足偏爱可传递性的投票方法能满足以下五条准则:非独裁性、普遍性、主权性、二元强度独立性和单调性.

说明这个结果的正确性比说明 Arrow 结果(无论哪个版本)的正确性容易,对于后者,必须解释如何知道每一种投票方法(不管多么怪异)都至少违反一条准则,可是对于前者,表述的不是每一种方法都需成立的一种性质,而是至少有一种方法满足的性质,于是我们只需找到一种这样的投票方法.

人们注意到,Borda 计数法满足可能性定理的全部 5 条准则(见习题22)!

这样,以二元强度独立性替代无关候选人独立性,并利用 Borda 计数法,解决了 Arrow 提出的问题.

前面已经看到,Borda 计数法违反多数票准则(例10),虽然可能性定理不包含多数票准则,但这对 Borda 计数法毕竟不是一件好事. 也许情况不是想象的那样糟糕,例如回到例4 的 2002 年法国总统选举,看一个与那里完全不同的虚拟的投票结果,如表26.

表26　2002 年法国总统选举虚拟的投票结果

得票百分比	50.01%	49.99%	得票百分比	50.01%	49.99%
第 1 名	Le Pen	Chirac	第 9 名	Saint-Josse	Madelin
第 2 名	Chirac	Jospin	第 10 名	Madelin	Hue
第 3 名	Jospin	Bayrou	第 11 名	Hue	Mégret
第 4 名	Bayrou	Laguiller	第 12 名	Mégret	Taubira
第 5 名	Laguiller	Chevènement	第 13 名	Taubira	Lepage
第 6 名	Chevènement	Mamère	第 14 名	Lepage	Boutin
第 7 名	Mamère	Besancenot	第 15 名	Boutin	Gluckstein
第 8 名	Besancenot	Saint-Josse	第 16 名	Gluckstein	Le Pen

　　按照这样的结果谁会获胜呢？当然取决于投票方法.如果抛开投票方法,按照多数票准则获得第 1 名票数过半的 Le Pen 应获胜.可是,如果宣布 Le Pen 获胜,将有一半的选民与一位他们最不偏爱的获胜候选人(在 16 位候选人中排序最后)共处.而如果宣布 Chirac 获胜,有一半选民把他排在第 1 位,另一半选民把他排在第 2 位,这显然是一个理想的结果,即使违反了多数票准则！

5. 习题

　　1. 有 4 位候选人的投票结果如表 27 所示.

表 27　习题 1 的投票结果

投票人数	14	10	8	4	1
第 1 名	A	C	D	B	C
第 2 名	B	B	C	D	D
第 3 名	C	D	B	C	B
第 4 名	D	A	A	A	A

　　a）用简单多数法确定获胜者；

　　b）a)中的获胜者得到第 1 名的票数是多数(过半)吗？对回答做出解释；

　　c）用单轮决胜法确定获胜者；

　　d）用系列决胜法确定获胜者；

　　e）用 Coombs 法确定获胜者；

　　f）用 Borda 计数法确定获胜者.

　　2. 有 4 位候选人的投票结果如表 28 所示.

表 28　习题 2 的投票结果

投票人数	9	8	5	4	1
第 1 名	C	A	C	A	B
第 2 名	D	D	D	B	A
第 3 名	A	B	B	D	D
第 4 名	B	C	A	C	C

　　a）用 Borda 计数法确定获胜者；

b) a)中的获胜者违反多数票准则吗？对回答做出解释；

c) a)中的获胜者违反获胜者准则吗？对回答做出解释；

d) a)中的获胜者违反失败者准则吗？对回答做出解释.

3. 有 4 位候选人的投票结果如表 29 所示.

表 29　习题 3 的投票结果

投票人数	10	6	5	4	2
第 1 名	A	B	C	D	D
第 2 名	C	D	B	C	A
第 3 名	D	C	D	B	B
第 4 名	B	A	A	A	C

a) 用系列决胜法确定获胜者；

b) 假定 D 退出选举,投票人对其他 3 位候选人的偏爱不变,重新用系列决胜法确定获胜者；

c) a)和 b)违反独立性准则吗？对回答做出解释.

4. 有 3 位候选人的投票结果如表 30 所示.

表 30　习题 4 的投票结果

投票人数	10	8	7	4
第 1 名	C	B	A	A
第 2 名	A	C	B	C
第 3 名	B	A	C	B

a) 用系列决胜法确定获胜者；

b) 假定表 30 最后一列 4 位投票人将 A 和 C 的排序交换,重新用系列决胜法确定获胜者；

c) a) 和 b)违反单调性准则吗？对回答做出解释.

5. 有 4 位候选人的投票结果如表 31 所示.

表 31　习题 5 的投票结果

投票人数	7	5	4	3
第 1 名	B	D	C	A
第 2 名	A	C	D	C
第 3 名	D	A	A	D
第 4 名	C	B	B	B

a）用简单多数法确定获胜者；

b）用单轮决胜法确定获胜者；

c）用系列决胜法确定获胜者；

d）用 Coombs 法确定获胜者；

e）a）~ d)违反多数票准则吗？若是,哪个违反？若不是,做出解释；

f）a）~ d)违反获胜者准则吗？若是,哪个违反？若不是,做出解释；

g）a）~ d)违反失败者准则吗？若是,哪个违反？若不是,做出解释；

h）用 Borda 计数法确定获胜者；

i）假定 C 退出选举,投票人对其他 3 位候选人的偏爱不变,重新用 Borda 计数法确定获胜者；

j）h)和 i)违反独立性准则吗？对回答做出解释；

k）h)和 i)违反单调性准则吗？对回答做出解释.

6. 有 5 位候选人的投票结果如表 32 所示.

表 32　习题 6 的投票结果

投票人数	5	3	5	3	2	3
第 1 名	A	A	C	D	D	B
第 2 名	B	D	E	C	C	E
第 3 名	C	B	D	B	B	A
第 4 名	D	C	A	E	A	C

a）用 Borda 计数法确定获胜者；

b）假定 E 退出选举,投票人对其他 4 位候选人的偏爱不变,重新用 Borda 计数法确定获胜者；

c）a)和 b)违反多数票准则吗？若是,哪个违反？若不是,做出解释；

d）a)和 b)违反获胜者准则吗？若是,哪个违反？若不是,做出解释；

e）a)和 b)违反失败者准则吗？若是,哪个违反？若不是,做出解释；

f）a)和 b)违反独立性准则吗？对回答做出解释；

g）a)和 b)违反单调性准则吗？对回答做出解释.

7. a）构造一个有 5 位候选人的投票结果,使得按照本文中 5 种投票方法确定的获

胜者,正好分别是这 5 位候选人;

b)构造一个有 5 位候选人的投票结果,使得按照本文中 5 种投票方法确定的获胜者,是这 5 位候选人中的同一个人.

8.2003 年 10 月 7 日 California 州的居民对免去原州长 Davis,并从 135 位候选人中选出新的州长进行投票,好莱坞演员 Schwarzenegger(施瓦辛格)是候选人之一.

a)已知当时有 8 657 915 位选民,假定采用简单多数法,问 Schwarzenegger 能够获胜的最少票数是多少?

b)已知当时有 8 657 915 位选民,假定采用简单多数法,问若要 Schwarzenegger 获胜,不投票给他的票数最多是多少?

c)利用 a)和 b)的回答,写出对简单多数法的评论;

d)Schwarzenegger 实际上得到 4 206 217 张选票,他得到多数票吗?做出解释.

9.美国总统由选举人团制度决定,而这里假定总统是采用系列决胜法由民众选举的.2000 年美国总统选举中各位候选人在全国范围内得到的票数见表 33.

表 33　习题 9 中 2000 年美国总统选举的投票结果

候选人	票数	候选人	票数
Harry Browne	384 431	Al Gore	50 999 897
Pat Buchanan	448 895	Ralph Nader	2 882 955
George W. Bush	50 456 002	其他	232 920

假定在第 2 次选择中所有投给 Browne 的票转投 Gore,所有投给 Buchanan 的票转投 Bush,投给 Nader 的票 20% 转投 Bush,80% 转投 Gore,投给其他候选人的票平均地转投 Bush 和 Gore.问按照系列决胜法谁会获胜?并做出解释.

10.重新考察例 2 和表 2 给出的 1998 年 Minnesota 州州长选举.

表 2　1998 年 Minnesota 州州长选举投票结果

投票人百分比	35%	28%	20%	17%
第 1 名	Coleman	Humphrey	Ventura	Ventura
第 2 名	Humphrey	Coleman	Coleman	Humphrey
第 3 名	Ventura	Ventura	Humphrey	Coleman

a)用单轮决胜法确定获胜者;

b)用系列决胜法确定获胜者;

c）用 Coombs 法确定获胜者；

d）用 Borda 计数法确定获胜者.

11. 美国职业棒球联盟每年由 28 名体育新闻记者选出最有价值球员（MVP），投票方法与 Borda 计数法只是在每张选票上各位候选人的得分稍有差别. 1997 年和 1998 年选出的 MVP 以及他们的得分和排在第 1 名、第 2 名的票数如表 34.

表 34　习题 11 中 1997、1998 年 MVP 投票结果

年	获胜者	Borda 得分	第 1 名票数	第 2 名票数
1997	Ken Griffey, Jr.	392	28	0
1998	Juan Gonzalez	357	21	7

假定 1997 年和 1998 年选票中排在第 1 名、第 2 名的得分不变，只利用表 34 的信息，确定这两年选票中排在第 1 名、第 2 名的得分.

12. 继续习题 11. 在 2001 年 MVP 选举中由 28 名投票人对 10 位（候选）球员投票，每张票上排在第 1 名到第 10 名的得分为 $14 - 9 - 8 - 7 - 6 - 5 - 4 - 3 - 2 - 1$. 前两位球员得到的投票结果如表 35.

表 35　习题 12 中 2001 年 MVP 投票结果

球员	第 1	第 2	第 3	第 4	第 5	第 6	第 7	第 8	第 9	第 10
Jason Giambi	8	11	7	2	0	0	0	0	0	0
Ichiro Suzuki	11	10	3	1	1	0	2	0	0	0

a）谁获得 2001 年的 MVP？

b）如果采用正规的 Borda 计数法，谁获得 2001 年的 MVP？

13. 美国总统由选举人团制度决定，1876 年美国总统选举中各位候选人在全国范围内得到的民众票数和选举人票数见表 36.

表 36　习题 13 中 1876 年美国总统选举的投票结果

候选人	民众票数	选举人票数
Peter Cooper	83 726	0
Rutherford Hayes	4 034 142	185
Samuel Tilden	4 286 808	184
其他	13 983	0

Hayes 因得到的选举人票数过半而获胜. 如果只考虑民众票数，Hayes 获胜违反多

数票准则吗？若是，做出解释. 若不是，Tilden 需要增加多少民众票数，选举结果才违反多数票准则？

14. 1968 年 11 月 25 日从 20 支球队中推选 5 支顶级大学橄榄球队的投票结果如表 37，其中给出了 Borda 计数得分及排第 1 名的票数.

表37　从 20 支球队中推选 5 支顶级大学橄榄球队的投票结果

球队	Borda 计数得分	第 1 名票数
1. Ohio State	935	21.5
2. Southern Cal	925	24.5
3. Penn State	773	3
4. Georgia	597	1
5. Kansas	524	0

假定有 50 位投票人，Ohio State 获胜违反多数票准则吗？若是，做出解释. 若不是，Southern Cal 需要增加多少第 1 名票数，选举结果才违反多数票准则？

15. 重新考察例 2 和表 2 给出的 1998 年 Minnesota 州州长的投票结果，选举是按照简单多数法进行的.

表2　1998 年 Minnesota 州州长选举投票结果

投票人百分比	35%	28%	20%	17%
第 1 名	Coleman	Humphrey	Ventura	Ventura
第 2 名	Humphrey	Coleman	Coleman	Humphrey
第 3 名	Ventura	Ventura	Humphrey	Coleman

a）获胜者违反多数票准则吗？对回答做出解释；

b）获胜者违反获胜者准则吗？对回答做出解释；

c）获胜者违反失败者准则吗？对回答做出解释.

16. 1995 年女子世界花样滑冰锦标赛积分榜如表 38，给出最后一位选手（最终排名第 4）出场前和出场后的结果.

表38　1995 年女子世界花样滑冰锦标赛积分榜（最后一位选手出场前和出场后）

奖牌	出场前	出场后
金牌	Chen Lu	Chen Lu
银牌	Nicole Bobek	Surya Bonaly
铜牌	Surya Bonaly	Nicole Bobek

这个结果违反独立性准则吗？若是，做出解释. 若不是，对于这个积分榜在最后一

位选手出场前和出场后,构造一个违反独立性准则的、可能出现的排序的例子.

17. 说明 Coombs 法违反多数票准则.

18. a) Coombs 法违反获胜者准则吗? 对回答做出解释;

b) Borda 计数法违反获胜者准则吗? 对回答做出解释.

19. a) 单轮决胜法违反失败者准则吗? 对回答做出解释;

b) 系列决胜法违反失败者准则吗? 对回答做出解释;

c) Coombs 法违反失败者准则吗? 对回答做出解释.

20. a) 说明简单多数法违反独立性准则;

b) 说明单轮决胜法违反独立性准则;

c) 说明 Coombs 法违反独立性准则;

d) 说明 Borda 计数法违反独立性准则.

21. a) 简单多数法违反单调性准则吗? 对回答做出解释;

b) Coombs 法违反单调性准则吗? 对回答做出解释.

22. a) 说明 Borda 计数法满足二元强度独立性准则;

b) 说明 Borda 计数法满足单调性准则.

23. 请看下面的投票方法. 每一对候选人进行面对面地对决,按照多数票规则决定获胜者,并赋予 1 分(若二人平手各得 0.5 分),全部对决结束后,总分最高的为获胜者. 这个方法称成对比较法(method of pairwise comparisons).

a) 考察例 1 和表 1 的选举,用成对比较法确定获胜者;

表 1 30 名学生对喜爱球队的投票结果

投票人数	11	10	9
第 1 名	B	C	A
第 2 名	D	D	D
第 3 名	C	A	C
第 4 名	A	B	B

b) 如果有 5 位候选人,用成对比较法要进行多少次面对面对决?

c) 如果有 6 位候选人,用成对比较法要进行多少次面对面对决?

d) 如果有 n 位候选人,用成对比较法要进行多少次面对面对决?

e）说明成对比较法满足多数票准则；

f）说明成对比较法满足获胜者准则；

g）说明成对比较法满足失败者准则.

24. 很多有影响的选举理论学者认为，通常称为赞成投票(approval voting)的办法是最好的投票方法.

a）弄清赞成投票是怎样进行的，写一个简述；

b）弄清赞成投票是怎样用于确定每年哪一位被提名者进入棒球名人堂的，写一个简述，包含如何挑选被提名者、谁来投票、为成功进入名人堂被提名者必须满足的准则、未进入名人堂的被提名者要想成为下一年的候选人所必须满足的准则；

c）在现实生活中找一个非运动项目的赞成投票的例子，写一个简述；

d）说明赞成投票满足独立性准则.

25. a）在现实生活中找一个单轮决胜法的例子，写一个简述；

b）在实际政治选举中找一个系列决胜法的例子，写一个简述；

c）在娱乐业中找一个系列决胜法的例子，写一个简述；

d）在娱乐业中找一个 Coombs 法的例子，写一个简述；

e）在现实生活中找一个非运动项目的 Borda 计数法的例子，写一个简述.

26. 本文中判断投票方法公平性的五条准则并非全部无遗，调查研究另外一条准则，例如善意背信准则(favorite betrayal criterion)或称弱防御策略准则(weak defensive strategy criterion)，写一个简述.

27. 选举理论中 Arrow 不可能性定理不是仅有的结果，请调查研究另外的，例如 Gibbard-Satterthwaite 定理或称为 Duggan-Schwartz 定理，写一个简述.

28. a）写一篇 Jean-Charles de Borda 的个人简介(Borda 计数法以他命名)，其中包括 Borda 对选举理论最重要的贡献，以及他的军事经历的一些信息；

b）写一篇 Marie Jean Antoine Nicolas de Caritat, marquis de Condorcet 的个人简介 (Condorcet 获胜者准则和 Condorcet 失败者准则以他命名)，其中包括 Condorcet 对选举理论最重要的贡献，以及他在法国革命的政治地位和有关他去世的一些信息；

c）写一篇 Kenneth Arrow 的个人简介，他首先证明了 Arrow 不可能性定理；

d）写一篇 Donald Saari 的个人简介，他首先提出了二元强度独立性准则.

29．调查以下奖项是如何确定获奖者的，写一个简述，包含如何挑选被提名者，谁来投票，怎样投票，谁宣布结果.

a）格莱美奖（Grammy Awards）；

b）学院奖（Academy Awards（"Oscars"））；

c）普利策奖（Pulitzer Prizes）；

d）诺贝尔奖（Nobel Prizes）；

e）海斯曼奖纪念奖（Heisman Memorial Trophy）.

30．调查以下花样滑冰比赛中的裁判方法是如何进行的，写一个简述.

a）序列数（ordinals）；

b）OBO.

31．美国总统由选举人团制度决定，作为选举人团确定的获胜者，必须得到过半多数的选票.

a）调查 1800 年美国总统选举的获胜者，没有得到过半多数选票的事实，写一个简述，包括 Alexander Hamilton 规则如何确定选举结果，以及后来 Aaron Burr 如何要求重选；

b）调查 1824 年美国总统选举的获胜者，没有得到过半多数选票的事实，写一个简述，包括什么是"堕落的交易"；

c）调查 1876 年的美国总统选举，写一个简述.

32．根据本文中例子和习题的结果，在一个 5×5 的表格上用"是/否"表示 5 种投票方法满足 5 条公平性准则的情况（哪一种方法满足哪一条准则）.

6．部分习题解答

1．a）A.　b）否，因为 A 得到第 1 名票数未过半数.　c）C.　d）D.　e）C.　f）B.

2．a）D.　b）是，因为 C 得到第 1 名票数过半数.　c）是，因为 C 是 Condorcet 获胜者.　d）否，因为 D 不是 Condorcet 失败者.

3. a)B.   b)C.   c)是,因为 D 退出后导致最终排序中 C 从 B 后面移到前面.

4. a)C.   b)B.   c)是,因为 4 位投票人将 C 排序提前导致最终排序中 C 从第 1 落到第 2.

5. a)B.   b)D.   c)C.   d)D.   e)否,因为没有候选人得第 1 名票数过半.   f)是,因为 A 是 Condorcet 获胜者,a)~d)都违反获胜者准则.   g)是,因为 B 是 Condorcet 失败者,a)违反失败者准则.   h)D.   i)A.   j)是,因为 C 退出后导致最终排序中 A 从 D 后面移到前面.   k)否,因为没有对一位候选人投票偏爱的改变.

6. a)C.   b)A.   c)否,因为没有候选人得到第 1 名票数过半.   d)否,因为 a)没有 Condorcet 获胜者,b)中 A 是 Condorcet 获胜者.   e)否,因为 C 在 a)不是 Condorcet 失败者,A 在 b)不是 Condorcet 失败者.   f)是,因为 E 退出后导致最终排序中 A 从 C 后面移到前面.   g)否,因为没有对一位候选人投票偏爱的改变.

8. a)64 134.   b)8 593 781.   d)否,因为 Schwarzenegger 得到第 1 名票数未过半数.

9. Gore.

10. a),b),c),d)Coleman.

11. 第 1 名得 14 分,第 2 名得 9 分.

12. a)Ichiro Suzuki.   b)Jason Giambi.

13. 是,因为 Tilden 得到过半数的民众票.

14. 否,Southern Cal 需要得到第 1 名票数过半数.

15. a)否,因为没有候选人得到第 1 名票数过半.   b)是,因为 Coleman 是 Condorcet 获胜者.   c)是,因为 Ventura 是 Condorcet 失败者.

16. 是,因为最后一位选手出场导致最终排序中 Bonaly 从 Bobek 后面移到前面.

18. a)是,参看习题 17(过半数票获胜者一定是 Condorcet 获胜者).   b)是,参看例 10(过半数票获胜者一定是 Condorcet 获胜者).

19. a),b),c)否,考虑若 Condorcet 失败者进入决胜投票,会有什么结果.

21. a)否.   b)是.

23. a)D.   b)10.   c)15.   d)$n(n-1)/2$.

参考文献

Aufmann, Richard, Joanne Lockwood, et al. 2004. Mathematical Excursions. Boston, MA: Houghton Mifflin.

Bennett, Jeffrey, William Briggs. 2002. Using and Understanding Mathematics: A Quantitative Reasoning Approach. 2nd ed. Boston, MA: Addison Wesley.

Blitzer, Robert. 2005. Thinking Mathematically. 3rd ed. Upper Saddle River, NJ: Prentice Hall.

Hodge, Jonathan, Richard Klima. 2005. The Mathematics of Voting and Elections: A Hands-On Approach. Providence, RI: American Mathematical Society.

Merrill, Samuel, III. 1980. Decision analysis for multicandidate voting systems. UMAP Modules in Undergraduate Mathematics and Its Applications: Module 384. Lexington, MA: COMAP, Inc.

Saari, Donald. 2001. Decisions and Elections: Explaining the Unexpected. New York: Cambridge University Press.

Tannenbaum, Peter. 2007. Excursions in Modern Mathematics. 6th ed. Upper Saddle River, NJ: Prentice Hall.

5 交易卡片的收集

Collecting Trading Cards

边馥萍　编译　韩中庚　审校

摘要：

研究了关于交易卡片采集中各种可能的问题，特别是在给定概率的条件下，为获得完整收藏集，收藏者所需要的花费.

原作者：

Crista Arangala, J. Todd Lee, and Ellen Mir

Department of Mathematics, Elon University, Elon, NC 27244.

ccoles@ elon. edu

发表期刊：

The UMAP Journal, 2007, 28(4)：545 – 566.

数学分支：

概率论

应用领域：

数据采集

授课对象：

学习概率统计课程的学生

预备知识：

无穷级数，离散概率，二项式系数，包含与不相容原理，期望代数

目　录:

1. 引言

收集和交换各类卡片吸引了很多收藏爱好者,对于各年龄段的人们都有很强的吸引力.特别是在 19 世纪,由于美国职业棒球队及国家联队的兴起,使得收集并交换卡片的活动得到更广泛的流传,交换有关棒球的卡片早已成为美国文化的一部分.早期的棒球卡与其他流行的运动项目,比如高尔夫球、拳击、赛马等卡片是作为香烟或口香糖促销活动的奖励,收集者通过购买促销的香烟或成包的口香糖而得到附在其中的卡片.而今天的各类卡片已在交易市场上专门销售,卡片类型是多种多样的,其中还包含了多种游戏卡片.

在本文中,每一种独特的卡片表示一种类型(card type).所有卡片类型的集合称为一套卡片(box set).收集者所拥有的卡片的集合称为收藏集(collection).注意到,一个收藏集可以包含任何重复的卡片类型.如果得到一张新的卡片而且该卡片类型不包含在收藏集中,则称它为新卡片类型.如果一个收藏集包含每种类型的至少一张卡片,则称该收藏集为完整的(complete).收集者可以买到的并补充到收藏集的部分卡片的小集合称为卡片包(pack).

收集一套卡片的花费为多少? 一种选择是整套购买.这是可以保证你"全收集"的最有效的方法,然而该选择会减少猎奇带来的快感,而且一次付清的价钱也会让人心生畏惧.为了得到一套卡片,比较传统的收集做法是购买一些卡片包或单独的稀有卡片,补充到收藏集中.本文将以这种模式引导读者思考有关完整收藏集的一系列问题.要理解本文内容,读者需有较扎实的概率论的基础.

关于棒球卡片历史的详细信息,读者可以参考文献 Gershman[1987].关于卡片收集所涉及的更深入的概率论理论,读者可以参考文献 Stadje[1990].

2. 等可能的卡片的收集

为了探究卡片的收集,不妨假设各套装里的所有卡片都是等可能的.

2.1　问题1　完整收藏集中卡片数量的期望

问题 1　为了得到一个完整的收藏集,收集者购买卡片数量的期望是多少?

假设现已收集了 $i-1$ 种卡片类型,令随机变量 X_i 表示从第 $i-1$ 种卡片类型收集齐时,至开始收集第 i 种新卡片类型之前,共收集到的与已有卡片类型重复的卡片数量,其中 $i=2,3,\cdots,d$,d 为套装中卡片类型的数量.X_i 可视为卡片的等待时间,新卡片类型按照它们出现的顺序排列.如果第 i 种新卡片类型紧跟在第 $i-1$ 种新卡片类型之后,则 $X_i=0$.依照这样的方式进行,则对于一个收集者而言:

收集到第 1 种新类型的卡片,

在收集第 2 种新卡片类型之前获得 X_2 张与第 1 种类型重复的卡片;

收集到第 2 种新卡片类型,

在收集第 3 种新卡片类型之前获得 X_3 张与第 1 种和第 2 种类型重复的卡片;

…………

收集到第 $d-1$ 种新卡片类型,

在收集第 d 种新卡片类型之前获得 X_d 张与第 1 种至第 $d-1$ 种类型重复的卡片;

收集到第 d 种新卡片类型.

设随机变量 X 表示得到一个完整收藏集所包含卡片的数量.X 的值是由套装中卡片类型的数量,即常数 d 和在收集完整收藏集的过程中累积收集到的重复卡片的数量 $X_2,X_3,\cdots,X_d$ 的和,更具体地有

$$X=d+X_2+X_3+\cdots+X_d$$

假设每种卡片类型都是等可能的,则 X_i 服从几何分布,即 $g_i(x)=p_iq_i^x$,$x=0,1,2,\cdots$,其中 $g_i(x)$ 表示在收集到第 $i-1$ 种卡片类型之后收集到的第 $x+1$ 张卡片为第 i 种新卡片类型的概率,q_i 为收集到前 $i-1$ 种卡片类型的副品的概率,$p_i=1-q_i$ 为收集

到第 i 种新卡片类型的概率. 为了得到 p_i, 我们已知 d 种卡片类型中的 $i-1$ 种卡片类型已经收集齐了, 因此 $p_i = [d-(i-1)]/d$. 一个完整收藏集所需要收集的卡片数量的期望记为 $E(X)$.

我们已知期望算子 $E(\cdot)$ 是线性算子. 因此, 对于任意的常数 k 和随机变量 X_1, X_2, 有 $E(k) = k, E(X_1 + X_2) = E(X_1) + E(X_2)$. 又由于 X_i 服从几何分布, 所以 $E(X_i) = q_i/p_i$. 由此可得

$$E(X) = E(d) + E\left(\sum_{i=2}^{d} X_i\right)$$

$$= d + \sum_{i=2}^{d} \frac{q_i}{p_i}$$

$$= d + \sum_{i=2}^{d} \frac{i-1}{d-(i-1)} = d + \sum_{j=1}^{d-1} H_j = dH_d$$

其中 $H_d = 1 + \dfrac{1}{2} + \dfrac{1}{3} + \cdots + \dfrac{1}{d}$ 为 d 项调和数 [Stadje 1990].

现在考虑 2005 年的 Topps 棒球卡套装, 该套装包含 733 种不同的卡片类型. 该套装的零售价为 \$59.99 [Topps 公司 2006]. 然而, 如果一个收集者不选择购买整套套装, 而是随机地买其中的一部分, 则该收集者想要收集到所有卡片类型需要购买卡片的平均数量为 5 260. 如果一盒卡片包含有 10 张这样的卡片共 \$1.75, 即每张卡片 17.5 美分, 则购买 5 260 张卡片需要花费 \$920.50.

习题

1. 投掷一枚均匀的六面的骰子, 使得骰子的每个面都出现, 则所需投掷骰子的次数的期望是多少?

收集到的第一张卡片总是新卡片类型, 接下来收集到极少的几张卡片也有很大的可能是新卡片类型. 开始时新卡片类型的集合大于收藏集中卡片类型的集合, 使得选择新卡片类型的概率比较大. 但是, 当收藏集接近完整时, 这个概率的大小就会发生变化: 收藏集中卡片类型的集合大于剩余的新卡片类型的集合. 所以, 随着收藏集越来越大,

则越来越有可能收集到重复的卡片类型.

2.2 问题 2 无重复时卡片数量的期望

问题 2 无重复时收集到的卡片数量的期望是多少？

设随机变量

$$Y_i = \begin{cases} 1, \text{若收集到的前 } i \text{ 张卡片没有重复的卡片类型} \\ 0, \text{若收集到的前 } i \text{ 张卡片含有重复的卡片类型} \end{cases}$$

比如，$P(Y_1 = 1) = d/d = 1$，$P(Y_2 = 1) = d \cdot (d-1)/d^2$. 令 $Y = Y_1 + Y_2 + \cdots + Y_d$，则 $E(Y)$ 表示在没有收集到重复卡片类型前所收集到的卡片数量的期望，即

$$E(Y) = E(Y_1) + E(Y_2) + \cdots + E(Y_d)$$

$$= 1 \cdot \frac{d}{d} + 1 \cdot \frac{d \cdot (d-1)}{d^2} + 1 \cdot \frac{d \cdot (d-1) \cdot (d-2)}{d^3} + \cdots + 1 \cdot \frac{d!}{d^d}$$

$$= \sum_{j=1}^{d} \frac{d!}{d^j (d-j)!}$$

再次考虑 Topps 2005 年的 733 张棒球卡套装，在出现重复卡片之前收集到的无重复卡片数量的期望为 34 张.

习题

2. 投掷一枚均匀的有六个面的骰子，在没有出现重复的面之前投掷次数的期望是多少？

3. 投掷六面的骰子 6 次，且没有出现重复的面的概率是多少？

2.3 问题 3 完整收藏集的概率

问题 3 现有 n 张卡片的收藏集，所有 d 种卡片类型都收集到的概率是多少？换句话说，当收集者有 n 张卡片时，该收藏集是完整的概率是多少？

这是收集者都会问的最重要的且很难回答的一个问题. 我们主要有两种方法来解决这个问题，且这两种方法会导出一个非常有趣的组合恒等式.

第一种方法,利用第二类斯特林数(Stirling number)$S_n^{(d)}$,即将 n 个不同的对象分成 d 个相同的子集,且各子集不能为空集的方法数量. 为了方便,选择确定的参数来说明该方法的使用;不妨设已收集了 n 张卡片,分为 d 种类型,且收藏集里至少含有每种类型的一张卡片,我们想要知道这样的分法有多少种. 唯一与第二类斯特林数不同的是收藏集中的卡片类型是不同的,而第二类斯特林数不要求这些子集是不同的. 对于收藏集的每一种分割,子集都有 $d!$ 种不同的排列方式. 因此,n 张卡片包含 d 种卡片类型的方式有 $d!S_n^{(d)}$.

比如,如果一个收集者有 3 张卡片,想把它们分成 2 个不同的非空子集,则可以进行如下的分组:

$$\{\{1,2\},\{3\}\},\{\{1,3\},\{2\}\},\{\{2,3\},\{1\}\}$$

因此有 $S_3^{(2)}=3$. 但是在卡片收集问题中,由于类型的不同,因此收藏集(第 1 种类型 $=\{1,2\}$,第 2 种类型 $=\{3\}$)和收藏集(第 1 种类型 $=\{3\}$,第 2 种类型 $=\{1,2\}$)是不同的,所以 3 张卡片收集到 2 种卡片类型的方式有 $2!S_3^{(2)}$ 种.

因为收藏集中的 n 张卡片的每一张卡片都有 d 种选择,所以 n 张卡片可能的类型分配方式有 d^n 种. 由上可得

$$P(n \text{ 张卡片中出现 } d \text{ 种卡片类型}) = \frac{d!S_n^{(d)}}{d^n}$$

由于第二类斯特林数带有一点儿神秘色彩,因此这个结果看起来不是让人很满意. 但是,有关第二类斯特林数的文献中已有大量的有趣的公式和结果,本文就是通过一个基本的问题得到的其中一个结果. 有关第二类斯特林数的详细信息,读者可以参阅文献 Abramowitz 和 Stegun [1972].

对于某些情况,利用集合的包含与不相容原理[Andrews 1971]可以很好地解决一个完整收藏集的概率问题,这也是该问题的第二种方法. 令 1 到 d 表示卡片的类型,T_i 表示事件:第 i 种卡片类型收藏集里包含 n 张卡片. 这个事件的补集 T_i^c 则表示事件:第 i 种卡片类型收藏集里不包含这 n 张卡片. 假设这 d 种类型是等可能的,则有

$$P(T_i) = 1 - P(T_i^c)$$
$$= 1 - ((d-1)/d)^n$$

注意到 $T_i \cap T_j$ 表示事件:第 i 种和第 j 种卡片类型的收藏集里都包含这 n 张卡片,则该事件发生的概率为

$$P(T_i \cap T_j) = 1 - P(T_i^c \cup T_j^c)$$
$$= 1 - P(T_i^c) - P(T_j^c) + P(T_i^c \cap T_j^c)$$
$$= 1 - \left(\frac{d-1}{d}\right)^n - \left(\frac{d-1}{d}\right)^n + \left(\frac{d-2}{d}\right)^n$$
$$= 1 - 2\left(\frac{d-1}{d}\right)^n + \left(\frac{d-2}{d}\right)^n$$

这就是两集合的包含与不相容原理的情况,推广可得

$$P(n \text{ 张卡片的收藏集是完整的})$$

$$= P\left(\bigcap_{i=1}^{d} T_i\right) = 1 - P\left(\bigcup_{i=1}^{d} T_i^c\right)$$

$$= 1 - \sum_{k=1}^{d} (-1)^{k-1} \binom{d}{k} P\left(\bigcap_{i=1}^{d} T_i^c\right)$$

$$= 1 - \sum_{k=1}^{d} (-1)^{k-1} \binom{d}{k} \left(\frac{d-k}{d}\right)^n$$

$$= \frac{1}{d^n} \sum_{k=0}^{d} (-1)^k \binom{d}{k} (d-k)^n$$

在渐近意义下[Dawkins 1991],可以得到下面有趣的结果:

$$P(n \text{ 张卡片的收藏集是完整的}) \approx e^{-de^{-n/d}}$$

第二类斯特林数可以很好地由下面的等式得到

$$S_n^{(d)} = \frac{1}{d!} \sum_{k=0}^{d} (-1)^k \binom{d}{k} (d-k)^n$$

再看 Topps 2005 年的卡片收集的例子,则 n 张卡片的收藏集收集齐套装中 733 种卡片类型的概率为

$$P(\text{所有 733 种卡片类型在 } n \text{ 张卡片的收藏集中}) = \frac{1}{733^n} \sum_{k=0}^{733} (-1)^k \binom{733}{k} (733-k)^n$$

如果收集者有 6 000 张卡片的收藏集,则该收藏集是完整的概率为 82% ,为了达到

完整收藏集的概率为 99%,则需要收集 8 250 张卡片. 如果每一张卡片 17.5 美分,则

8 250 张卡片的收藏集会花费收集者 \$1 443.75. 你
也可以计算一下,4 039 张卡片的收藏集有 5% 的
可能是完整的,7 009 张卡片的收藏集则有 95% 的
可能是完整的. 这样,90% 的完整收藏集的卡片数
量是介于 4 039 和 7 009 之间的,其价格在 \$706.83
和 \$1 223.57 之间. 读者可以参阅图 1 的累积概率
分布曲线.

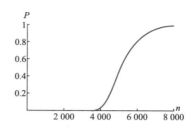

图 1 当 $d = 733$ 时,$P(n$ 张卡片的收藏集
是完整的)

当开始卡片收集时,收集者购买单独的卡片包,并打开从口香糖或者香烟里附有的
每个包,他期望得到没收集到的有价值的卡片,收集者沉溺于这种快感里. 现在许多收
集者不再以单独的卡片包来开始他们的收藏,而是先买一个或多个"起始收藏套装",
它们一般都比单独的卡片包含有更多的卡片类型. 假设收集者购买了一个起始收藏套
装,其中包含所有 d 种卡片类型中的 g 种. 为了收集到所有的 d 种卡片类型,则该收集
者需要购买卡片数量的期望是多少(收集者恰好想要收集这 g 种卡片类型)? 你已经知
道了问题 1 到 3 的解,现在你可以通过下面的习题来回答这个问题了.

习题

4. 如果收集者拥有一个含有 g 种卡片类型的起始收藏套
装,则该收集者要想收集到所有的 d 种卡片类型需要额外购买
的卡片数量的期望是多少?

5. 如果收集者拥有一个含有 g 种卡片类型的起始收藏套装
和额外的 n 张卡片,则所有的 d 种卡片类型都收集到的概率是
多少?

6. 上面已经证明:如果收藏集里有 n 张卡片,则收集齐所
有 d 种卡片类型的概率是 $\dfrac{1}{d^n} \displaystyle\sum_{k=0}^{d} (-1)^k \binom{d}{k} (d-k)^n$. 试证明
当 n 趋于无穷时,该概率趋近于 1.

7. 投掷一枚均匀的六面的骰子 15 次,所有面都出现的概率是多少?

8. 投掷一枚均匀的六面的骰子,需要投掷多少次使得出现所有面的概率达到 90%?

9. 如果一枚骰子的两个面已经出现,则在接下来的 15 次投掷中使得骰子的其余面都能出现的概率是多少?

到目前为止,所解决的问题都是建立在这样的假设基础之上:卡片都是单张随机收集的,即相当于收集者随机地一次购买一张卡片.虽然实际上收集者的卡片都是成包购买的,关于这个假设的另外一种解释是各种卡片都是随机地分配在一个卡片包中的,且允许卡片包里含有重复的卡片类型.如果收集者知道卡片包内没有重复的卡片类型,则结果又是如何改变的呢? 我们下面将要解决这一重要问题.

2.4　问题 4　卡片包内没有重复的卡片类型时完整收藏集的概率

问题 4　设每个卡片包里都没有重复的卡片类型,m 个卡片包的收藏集包含所有 d 种卡片类型的概率是多少,即通过购买 m 个卡片包,得到一个完整收藏集的概率是多少?

回顾问题 3 的解决方法,包含与不相容的方法也能用于解决该问题:

$$P(\text{所有 } d \text{ 种类型卡片都出现在这 } m \text{ 个卡片包里}) = 1 - \sum_{k=1}^{d} (-1)^{k-1} \binom{d}{k} P\left(\bigcap_{i=1}^{k} T_i^c\right)$$

其中 T_i 表示事件:第 i 种卡片类型出现在这 m 个卡片包里.令 p 表示一个卡片包含有卡片的数量,则有 $n = mp$. 而

$$P(\text{一个卡片包里没有其中 } k \text{ 种类型的卡片}) = \begin{cases} \dfrac{\dbinom{d-k}{p}}{\dbinom{d}{p}}, & 1 \leq k \leq d-p \\ \\ 0, & d-p < k \leq d \end{cases}$$

其中 $1 \leq k \leq d-p$. 于是

$$P(m \text{ 个卡片包里没有其中 } k \text{ 种类型的卡片}) = P\left(\bigcap_{i=1}^{k} T_i^c\right) = \left(\frac{\binom{d-k}{p}}{\binom{d}{p}}\right)^m$$

因此,

$$P(\text{所有 } d \text{ 种类型卡片都出现在这 } m \text{ 个卡片包里})$$

$$= 1 - \sum_{k=1}^{d-p} (-1)^{k-1} \binom{d}{k} \left(\frac{\binom{d-k}{p}}{\binom{d}{p}}\right)^m = \sum_{k=0}^{d-p} (-1)^k \binom{d}{k} \left(\frac{\binom{d-k}{p}}{\binom{d}{p}}\right)^m$$

习题

10. 你想要购买含 1 张卡片的卡片包使其成为含有 2 种不同卡片类型的完整收藏集. 只买 2 个卡片包,使其成为完整收藏集的概率是多少?

利用这个习题的结果,Topps 2005 卡片收集的例子可以就卡片包进行考虑. 每个 Topps 2005 棒球卡片包有 $p = 10$ 种卡片类型. 如图 2 所示,即为当卡片包没有重复卡片类型时,m 个卡片包是一个完整的收藏集的概率.

如果一个收集者有 600 个卡片包,即 6 000 张卡片,则该收藏集是完整的概率为 82.4%. 若每个卡片包 \$1.75,要使该收藏集是完整的概率为4/5,则需花费 \$1 050. 你可以计算一下,要使收藏集是完整的概率为5%,则需要 401 个卡片包;要使收藏集是完整的概率为95%,则需要 697 个卡片包.因此,90% 的完整收藏集的卡片包的数量是介于 401 和 697 之间的,其花费在 \$701.75 和 \$1 219.75 之间(图 2).

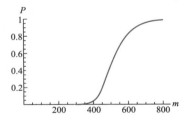

图 2　当 $d = 733$ 且卡片包内没有重复的卡片类型时,P(所有卡片类型都出现在 m 盒卡包里)

3. 多个等级的卡片收集

收集者通常成包地购买卡片,一个卡片包里的卡片按等级可以分为普通的、非普通的、稀有的等等. 为了便于区分,令 r 表示等级的数量,d_j 表示等级 j 所包含的卡片类型的数量,于是可得 $d = d_1 + d_2 + \cdots + d_r$. 令 p_j 表示卡片包里包含第 j 等级卡片的数量,则 $p = p_1 + p_2 + \cdots + p_r$. 对于每个卡片包,$p_j$ 都是固定的. 由于收集者会提前知道他所收集到的每个卡片包里所含每个等级卡片的数量,因此每个等级的收藏集可以视为是相互独立的. 即有

$P($所有第 i 等级的 d_i 种类型卡片被收集 $\cap$ 所有第 j 等级的 d_j 种类型卡片被收集$)$

$= P($所有第 i 等级的 d_i 种类型卡片被收集$) \times P($所有第 j 等级的 d_j 种类型卡片被收集$)$

3.1　问题 5　完整收藏集的概率

问题 5　已知包含 d 种卡片类型分为 r 个等级的套装和 m 个卡片包的收藏集($n = mp$),则该收藏集是完整的概率是多少?

用数学形式直接表示这个结果:

$$P\left(\bigcap_{j=1}^{r} (\text{所有第 } j \text{ 等级的 } d_j \text{ 种类型卡片被收集}) \right)$$

$$= \prod_{j=1}^{r} P(\text{所有第 } j \text{ 等级的 } d_j \text{ 种类型卡片被收集})$$

$$= \prod_{j=1}^{r} \left(\sum_{k=0}^{d_j - p_j} (-1)^k \binom{d_j}{k} \left(\frac{d_j - k}{d_j} \right)^{mp_j} \right)$$

其中假定卡片包里可能含有重复的卡片(参见问题 3). 乘积是由给定卡片包里的各种等级相互独立性得到的. 作为所有的乘积,总的结果是由各个大的或小的因子决定的,在本文中,该概率是由与等级相关的因子决定的,即与卡片数量 p_j 相比较大的卡片类型的数量 d_j 的那个等级决定的.

Pokémon-e Dragon-EX 交换卡片系列常规套装有 97 张卡片;33 张普通的,33 张非普通的,31 张稀有的. 而稀有等级又分为 10 张正常的,12 张全息图,9 张非全息图. 除了正

规系列中的 9 张稀有非全息图外,每张卡片都有对应相反的陪衬的卡片类型,构成了含
88 种卡片类型的 Dragon 套装(表 1).根据 Scrye[2004],如果你想出去购买另一套套
装,Dragon 套装的平均价格为 \$175,则其相反的陪衬的套装的平均价格是 \$225.因此,
如果你在没有赌博的情况下,想把它们都收集到,则其平均价格为 \$400.

表1 Pokémon-e Dragon-EX 交换卡片系列

等级	常规套装	相反的陪衬套装
普通	33	33
非普通	33	33
稀有	31	22

然而,如果你沉浸于收集的快感中,你可以选择通过购买单独的卡片包来使你的收藏
集完整,其中卡片包的推荐价格为 \$3.30.每一个卡片包含有 5 张普通的卡片,2 张非普通
的,1 张稀有的和 1 张相反的陪衬的卡片.不像之前的问题,现假设卡片包里的卡片可以重
复.如果卡片包里的卡片不重复,则该问题可以调整为用问题 4 的方法可以解决的问题.

如果收集者对收集正规卡片套装里的 3 类卡
片等级(普通 – 非普通 – 稀有)中的所有卡片感兴
趣,利用以上结果,且 $r = 3, d_1 = 33, d_2 = 33, d_3 = 31,$
$p_1 = 5, p_2 = 2, p_3 = 1$(图 3).在这些假设下,收集者
购买 79 个卡片包,则其为完整收藏集的概率为
5%,购买 196 盒卡片包,则其为完整收藏集的概率
为 95%.90% 的完整收藏集的费用介于 \$260.70 和

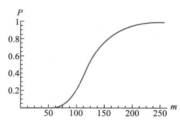

图3　P(3 个等级中的所有卡片都出现在 m
个卡片包),其中 $d_1 = 33$, $d_2 = 33$, $d_3 = 31$, $p_1 = 5$, $p_2 = 2$, $p_3 = 1$

\$646.80.如果收集者花费 \$175 用来购买卡片包,则他们大约购买了 53 个卡片包,完整
收藏集的概率为 0.000 103.

习题

11. 如果一个实验包括投掷两枚均匀的骰子和一枚均匀的
硬币,则做 20 次该实验,骰子的所有六个面和硬币的两个面都
出现的概率是多少?

3.2   问题 6   完整收藏集所需卡片数量的期望

问题 6   已知含有 d 种卡片类型的套装分为 r 个等级, 则完整收藏集所需要卡片包数量的期望是多少?

利用问题 5 的结果, 收集齐所有 d 种卡片类型所需要 m 个卡片包的概率为

$$\prod_{j=1}^{r}\Big(\sum_{k=0}^{d_j}(-1)^k\binom{d_j}{k}\Big(\frac{d_j-k}{d_j}\Big)^{mp_j}\Big)-\prod_{j=1}^{r}\Big(\sum_{k=0}^{d_j}(-1)^k\binom{d_j}{k}\Big(\frac{d_j-k}{d_j}\Big)^{(m-1)p_j}\Big)$$

如果随机变量 X 表示收集齐所有 d 种卡片类型所需要卡片包的数量 m, 则上面的式子是关于随机变量 X 的概率分布, 收集所有 d 种卡片类型所需卡片包数量的期望是 $E(X)$. 该期望值等于从完整收藏集所需卡片包数的最小值开始对所有可能的数量求和, 其最小值为

$$s=\left\lceil \max\Big(\frac{d_j}{p_j}\Big)\right\rceil$$

则有

$$E(X)=\sum_{m=s}^{\infty}m\Big[\prod_{j=1}^{r}\Big(\sum_{k=0}^{d_j}(-1)^k\binom{d_j}{k}\Big(\frac{d_j-k}{d_j}\Big)^{mp_j}\Big)-\prod_{j=1}^{r}\Big(\sum_{k=0}^{d_j}(-1)^k\binom{d_j}{k}\Big(\frac{d_j-k}{d_j}\Big)^{(m-1)p_j}\Big)\Big]$$

再次考虑 Pokémon-e Dragon-EX 卡片系列的例子, 则完整收藏集所需卡片包数量的期望为

$$E(X)=\sum_{m=31}^{\infty}m\Big[\prod_{j=1}^{3}\Big(\sum_{k=0}^{d_j}(-1)^k\binom{d_j}{k}\Big(\frac{d_j-k}{d_j}\Big)^{mp_j}\Big)-\prod_{j=1}^{3}\Big(\sum_{k=0}^{d_j}(-1)^k\binom{d_j}{k}\Big(\frac{d_j-k}{d_j}\Big)^{(m-1)p_j}\Big)\Big]$$

在该例中,

$$E(X)=\sum_{m=31}^{\infty}m\Big[\Big(\sum_{k=0}^{33}(-1)^k\binom{33}{k}\Big(\frac{33-k}{33}\Big)^{5m}\Big)\times$$

$$\Big(\sum_{k=0}^{33}(-1)^k\binom{33}{k}\Big(\frac{33-k}{33}\Big)^{2m}\Big)\times\Big(\sum_{k=0}^{31}(-1)^k\binom{31}{k}\Big(\frac{31-k}{31}\Big)^{m}\Big)-$$

$$\Big(\sum_{k=0}^{33}(-1)^k\binom{33}{k}\Big(\frac{33-k}{33}\Big)^{5(m-1)}\Big)\times$$

$$\Big(\sum_{k=0}^{33}(-1)^k\binom{33}{k}\Big(\frac{33-k}{33}\Big)^{2(m-1)}\Big)\times\Big(\sum_{k=0}^{31}(-1)^k\binom{31}{k}\Big(\frac{31-k}{31}\Big)^{m-1}\Big)\Big]$$

因此,完整收藏集所需卡片包数量的期望大约为 126,将会花费 \$415.80.

习题

12. 如果一个实验包括投掷两枚均匀的骰子和一枚均匀的硬币,则骰子的六个面和硬币的两个面都出现所需做实验次数的期望是多少?

13. 已知 d 种卡片类型的套装分为 r 个等级,且收藏集里恰有 g 种卡片类型,如果另外购买 m 个卡片包,则该收藏集为完整的概率是多少?

14. 已知 d 种卡片类型的套装分为 r 个等级,且收藏集里恰有 g 种卡片类型,则使其成为完整收藏集所需要的卡片包数量的期望是多少?

4. 进一步的讨论

我们已经知道了收集套装中所有卡片类型背后所隐藏的概率分布,接下来还有什么问题呢?

(1) 已知 d 种卡片类型的套装分为 r 个等级,如果卡片包里没有重复的卡片时,则含有 m 个卡片包的收藏集是完整的概率为多少?

(2) 决定何时停止购买卡片包,转而从经销商手上购买单张卡片,使得收藏集为完整的最佳策略是什么?

(3) 假定经销商用同样的价钱购买受关注的所有卡片包,他们怎样才能使卖出的完整收藏集的价钱要远低于计算得到的完整收藏集的期望价钱?

(4) 如果有一群收藏者可以在他们之间进行卡片的交换,则上述的分析该怎么变化?〔Hayes 和 Hannigan 2006〕

5. 习题解答

1. 均匀骰子的六个面都出现,投掷骰子的次数的期望是

$$6 + \sum_{i=2}^{6} \frac{i-1}{6-(i-1)} = 14.7(\text{次})$$

2. 在没有出现重复的面之前投掷次数的期望是

$$\sum_{i=1}^{6} \frac{6!}{6^i(6-i)!} \approx 2.77(\text{次})$$

3. 投掷骰子 6 次且没有出现重复面的概率是$\frac{6!}{6^6}$或比 0.015 多一点.

4. 为了回答这个问题,采用与问题 1 相同的方法.设随机变量 X_{g+1} 表示在选择一张与已有的 g 种类型不同的卡片之前所选择的重复卡片的数量.当 $g+1 \leqslant i \leqslant d$ 时,X_i 与 X_{g+1} 定义相同.同样,总收藏集大小的随机变量(除了之前已有的卡片)也就定义了.该收集者首先购买前 g 张卡片,然后:

获得 X_{g+1} 张重复的前 g 种类型的卡片,

收集到第 $g+1$ 种新卡片类型,

获得 X_{g+2} 张重复的前 $g+1$ 种类型的卡片,

收集到第 $g+2$ 种新卡片类型,

…………

收集到第 $d-1$ 种新卡片类型,

在收集到第 d 种新卡片类型之前,获得 X_d 张重复的从第 1 种到第 $d-1$ 种类型的卡片,

收集到第 d 种新卡片类型.

同样,令随机变量 X 表示得到一个完整收藏集所需的卡片数量.因为收集者已有套装中的 g 种卡片类型,所以 X 的值是由套装中其余卡片类型的数量,即常数 $d-g$ 和在收集完整收藏集的过程中累积收到的重复卡片的数量为 $X_{g+1}, X_{g+2}, \cdots, X_d$.更具体地有

$$X = (d - g) + \sum_{i=g+1}^{d} X_i$$

每一个随机变量也都服从几何分布,则除了已有的卡片额外所需要卡片数量的期望是

$$E(X) = E(d - g) + E\left(\sum_{i=g+1}^{d} X_i\right)$$

$$= d - g + \sum_{i=g+1}^{d} \frac{i - 1}{d - (i - 1)}$$

这个结果并不令人吃惊,我们既不再为已经拥有的卡片支付金钱,也不再为其花费等待时间.然而,这些第一次的"等待时间"项与后者相比是较小的,因此当 g 与 d 相比适中时,增加量是很小的.换句话说,可以忽略开始项,即最难收集到的是最后几种卡片类型.

5. 应用包含与不相容方法,已知 $d - g$ 是所需要的卡片类型数,且事件 T_i 可以进行重排使得 T_{d-g} 到 T_d 表示该已拥有的卡片类型.

$$P(n \text{ 张卡片中出现这 } d \text{ 种类型中的 } d - g \text{ 种卡片类型})$$

$$= P\left(\bigcap_{i=1}^{d-g} T_i\right) = 1 - P\left(\bigcup_{i=1}^{d-g} T_i^c\right) = \sum_{k=0}^{d-g} (-1)^k \binom{d-g}{k} \left(\frac{d-k}{d}\right)^n$$

利用第二类斯特林数可化简为

$$\sum_{k=0}^{n-(d-g)} \frac{\binom{n}{k} g^k (d-g)! S_{n-k}^{(d-g)}}{d^n}$$

6. 在该问题中,卡片类型的数量 d 是一个固定值.所以,

$$\lim_{n \to \infty} \frac{1}{d^n} \sum_{k=0}^{d} (-1)^k \binom{d}{k} (d-k)^k = \binom{d}{0} + \sum_{k=1}^{d} (-1)^k \binom{d}{k} \lim_{n \to \infty} \left(\frac{d-k}{d}\right)^n = 1$$

7. 已知投掷一枚均匀的六面的骰子 15 次,则所有面都出现的概率为

$$\frac{1}{6^{15}} \sum_{k=0}^{6} (-1)^k \binom{6}{k} (6-k)^{15} \approx 64.4\%$$

8. 已知投掷一枚均匀的骰子 n 次,所有面都出现的概率为 $\frac{1}{6^n} \sum_{k=0}^{6} (-1)^k \binom{6}{k} (6-k)^n$.

投掷 13 次所有面都出现的概率大约为 5% ,投掷 27 次所有面都出现的概率大约为 95% . 因此,90% 的所有面都出现的情况投掷的次数在 13 至 27 次之间.

9. 如果一枚骰子的两个面已经出现,投掷 15 次所有面都出现的概率为

$$\sum_{k=0}^{4} (-1)^k \binom{4}{k} \left(\frac{6-k}{6}\right)^{15} \approx 75.4\%$$

10. 收藏集为完整的概率为

$$P(2 \text{ 个含 } 1 \text{ 张卡片的卡片包有两种卡片类型}) = \sum_{k=0}^{1} (-1)^k \binom{2}{k} \left(\frac{\binom{2-k}{1}}{\binom{2}{1}}\right)^2 = \frac{1}{2}$$

你也可以列举这两种卡片类型为 A 和 B 来分析这个问题. 两个含有一张卡片的卡片包可以构成 AA, AB, BA, BB. 因此完整收藏集的概率为 1/2.

11. 已知一个实验包括投掷两枚均匀的骰子和一枚均匀的硬币,则做 20 次该实验,骰子的所有六个面和硬币的两个面都出现的概率是

$$\left(\sum_{k=0}^{6} (-1)^k \binom{6}{k} \left(\frac{6-k}{6}\right)^{40}\right) \times \left(\sum_{k=0}^{2} (-1)^k \binom{2}{k} \left(\frac{2-k}{2}\right)^{20}\right) \approx 99.5\%$$

12. 如果一个实验包括投掷两枚均匀的骰子和一枚均匀的硬币,则骰子的六个面和硬币的两个面都出现所需做实验次数的期望是

$$\sum_{m=3}^{\infty} m\left(\sum_{k=0}^{6} (-1)^k \binom{6}{k} \left(\frac{6-k}{6}\right)^{2m} \times \sum_{k=0}^{2} (-1)^k \binom{2}{k} \left(\frac{2-k}{2}\right)^{m}\right) -$$

$$\sum_{m=3}^{\infty} m\left(\sum_{k=0}^{6} (-1)^k \binom{6}{k} \left(\frac{6-k}{6}\right)^{2(m-1)} \times \sum_{k=0}^{2} (-1)^k \binom{2}{k} \left(\frac{2-k}{2}\right)^{m-1}\right)$$

$$\approx 7.67(\text{次})$$

13. 如上所述,该问题是在已知收藏集里有 g 种卡片类型条件下,求期望和概率的问题. 根据多个等级的情况,令 g_j 表示收藏集已有的第 j 等级的卡片的数量,$g = g_1 + g_2 + \cdots + g_r$.

为了解决该问题,我们用到了以前结果的一个组合数. 因此,m 个卡片包($n = mp$)的收藏集里恰有 g 种卡片类型,则该收藏集包含所有 d 种卡片类型的概率为

$$P\left(\bigcap_{j=1}^{r}(第\,j\,等级的其余\,d_j - g_j\,种类型卡片被收集)\right)$$

$$= \prod_{j=1}^{r} P(第\,j\,等级的其余\,d_j - g_j\,种类型卡片被收集)$$

$$= \prod_{j=1}^{r}\left(\sum_{k=0}^{d_j - g_j}(-1)^k\binom{d_j - g_j}{k}\left(\frac{d_j - k}{d_j}\right)^{mp_j}\right)$$

14. 已知多个等级,收藏集里已有 g 种卡片类型,则收集到所有 d 种卡片类型所需要的卡片包数量的期望为

$$\sum_{m=\lceil \max\left(\frac{d_j - g_j}{p_j}\right)\rceil}^{\infty} m\left[\prod_{j=1}^{r}\left(\sum_{k=0}^{d_j - g_j}(-1)^k\binom{d_j - g_j}{k}\left(\frac{d_j - k}{d_j}\right)^{mp_j}\right)-\right.$$

$$\left.\prod_{j=1}^{r}\left(\sum_{k=0}^{d_j - g_j}(-1)^k\binom{d_j - g_j}{k}\left(\frac{d_j - k}{d_j}\right)^{(m-1)p_j}\right)\right]$$

参考文献

Abramowitz M. , I. A. Stegun. 1972. Handbook of Mathematical Functions with Formulas, Graphs, and Mathematical Tables. 9th ed. New York: Dover.

Andrews G. E. 1971. Number Theory. Philadelphia, PA: Saunders.

Dawkins B. 1991. Sioban's problem: The coupon collector revisited. American Statistician, 45(1):76 – 82.

Gershman, Michael. 1987. A century of baseball cards. Baseball History,2(3): 21 – 27.

Hayes K. , A. Hannigan. 2006. Trading coupons: Completing the World Cup football sticker album. Significance,3 (3): 142 – 144.

Mac Millan, Douglas. 2006. Can Topps still play ball? Business Week Online.

Scrye: The Guide to Collectible Card Games #68(February 2004).

Stadje W. 1990. The collector's problem with group drawings. Advances in Applied Probability,22(4): 866 – 882.

Topps Company. 2006. etopps.

Wackerly, Dennis, William Mendenhall, et al. 2001. Mathematical Statistics with Applications. 7th ed. Pacific Grove, CA: Duxbury Press.

6 交通信号灯的调度
The Scheduling of Traffic Lights

薛 毅 编译 韩中庚 审校

摘要：

讨论交通信号灯调度的最优方案，更一般地，可为有冲突约束的用户最优地分配某个设施的使用。为此，我们展示了如何利用带有某些附加结构的图建立交叉路口的交通模型，以及如何建立一个能够得到问题解的线性规划，并详细讨论了完成上述任务的算法．

原作者：

Sara Kuplinsky

School of Theoretical and Applied Science, Ramapo College of New Jersey, Mahwah, NJ 07430.

skuplins@ ramapo. edu

Julio Kuplinsky

Dept. of Mathematics, Yeshiva University, New York, NY 10033.

kuplinsk@ yu. edu

发表期刊：

UMAP/ILAP Modules 2006: Tools for Teaching, 43 – 85.

数学分支：

图论，最优化

应用领域：

交通管理

授课对象：

前 8 节适合于文科专业的学生，对于数学专业的数学建模课程可以讲授全部的 12 节内容

预备知识：

初等图论和线性规划

目　录:

网上更多……　　本文英文版

1. 前言

本文将给出交通信号灯调度方法的详细讨论,该方法可以用数个问题构成的例子来理解,而这些问题在这里均使用相同的技巧.

为了给出一般性的描述,可以将问题理解成某个设施必须由多个用户共享,允许一部分用户在同一时刻使用该设施,而另一些用户不能使用.此外,还有其他限制,通常与时间有关.因此,所考虑的问题是如何在限制条件下为每个用户分配一个时间段,达到数量(涉及时间)上的最优.

这里提出的方法主要是 Stoffers [1968],Opsut 和 Roberts [1979,1981,1983a,1983b]的理论结果,它展示了此类问题早期的处理方法.在他们研究论文的基础上,我们试图使他们的结果更容易被学生接受,因此让这些理论能自成体系,并对他们没有明确提到的一些事实采用正式的方式陈述.本文提供了大量的习题,同时给出解答.此外,我们强调应用及扩展,让模型抓住现实生活场景的某些方面,而另一些方面则有意忽略.

需要用到的工具是初等图论和线性规划.前 8 节,能够用两个 75 min 的数学课时完成,用于讨论基本概念以及给出求解简单问题的方法.一旦建立好模型之后,可以使用软件求解相应的线性规划.

第 9 节(连贯排序)和第 10 节(完全交叉指派)详细说明了第 11 节(算法)所描述的算法所需的定义及结果.这个算法阐明了如何获取调度,给出最优调度情况下的条件,以及确切地说明了获得部分最优解的例子.

这里所提到的所有结论,其证明将另行公布.作者更愿意听到对此有兴趣的读者所提出的意见和建议.

2. 简介

行车道的交叉路口是一个多用户共享设施的例子. 为了控制交通, 我们打算对交通信号灯系统进行调度, 给每个用户分配一个时间段, 在该时间段内该用户有优先通行权, 即可以使用该设施.

考虑图 1 所示的交叉路口. 交通流中的某些路对, 如 y 和 z, 在同一时间段内不能同时通过交叉路口; 我们称它们是不相容的(incompatible). 此外, 我们假定, 交通工程已规定, y 与 w 也是不相容的, 这是由于东西车道太窄了, 以至于不能同时处理东西车道和左转弯车辆的交通流.

为了建立相容或不相容关系的模型, 我们用图来表示, 它的顶点表示交通流, 它的边表示交通流之间是相容的. 对于给定的交叉路口, 图 2 中所示的图 G 表示了交叉路口的交通流, 和交通流之间是否存在冲突.

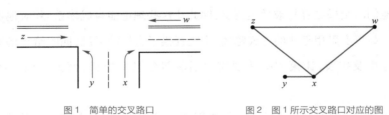

图 1　简单的交叉路口　　　　图 2　图 1 所示交叉路口对应的图

对于每个交通流 v, 由交通信号灯控制的绿灯周期记为 S_v.

绿灯周期的指派应该使不相容的交通流获得不相交的时间段, 即

$$u \neq v, \{u, v\} \notin E, \Rightarrow S_u \cap S_v = \varnothing$$

其中 E 为 G 的边集.

当然, 在实际情况中, 像流 x, 它与其他流均相容, 不需要任何信号来控制. 但为了解释我们的主要思想, 并不将 x 从讨论中去掉.

交通信号灯是循环调度的: 信号灯的指派模式可以无限重复. 阶段(phase)是一个时间周期, 由信号灯的变化来划定, 在这个周期内, 对于任何交通流, 信号灯均不作任何改变. 这个概念可由图 3 给出清晰的解释, 它描述了图 1 所示交叉路口红/绿灯的一种

可能的指派. 在图3, 以及在以后的图形中, 我们用部分阴影条表示绿灯, 用空白条表示红灯.

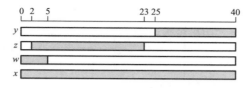

图3　图1所示交叉路口红/绿灯的一种可能指派

指派共有5个阶段: 第1阶段持续2个单位时间, 后面4个阶段的持续时间分别为3, 18, 2和15个单位. 它是一个效率很低的指派, 一种可能原因是, y 在通行前不应该有2个单位时间的等待. 一个更好(具有4个阶段)的指派如图4所示.

图4　图1所示交叉路口红/绿灯的更好指派

图4所示的4个阶段的循环可以无限重复, 我们说循环长度(cycle length)等于 $2 + 3 + 18 + 17 = 40$ 个单位时间.

3. 问题的建模

现在提出一个接近自然、又适合于数学模型的条件, 由该模型的解来确定一个合理的调度方案.

黄灯用于告之信号将作改变. Stoffers [1968, 201] 指出: 这种短暂状态的长度在许多国家是用法规的方式固定下来的, 黄灯的长度依赖于交叉路口大小以及路口的几何形状.

如何将黄灯引入我们的模型呢? 黄灯出现在绿灯周期结束的时刻, 它表示交叉路口的车辆应该得到清理. 在黄灯期间, 进入或者接近交叉路口的车辆允许通行, 而还在等待红灯的交通流则是不相容的. 然而, 我们认为, 交通流可以仅由红灯或绿灯控制. 这样, 将模型的解翻译成实际情况时, 需要在绿灯周期结束前, 将一个合适的时间段改成黄灯. 因此, 如图 4, 描述图 1 所示交叉路口的调度方案, 需要在每个绿灯段的后面增加一小段黄灯. 例如, 用红色实阴影条表示黄灯周期, 其结果如图 5 所示.

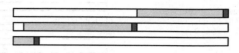

从现在起, 我们的模型不再考虑黄灯, 所以相应的图解看起来更像图 3 或图 4.

图 5　图 4 的红/绿灯调度增加了黄灯周期(红色实阴影)

停止车辆进入交叉路口所花的时间(依赖于这当中的其他事物, 如车辆在停车线的位置, 单位时间内进入交叉路口的车辆数)对于每个交通流, 确定绿灯区间的最小长度是重要的. 此外, 因为黄灯周期(可以看成绿灯周期的一部分)是"安全间隙", 它有一个最小长度, 因此, 绿灯周期也有最小长度. 交通工程师采用交叉路口测量的方式来确定这些值. 例如, Van Vuren 和 Van Vliet [1992, 751] 以 2.5 s 作为开始延迟的粗略估计, 也就是说, 它是前车启动后, 后车的启动时间. 描述这种延迟的另一种方法是车辆波的移动速度. 作者给出的值是 5 m/s, 它作为从停车线车起, 车辆波的移动速度.

所以, 对于每次循环的每个交通流, 我们的模型需要有一个已知的最小绿灯时间. 然而, 如果允许在每次循环中有多个绿灯区间, 也能得到一个至少有最小绿灯区间的指派, 但某些绿灯区间的长度可能不足以包含黄灯的安全时间. 另一种多个绿灯区间的复杂情形是由 Stoffers [1968, 205] 提出的. 在每个绿灯周期的开始, 会出现"损失时间", 直到交通流达到相应的速度为止. 所以每个交通流的绿灯总时间总会受到数个这种未知引导时间的影响. 因此, 我们规定, 每次循环中的每个交通流仅有一个绿灯区间.

接下来是考虑循环长度. 长循环, 允许有更长的绿灯区间, 能适应更多的车辆; 但另一方面, 超过处理交通所需要的必要长度, 可能会产生不可接受的延迟. Van Vuren 和 Van Vliet 建议, 最好是采用适应于交通容量所需要的最短实用循环长度 [1992].

综上所述, 我们有

(1) 一个图, 用以表示哪两个交通流是相容的, 哪两个交通流是不相容的;

(2) 对于每个交通流 v, 有一个正数 r_v, 表示交通流绿灯区间的最小长度; 以及另一

个正数 N,表示循环的最大长度(当然,N 至少大于等于 r_v 中最大的一个).

正如从图 3 和图 4 中所看到的,许多信号灯的指派满足相容性需求和 r_v 与 N 产生的限制.然而,某些指派优于其他的指派.我们要求绿灯总时间(即每次循环中所有交通流绿灯时间的总和)尽可能长.现在回到我们的例子中去寻找这种指派的改进.

4. 改进指派

考虑图 2 所示的图,假定每个流的最小绿灯区间分别为 $r_y = 15$,$r_z = 20$,$r_w = 5$ 和 $r_x = 20$ 个单位时间,而给定的最大循环长度是 $N = 40$ 个单位.在图 4 所示的指派中,绿灯总时间是 $17 + 21 + 5 + 40 = 83$.

因为对极大化绿灯时间感兴趣,显然这里的指派不是最优的,因为 z 和 w 能够接受更多的绿灯区间.增加绿灯时间是可行的,因为 x,w 和 z 是彼此相容的交通流,在不改变循环长度的情况下,它们可以共享更多的绿灯时间,因此能够提供一个更长的绿灯总时间(见图 6).现在,绿灯总时间是 103 个单位.

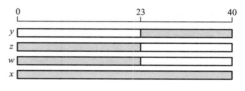

图6 交通流之间共享绿灯时间

5. 最大团

彼此相容的交通流集对应于图中彼此邻接的顶点集.下面定义一个至关紧要的概念:

定义 图 G 的最大团(maximal clique)是 G 的顶点集 K,在集中,所有的顶点彼此邻接,且不能被具有此性质的更大集所包含.

换句话说,K 中任意两个顶点是邻接的,并且不属于 K 中的顶点(如果存在)不能与 K 中的所有的顶点相邻接.

例如,图 2 所示的图有两个最大团:$K_1 = \{x, z, w\}$ 和 $K_2 = \{x, y\}$.

习题

1. 证明:图的每个团均包含在某些最大团中.

最大团中的元素共享绿灯时间可能会增加绿灯总时间. 为了更详细地说明这一点,我们分配给最大团 K_i 的绿灯时间的长度为 d_i,称其为团的持续时间(duration). 它表示 K_i 中所有元素同时接受绿灯时间的长度. 属于最大团 K_i 中的每个顶点均接受 d_i 个单位的绿灯时间. 因此,K_i 中还属于其他最大团的顶点接受的绿灯时间一般要比仅属于 K_i 自身顶点的时间长.

例如,图 7(a)和图 7(b)所示的指派就演示 x 作为两个最大团元素而如何获益的. 顶点 z,w 和 y 仅属于其中的一个团,它们接受的绿灯时间要小于 x.

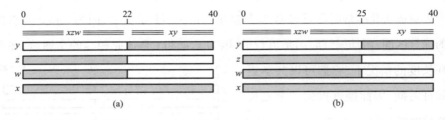

图 7

(a) 顶点 x 同时属于最大团 $K_1 = \{x,z,w\}$(22 个单位的绿灯)和 $K_2 = \{x,y\}$(18 个单位的绿灯),因此,接受 40 个单位的绿灯;(b) 与(a)中相同的最大团,但 K_1 得到 25 个单位的绿灯,K_2 得到 15 个单位的绿灯,顶点 x 仍然得到 40 个单位的绿灯

在这些图中,我们用图形说明最大团中的元素和持续时间. 例如,在图 7(a)中,团 $K_1 = \{x,z,w\}$ 得到 $d_1 = 22$ 个单位,$K_2 = \{x,y\}$ 得到 $d_2 = 18$ 个单位. 在图 7(b)中,团是相同的,但 $d_1 = 25$ 个单位,$d_2 = 15$ 个单位. 总的绿灯时间分别为 $18 + 22 + 22 + 40 = 102$ 个单位和 $15 + 25 + 25 + 40 = 105$ 个单位.

我们将持续时间作为模型的未知量. 将说明一个明确的、获得绿灯区间的指派方法,这个绿灯区间表示成不相容的、并且满足每个流的最小绿灯时间和最大循环长度的约束. 然而,因为某些交叉路口并不存在满足所有限制的指派,我们将给出保证这种指派存在的条件.

令 J_i 是最大团 K_i 所有元素同时接受绿灯的区间. 为了方便起见,选择的阶段为左闭右开的区间. 再一次考虑图 2 所示的图, 令 $J_1 = [0, d_1)$, 所以 J_2 必须满足 $J_1 \cap J_2 = \varnothing$. 因为循环长度有上界, 我们又要极大化绿灯总时间, 必须取 $J_2 = [d_1, d_1 + d_2)$. 因此, 对于图 7(a) 和 (b) 所示两个阶段的指派, 分别有 $J_1 = [0, 22)$, $J_2 = [22, 40)$ 和 $J_1 = [0, 25)$, $J_2 = [25, 40)$. 回想我们已知 x 可以与 w, z 和 y 可同时接受绿灯, 接下来定义每个顶点的绿灯区间如下:

$$S_y = J_2, \quad S_z = J_1, \quad S_w = J_1, \quad S_x = J_1 \cup J_2$$

用前面介绍的未知量 d_i 表示最小绿灯长度和最大循环长度的限制. 因为 S_y, S_z, S_w 和 S_x 的长度分别为 d_2, d_1, d_1 和 $d_1 + d_2$, 回想我们已知 r_y, r_z, r_w 和 r_x 的值, 最小绿灯长度的限制是

$$
\begin{aligned}
d_2 &\geq 15 \\
d_1 &\geq 20 \\
d_1 &\geq 5 \\
d_1 + d_2 &\geq 20
\end{aligned}
$$

循环长度是 $S_y \cup S_z \cup S_w \cup S_x$ 的长度, 考虑 N 作为循环长度的限制, 得到

$$d_1 + d_2 \leq 40$$

显然还有

$$d_i \geq 0$$

最优性条件是: 极大化绿灯总时间, 也就是极大化 $d_2 + d_1 + d_1 + (d_1 + d_2)$, 即

$$\max \quad 3d_1 + 2d_2$$

6. 线性规划

我们的模型是一个优化问题: 需要求出某个函数的最大值(或最小值), 变量必须满足规定的限制. 例中, 要极大化的函数是 $3d_1 + 2d_2$, 且变量的限制是满足前面提到的 7 个不等式. 事实上, 这个模型是一个线性规划(linear programming, 简称 LP), 因为限制(或约束)以及要极大化或极小化的函数均是线性的. 限制可以是不同的类型(一些是

用≤,另一些是用≥,或者是用＝),但严格不等式（＜或＞）是不允许的.在通常（并不强制）的情况下,所有变量均有非负限制.

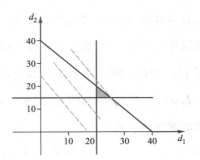

对于知道如何用图解法求出问题最优解的学生来说,可以看出图 8 表示的最优解是 $d_1 = 25$, $d_2 = 15$.

图 8　线性规划图解法的表示和它的解

如果不熟悉求解线性规划的方法,你可以依靠相关的软件包来求解.我们将用学生版 LINDO/PC Release 6.00 求解例题.你作如下输入：

$$\text{max } 3d1 + 2d2 \text{ st}$$
$$d2 > 15$$
$$d1 > 20$$
$$d1 > 5$$
$$d1 + d2 > 20$$
$$d1 + d2 < 40$$

注意：

- 空格多半是无关紧要的,特别是那些在约束与变量名之间的空格.
- 为了输入方便,你可以输入＜或＞,但它的意思仍是≤或≥.
- 在默认情况下,假定所有的变量是非负的.
- 单击 Solve 按钮,得到计算结果.

最优解给出的区间是 $J_1 = [0, 25)$, $J_2 = [25, 40)$,所以 $S_y = [25, 40)$, $S_z = S_w = [0, 25)$ 和 $S_x = [0, 40)$.绿灯总时间是 105 个单位,循环长度是 40 个单位.这个最优解产生的调度方案由图 7(b)所描述.

习题

2. 交换 K_1 和 K_2 的顺序,重新求解上述问题,并与上述结果作比较.

3. 给出交叉路口相关的因素的名称,这些因素可能有助于确定每个交通流应接受的最小绿灯时间.

4. 给出与交通路口有关的、并打算求极值的某些量的名称,它不同于绿灯总时间,但将它们极大化或极小化是有意义的.

7. 分段与交叉指派

前面我们寻求的指派 S 满足 $S_v \cap S_w = \varnothing$,其中 v 与 w 是不相邻的顶点,但并不局限于此. 事实上,最优解还满足它的反面,即,如果两个顶点邻接,则对应的区间应相交. 为使用正式的术语表示它,陈述下面两个条件:

$$v \neq w, \quad \{v,w\} \notin E \Rightarrow S_v \cap S_w = \varnothing \tag{1}$$

且

$$\{v,w\} \in E \Rightarrow S_v \cap S_w \neq \varnothing \tag{2}$$

满足(1)的区间指派称为分段(phasings),满足(1)和(2)的区间指派称为交叉指派(intersection assignments).

现在简要说明到目前为止讲过的内容,并看一下前面提到过的道路. 我们有一个交通路口的模型,它由图和某些数据组成. 打算求解的问题是如何获得满足模型条件的分段或者是交叉指派,在提供最大绿灯时间的情况下,分段或交叉指派是最优解. 我们用带有数据的线性规划和图的结构来获得分段或者是交叉指派. 然而,还不十分清楚,是否能用其他技巧获得更好的调度方案,这些技巧或许与线性规划不相关,或许与最大团无关.

关于这一点,自然会提出另一个问题. 因为分段的条件比交叉指派少一个限制,可以设想,我们能够获得比交叉指派更好的分段. 换句话说,可以找到一个分段,它比交叉指派有更长的绿灯总时间. 这一点将作为后面需要讨论的重要问题.

下面考虑第二个更复杂的交叉路口.

8. 一个更复杂的例子

在图 9 中,流 p 表示人行横道,从数学模型的观点来看,可以将它看成任何车辆流.
图 10 表述了这些流的相容性与不相容性.

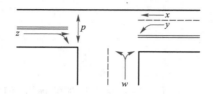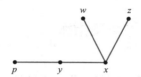

图 9　带有人行横道流的交叉路口　　　　　图 10　图 9 交叉路口所对应的图

前面图 2 所示的图有两个最大团,$\{x,z,w\}$ 和 $\{x,y\}$,在循环开始,我们将一个绿灯的区间分配给 $\{x,z,w\}$,然后另一个相邻且与前一个不重叠的区间分配给 $\{x,y\}$. 我们还要求你在习题 2 中,交换两个已标号团的次序,重新安排交叉路口的调度. 你一定注意到:这也同样得到一个可采纳的指派,在每次的循环中,每个交通流接受一个绿灯区间.

在主要的方法上,新例子与前面的例子不同:团的排序是起作用的.

假定将绿灯区间依次分配给最大团 $\{x,z\}$,$\{p,y\}$,$\{x,y\}$ 和 $\{x,w\}$. 图 11 中的指派是由这种方法得到的调度方案.

显然,对于我们的模型来说,图 11 中的指派是一个不可接受的结果. 但是,改变绿灯区间分配给最大团的次序,将得到一个可接受的指派,如图 12 所示.

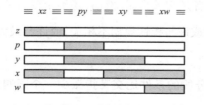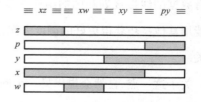

图 11　将绿灯区间依次分配给最大团 $\{x,z\}$,$\{p,y\}$,$\{x,y\}$ 和 $\{x,w\}$ 获得的调度方案　　　图 12　将绿灯区间依次分配给最大团 $\{x,z\}$,$\{x,w\}$,$\{x,y\}$ 和 $\{p,y\}$ 获得的调度方案

调度方案是将绿灯区间依次连贯地分配给团 $\{x,z\}$,$\{x,w\}$,$\{x,y\}$ 和 $\{p,y\}$ 得到的.

根据第 5 节介绍过的内容,由图 10 所示图的最大团如下:

$$K_1 = \{x, z\}, K_2 = \{x, w\}, K_3 = \{x, y\}, K_4 = \{p, y\}$$

由定义

$$J_1 = [0, d_1), J_2 = [d_1, d_1 + d_2), J_3 = [d_1 + d_2, d_1 + d_2 + d_3)$$

$$J_4 = [d_1 + d_2 + d_3, d_1 + d_2 + d_3 + d_4)$$

最后指定

$$S_z = J_1, \quad S_p = J_4, \quad S_y = J_3 \cup J_4, \quad S_x = J_1 \cup J_2 \cup J_3, \quad S_w = J_2$$

所以,类似于前面的例子,

$$S_v = \bigcup_{i: v \in K_i} J_i$$

也就是说,属于最大团中的每个顶点 v,分配给顶点 v 的区间是这些 J_i 的并.

假定 $r_z = 25, r_p = 10, r_y = 15, r_x = 45$ 和 $r_w = 15$,而 $N = 70$ 个单位时间. 保持前面所说最大团的次序,构造线性规划(LP)如下:

$$\max \quad 2d_1 + 2d_2 + 2d_3 + 2d_4$$

$$\text{s. t.} \qquad d_1 \geqslant 25$$

$$d_4 \geqslant 10$$

$$d_3 + d_4 \geqslant 15$$

$$d_1 + d_2 + d_3 \geqslant 45$$

$$d_2 \geqslant 15$$

$$d_1 + d_2 + d_3 + d_4 \leqslant 70$$

$$d_1, d_2, d_3, d_4 \geqslant 0$$

LINDO 给出的最优解 $d_1 = 40, d_2 = 15, d_3 = 0, d_4 = 15$,最优解的绿灯总时间是 140 个单位. 相应的分段如图 13 所示. 注意,这是 3 个阶段的分段,它不是一个交叉指派.

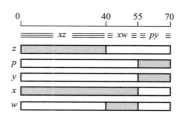

图 13 具有 140 个单位绿灯时间的最优解

习题

5. 对于上面的例子, r_0 和 N 已知, 求一个交叉指派, 使它与前面介绍的分段有相同的最优绿灯总时间.

9. 连贯排序

对于我们的做法, 必须保证在每次循环中, 每一个顶点至多分配到一个绿灯区间. 如图 11 所示的情况一般不会出现, 除非后面的团中包含顶点 v, 并再次分配了绿灯区间. 事实上, 在图 11 所示的调度中, x 作为 $\{x,z\}$ 中的元素接受第一个绿灯区间, 接下来没有绿灯, 因为它不是 $\{p,y\}$ 的元素, 而后面绿灯再次出现是因为它是 $\{x,y\}$ 和 $\{x,w\}$ 的元素.

定义 称图的最大团的排序 $K_1, K_2, \cdots, K_n$ 是连贯的, 如果同时属于团 K_i 和 K_j ($i < j$) 的顶点, 也一定属于它们中间所有的团, 即属于 K_h 且 $i < h < j$.

在图 2 所示的图中, 仅有两个最大团, 将任一个标记为 K_1, 另一个标记为 K_2, 得到它们的连贯排序. 另一方面, 图 10 所示的图有最大团的不连贯排序, 我们也给出了与它不同的连贯排序.

习题

6. 找出图 10 所示图中最大团的所有连贯排序.

存在这样的图, 它的最大团没有任何连贯排序, 例如, 图 14 所示的图.

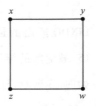

最大团是 $\{x,y\}$, $\{y,w\}$, $\{w,z\}$ 和 $\{z,x\}$. 因为前两个团包含 y, 而另两个不包含, 所以前两个在排序上必须是连贯的. 不妨说, 如果 $\{x,y\}$ 直接放在 $\{y,w\}$ 的前面, 则 $\{z,x\}$ 必须放在它们的前面, 接下来的 $\{w,z\}$ 也必须放在前面. 但这不是 4 个团的连贯排序. 对 $\{y,w\}$ 直接放在 $\{x,y\}$ 前面也有类似的讨论.

图 14   不存在最大团连贯排序的图

可以证明,图 14 所示的图也不存在交叉指派.事实上,Fulkerson 和 Gross［1965］已经给出了最大团存在连贯排序时图的特征.为了陈述他们的结果,我们介绍一些概念.

定义 区间图是具有如下性质的图,图中的每个顶点均可由实线构成的区间表示,两个顶点相邻当且仅当对应的区间相交.

换句话说,区间图是存在交叉指派的图.Fulkerson 和 Gross 的结果表明:一个图是区间图的充分必要条件是它的团可以被连贯排序.对于图 14 应用上述结论,正如我们所知道的,它的最大团不存在连贯排序,我们可以说它不是一个区间图.类似地,不可能找到四条由实线构成的区间使得每一条实线恰好与另外两条实线相交.

习题

7. 考虑图 15 所示图 G. 求它最大团的连贯、且不同于第 8 节的排序. 对于与第 8 节相同的 r 和 N,求交通图的一个调度,并与正文中的内容相比较.

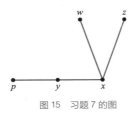

图 15　习题 7 的图

8. 确定图 16 所示交叉路口的调度,其流的相容性由图 17 所示的图来描述. 假定 $r_w = r_z = 18, r_v = 10, r_x = 15, r_y = r_t = 20$,并且 $N = 60$ 个单位时间. 你能得到什么样的调度?

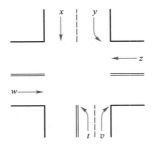

图 16　习题 8 的交叉路口

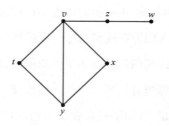

图 17   图 16（见习题 8）交叉路口相容性的图

10. 完全交叉指派

如何确定我们使用的方法所给出的分段或交叉指派是最好的呢？为了阐明这点，这里给出包含此概念的精细定义，并陈述几个重要的结果.

首先需要注意的是区间（interval），指的是由实线构成的普通区间，并且仅考虑有界区间（开、闭，或者半开半闭）. 区间有左端点 a 和右端点 b，且 $a \leqslant b$. 区间可以是空的. 称 $b - a$ 为区间的长度（length）.

定义   图 G 是交通图，且对于每个顶点 v 定义一个实数 $r_v > 0$ 和实数 $N > 0$. 为简化，记 G, r, N 为交通图. 交通图的分段是指存在着分段 S 且满足：

a）$|S_v| \geqslant r_v$，对于每个顶点 v 成立；

b）$|\cup_v S_v| \leqslant N$.

交通图的交叉指派可以用类似的方式定义. b）中的 $|\cup_v S_v|$ 正是我们前面说过的"循环长度". 按照 Roberts[1979] 的方法，我们称其为分段的度量（measure）. 类似地，$\sum_v |S_v|$ 是前面说过的"绿灯总时间"，但在这里称为分段的度量得分（measure score）. 对于交叉指派仍使用"度量"和"度量得分"的术语.

交通图的分段数（phasing number）（交叉指派数（intersection number））是交通图中所有分段（交叉指派）度量得分的上确界. 如果交通图不存在分段（交叉指派）（见习题 10），这个数不确定. 另一方面，如果交通图有分段（交叉指派），则这个上确界是有限的（见习题 9）.

习题

9. 证明:如果交通图有分段,则在分段数中定义的上确界是有限的,对交叉指派数也是如此.

10. 交通图 G,r,N 可能没有分段,例如 N 相对于 r_v 太小的情况. 我们知道,N 至少要与 r_v 的最大值一样大. 然而即使这个条件成立,分段的存在性还依赖于图形本身. 为说明这一点,对于图 18 所示的两张图,可以考虑数值 $r_x = 1, r_y = r_z = 2, r_t = 1, N = 4$.

图 18 习题 10 中的图

11. 设 G 是连通的区间图,S 是一个交叉指派. 证明:$\cup_v S_v$ 是一个区间. 举例说明该陈述的反面不成立.

我们已经看到如何从交通信号灯的调度问题导出一个线性规划(LP),并用例子演示如何从 LP 的解来确定交通图的分段. 本节开始提出的问题现在能改写成

所获得分段的度量得分是否等于图的分段数?

我们接下来讨论这个问题.

在处理交叉指派时,需要交叉指派具有的性质是指派区间(即交通信号灯的绿灯区间)尽可能长. 更准确地说,我们考虑指派 S,使 S_v 扩充后的结果是,在给定的绿灯区间,交通流不同时相容.

定义 称交叉指派 S 是完全的(full),当每个顶点 w 和区间 $I \subseteq \cup_v S_v$ 使得 $S_w \subset I$ 时,存在着顶点 z,使得 $S_w \cap S_z = \varnothing$,但 $I \cap S_z \neq \varnothing$.

习题 12 要你证明,已知一个交叉指派 S 不是完全的,则存在完全交叉指派,且与 S 具有相同的度量并至少有相同的度量得分. 你会发现,下面例子所讨论的想法,对求解这个习题是有用的. 考虑图 19 和图 20 所示图和相应的交叉指派.

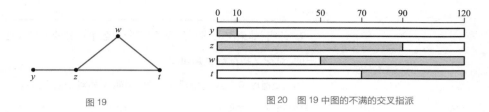

图 19   图 20   图 19 中图的不满的交叉指派

这个指派不是完全的. 我们能够扩充成 S_z 并且不超过 $\cup S_v$, 例如, 扩充为 $[0,120)$, 也不产生绿灯区间的相互重叠. 在这之后, 还可以将 S_w 和 S_t 扩充成 $[10,120)$. 这是一个完全交叉指派. 度量仍保持不变, 而且增加了度量得分.

为了证实隐含的假定: 这个过程总是可以完成的, 我们必须明白, 不必连续地、无限制地增加 I 的值. 这个结论的证明留作习题 12.

习题

12. 假定图 G 有一个交叉指派 S. 证明: 存在完全交叉指派 T, 使得 $|T_v| \geqslant |S_v|$ 对于所有的顶点 v 成立, 且 $\cup T_v = \cup S_v$.

13. 设 G 是一个区间图, S 是一个分段, 且 $\alpha \in \cup S_v$. 证明: 顶点 v 使得 $\alpha \in S_v$ 的集合是一个团.

14. 求一个具有交叉指派的交通图和时刻 α, 使得在时刻 α 的所有绿灯交通流的集不是最大团.

引理   设 G 是一个区间图, S 是一个完全交叉指派. 如果 $\alpha \in \cup S_v$, 则顶点 v 使得 $\alpha \in S_v$ 的集是最大团. (习题 14 要求你找一个交叉指派的例子, 使得这个结论不成立.)

证明   首先假定 G 是连通的. 设 K 是顶点 v 使得 $\alpha \in S_v$ 的集. 由习题 13 可知, K 是一个团. 假定它不是最大团, 则存在一个顶点 $w \notin K$, 它与 K 中所有顶点邻接. 这意味着 $\alpha \notin S_w$, 并且对所有的 v 使得 $\alpha \in S_v$, 我们有 $S_v \cap S_w = \varnothing$.

因为 $\alpha \notin S_w$, α 或者小于 S_w 中所有元素, 或者大于 S_w 中所有元素. 假定是前者, 后一种情况的证明是类似的.

我们还假定所有顶点 w 满足上述性质, 选择一个顶点使得 S_w 有最小的左端点. 进一步,如果可能,选择 w,使得 S_w 是左闭的. 换句话说,可以假定没有其他的 S_z 满足与 S_w 相同的性质,即它包含所有 S_w 中最小的元素. (图 21 将帮助你理解这个证明.)

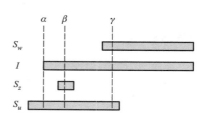

图 21　对于引理证明解释的区间图

考虑区间 I 的定义如下:它的左端点是 α 且右端点与 S_w 的右端点相同. 此外,I 是左闭右开的,或者是右闭的,右开或右闭依赖于 S_w 的右开或右闭. 因此,$S_w \subset I$. 我们断言 $I \subseteq \cup S_v$. 事实上,I 中任何点是在 α 和 S_w 的点之间. 而 $\alpha \in \cup S_v$ 和 $S_w \subseteq \cup S_v$,所以 I 中的任何点是在 $\cup S_v$ 的点之间. 因为这个集是一个区间(见习题 11),I 中任何点依然属于 $\cup S_v$.

因为 S 是一个完全交叉指派,则存在一个顶点 z,使得 $S_z \cap S_w = \varnothing$,但 $S_z \cap I \neq \varnothing$. 这蕴含着 w 和 z 不邻接,由 w 的假设得到,$z \notin K$. 进一步,选择任意的 $\beta \in S_z \cap I$,有 $\beta \in S_z$,$\alpha \leqslant \beta$,且 β 严格小于 S_w 中的所有元素.

我们断言,z 与 K 中每一个顶点邻接. 事实上,如果 $u \in K$,有 $\alpha \in S_u$. 由 w 的假设可知,u 与 w 邻接,所以存在着 $\gamma \in S_u \cap S_w$. 现在有 $\alpha \leqslant \beta < \gamma$. 因为 $\alpha, \gamma \in S_u$,有 $\beta \in S_u \cap S_z$,所以 u 与 z 邻接.

概括如下:我们发现顶点 $z \notin K$(所以 $\alpha \notin S_z$)与 K 中每个顶点邻接. 因为 $\alpha \notin S_z$,α 或者小于 S_z 中的每个元素或者大于 S_z 中的每个元素. 现在 $\beta \in S_z$,所以 α 必定小于 S_z 中每个元素. 这表明,z 满足与 w 相同的条件,且 S_z 包含 β,它小于 S_w 中的所有元素. 这与 w 的选择矛盾,所以 K 是最大团.

一般情况下,当 G 不连通时,很容易地将条件转化成刚才证明的情况. 关于它的证明留作习题 16.

习题

15. 扩充引理的部分证明,这里考虑 α 取任意值. 你应该证明:如果 G 是连通图,且有完全交叉指派 S,$\alpha \in \cup S_v$,K 是顶点 v 使得 $\alpha \in S_v$ 的集合,且 w 与 K 中所有顶点相邻接,则 $w \in K$.

16. 完成引理的证明. 证明当 G 不连通时,上述结论成立.

为方便起见,引进以下记号. 假定 G, r, N 是有最大团 $K_1, \cdots, K_s$ 的交通图,且记 p_i 是 K_i 的顶点数,我们称

$$
\begin{aligned}
\max \quad & \sum p_i d_i \\
\text{s. t.} \quad & \sum_{i: v \in K_i} d_i \geqslant r_v, \quad \forall v \\
& \sum d_i \leqslant N \\
& d_i \geqslant 0, \qquad \forall i
\end{aligned}
$$

为与 G, r, N 相关的 LP,记为 L. 对于交通图中最大团的每个排序,存在着 LP. 然而我们证明了,解的存在与这些排序无关,所以并不介意各种 LP 的差别. 另一方面,为了建立一个分段,需要假定最大团是连贯排列的.

11. 算法

这里,我们要总结一下到目前为止已讨论过的用于寻找给定交通图的分段、交叉指派和相关参数的想法. 在某些情况下,下面的算法或许不能给出确切的答案;但在恰当的时候我们会指出这一点. 我们还提供一些注记,使得一些过程更清楚,并且陈述一些可以确信的定理,这些定理的证明已在别处发表.

11.1 算法

考虑交通图 G, r, N.

(1) 获得 G 的最大团,并确定它们是否能够连贯排序. (对于所讨论的小例子,这个确定可由简单的组合完成[1]①.)如果最大团有连贯排序(即 G 是一个区间图),则转 (2);否则(G 不是一个区间图)转(5).

(2) 用下列方法建立线性规划 L.

a) 变量记为 $d_1, \cdots, d_s$(每个分量对应一个最大团).

b) 对于每个顶点 v,包含 v 的所有团对应的 d 之和 $\geqslant r_v$.

---

① 本节的上标为算法的注记,统一收集在 11.2 节.

c）所有 d 之和必须 $\leqslant N$.

d）所有 d 是非负的.

e）（需要极大化）目标函数是所有 $p_i d_i$ 的和,其中 p_i 为第 i 个最大团的顶点数,转(3).

（3）如果 L 不可行,则交通图不存在分段或交叉指派[2,3],退出.否则计算出最优解 $d_1,\cdots,d_s$ 和 L 的值.定义每个最大团所对应的区间如下:置 $J_1 = [0,d_1)$, $J_2 = [d_1,d_1+d_2)$, $J_3 = [d_1+d_2,d_1+d_2+d_3)$, $\cdots$,则对于每个顶点 v,令 S_v 等于包含 v 的最大团的所有区间的并（即 $S_v = \bigcup_{i:v\in K_i} J_i$）.这定义了交通图的一个最优分段,而且它的分段数是 L 的值.转(4).

（4）如果 $d_i > 0$, $\forall i$,第(3)步描述的过程给出一个最优的交叉指派[4].交叉指派数、分段数和 L 的值均相同,退出.如果某些 $d_i = 0$,求解下列 LP（在这种情况下有最优解）:

$$\min \quad \sum d_i$$
$$\text{s.t.} \quad \sum_{i:v\in K_i} d_i \geqslant r_v, \quad \forall v$$
$$d_i \geqslant 0, \qquad \forall i$$

记此 LP 为 L'.它的最优解（如果有的话）记为 N_0.

我们必有 $N_0 \leqslant N$.如果 $N_0 < N$,则交通图存在一个交叉指派,且它的分段数和交叉指派数等于 L 的值[5,6],退出.如果 $N_0 = N$,算法无结果[7],退出.

（5）用下列方法确定一个与 G 具有相同顶点集的子图 H.以一个空图（即无边图）开始,并一直添加 G 的边,要求得到的子图是一个区间图（注意,空图也是区间图）.当这个过程不能进行时,停止.考虑用此方法得到的每个子图[8],给每个顶点分配相同的值 r_v 和原图已有的 N.转(6).

（6）对于每个使用刚才描述的方法建立起来的子图,和前面第(4)步确定 N_0.

a）如果这些子图中任何一个出现 $N_0 = N$,算法无结果[7].退出.

b）如果所有的子图均有 $N_0 > N$,则 G,r,N 不存在分段[3,9,10].退出.

c）否则,对于那些 $N_0 < N$ 的子图,由第(3)和第(4)步计算交叉指派数,则这些数的最大值是交通图的分段数[9,10].实现这个最大数的子图的一个分段可以由第(3)步

完成. 这是一个原交通图实现它的分段数的一个分段. 退出.

11.2　算法的注记

（1）大的例子需要更复杂的技巧, 详细请见第 12 节, 进一步阅读…….

（2）**定义**　区间交通图(interval traffic graph)是一个交通图 G, r, N, 且 G 是区间图.

（3）**定理 1(分段的存在性)**　一个区间交通图存在分段的充分必要条件是: L 是可行的(L 的可行性并不依赖于最大团的排序). 在这种情况下, L 一定有最优解, 并且分段数等于 L 的值.

（4）**命题(交叉指派的分段)**　假定 L 有可行解, 则这个分段是交叉指派的充分必要条件是: 所有的变量均为正数. 进一步, 在这种情况下, 区间交通图的分段数和交叉指派数均等于 L 的值.

（5）**定理 2(分段数)**　假定 L' 是可行的且有最优值 N_0(见习题 20). 如果 $N_0 < N$, 则区间交通图的分段数和交叉指派数等于 L 的值.

（6）在这种情况下, 我们不知道可实现交叉指派数的交叉指派是否存在, 如果存在, 也不知道如何找到它.

（7）对于实际应用, 这并不重要, 因为在这种情况下, 我们可以给 N 增加任意小的值, 用以获得可确定一个交叉指派的交通图(或交通子图).

（8）在构建子图中时, 添加下一条边有几种可能的选择. 所有这种可能均需要考虑, 一般会得到几个不同的子图.

（9）**定义**　已知图 G, 最大区间支撑子图(maximal interval spanning subgraph)是 G 的一个支撑子图, 并且是一个区间图, 也不被具有此性质的其他子图所包含.

（10）**定理 3(支撑子图的分段)**　令 G, r, N 是交通图, M 是 G 的最大区间支撑子图构成的集合. 假定对于 M 中每个元素 H, 使得与 H, r, N 相关的 LP 是可行的, 这个 LP 还有一个可行解 $d_1, \cdots, d_s$, 满足 $\sum d_i < N$. 则 G, r, N 存在分段的充分必要条件是, 存在 M 中的元素 H, 使得 H, r, N 有一个交叉指派. 在这种情况下, G, r, N 的分段数是此 H, r, N 的最大交叉指派数.

习题

注：下列习题可能需要用到上面的注记.

17. 假定 L 有最优解 $d_1, \cdots, d_s$，证明：$\sum d_i = N$.

18. 证明：使得最大团能够被连贯排序的图是区间图.

19. 证明：如果 L 是可行的，则它有最优解.

20. a) 如果 L' 是可行的，则它有最优解；

b) 如果 L 是可行的，则 L' 也是可行的且 $N_0 \leqslant N$. 在这种情况下，给定 l，则存在 L 的可行解 $d_1, \cdots, d_s$ 使得 $\sum d_i = l$ 当且仅当 $N_0 \leqslant l \leqslant N$.

21. 命题（交叉指派的分段）和定理 2（分段数）给出保证交叉指派数等于 L 的值的条件. 证明：这些条件是独立的. 特别考虑如下：

a) L 有最优解 $d_1, \cdots, d_s$ 且 $d_i > 0$，$\forall i$；

b) L 有可行解 $d_1, \cdots, d_s$，使得 $\sum d_i < N$.

你要找出满足 a) 且不满足 b) 的交通图，和满足 b) 且不满足 a) 的交通图. 提示：考虑图 22 所示的图.

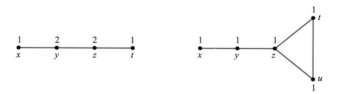

图 22　习题 21 的图形

22. 令 G, r, N 是存在分段的区间交通图，证明：它的分段数是最大值，即存在着 G, r, N 的分段，它的度量得分是分段数.

23. （此习题有相当大的难度，可能更适合于课堂讨论）. 求出图 23 所示交叉路口的交通图的分段数. 除去明显的不相容外，我们规定：a 与 d 和 f 不相容；b 与 c 和 e 不相容；c 与 e 不相容；以及 d 与 f 不相容. 最小绿灯时间：a 和 b 为 45 s，c 为 21 s，d

和 f 为 30 s,且 e 为 36 s. 假定 $N = 135$.

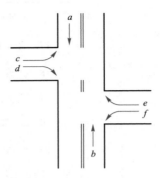

图 23　习题 23 的交叉路口

24. 求出习题 23 所示的交通路口的一个分段,且该分段实现它的分段数.

25. 考虑图 24 所示交叉路口.

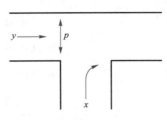

图 24　习题 25 的交叉路口

a) 假定 x 与 y 是相容的,p 与 x 也是相容的. 令 $r_p = 65$,$r_x = 45$,$r_y = 50$,$N = 110$ 时间单位. 你能找到一个调度吗?

b) 求解 L' 得到 N_0;

c) 使用 $N = 115$ 个单位时间,求一个最优调度. 确定你是否得到一个分段或者是交叉指派;

d) 令 $N = 120$. 求两个不同的最优调度,且它们有相同的绿灯总时间,并确定它们是否是分段或者是交叉指派;

e) 对于 c) 和 d) 的情形,能否进行改进从而提高绿灯总时间.

26. 考虑图 25 所示交叉路口.

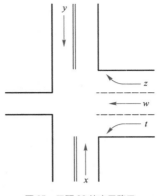

图 25 习题 26 的交叉路口

a）假定只有 x 与 w、x 与 t、y 与 t 和 y 与 w 的交通流不相容．画出对应的图，给出交通流合理的最小绿灯时间、循环长度，并求出相应的调度．你得到的调度属于什么类型？

b）若 x 与 z 不相容，重新完成问题 a）；

c）在现有条件下 a）和 b）的解能改进吗？

12. 进一步阅读的意见和建议

交通信号灯的分段是一个复杂的问题，它涉及经验的测定和理论的考虑．我们提出的模型，从所有相关的方面考虑，抽象成几个适合使用标准数学工具的处理方法．其他问题的详细处理见参考文献．Hurd 等人［1955］讨论了我们认可的各种参数，这些参数近似值的确定部分依赖于理论、部分依赖于观察．例如，Hurd 等人给出确定黄灯长度的方法，将它考虑成停车时间（行驶车辆停止的时间）和清除时间（它取决于如路口的宽度、停车时间等因素）．他们还给出总延迟的公式（当绿灯亮后，包括全部车辆在内的总启动时间）．这个公式是红灯长度和停止车辆数的函数，包括那些以经验为主的观测参数．他们认为，当红灯区间尽可能地短时，延迟会尽可能地小．

还可以将概率引入模型．车辆的到达可用 Poisson 过程建模，当车辆数远远大于平均值时,能够确定在循环中会产生车辆的积累.一种可以打破这种状态的方法是,循环尽量短以避免额外的延迟,或者是循环足够长使循环中累积的车辆数在一个可接受的水平之内.

作为详细讨论的结果,原则上能够找到某些类型图的最优分段或最优交叉指派.虽然如此,我们对简化所留下的某些问题值得进一步考虑.

对于非常小的例子,容易找到包含在图中的最大团,并确定是否能连贯排序,从而确定所给定图是否是区间图.这种反复试验的方法,对于大的图是不可取和费时的.

存在系统的方法来组织和简化需要考虑的任务.建议你参考 Golumbic［1980］的文章,在文章中详细讨论了这些课题,现简要概括如下:一个区间图的每个简单圈均有弦［Golumbic 1980,定理 8.4］(为了使陈述更清楚,我们提醒你,图中的圈是一个给定的顶点序列 $v_0, \cdots, v_k$ 且 $k \geqslant 2$,对于 $0 \leqslant i \leqslant k$,有 v_i 与 v_{i+1} 邻接.为方便起见记 $v_{k+1} = v_0$.简单意味着顶点是不同的,而圈中的(三角)弦是形如 $\{v_i, v_{i+2}\}$ 的边,对于某个 $i, 0 \leqslant i \leqslant k$,这里再一次简化,记 $v_{k+2} = v_1$).

对于给定的图,识别这个性质所花的时间是关于图的顶点数和边数的线性时间［推论 4.6］.进一步,如果图有这样的性质,每个简单圈均有弦,则它的最大团一定能在线性时间内找到［定理 4.17］.最后,检查最大团是否能被连贯排序也是线性时间,这个结果是由 Booth 和 Leuker 得到的［定理 8.5］.

这里提出的结果仅选取自 Roberts［1979］、Opsut 和 Roberts［1981,1983a,1983b］众多研究资料的一部分.他们不仅考虑区间图的指派,还考虑各种类型的集,以及这些模型的众多应用.这些论文还包括利用线性规划求解所产生的计算问题的讨论.

由 Fulkerson 和 Gross 给出的区间图的描述并不容易使用,关于圈的不同表述方法,见 Gilmore 和 Hoffman 的文章［1964］.

13. 习题解答

1. 在包含给定团的所有团中,考虑最大顶点数的团.

2. 交换团的排序会导致交换线性规划中变量 d_1 和 d_2 的次序.所以最优解是 $d_1 =$

$15, d_2 = 25$. 然后得到 $S_y = [0,15)$, $S_x = [0,40)$, $S_z = S_w = [15,40)$. 其解的本质是相同的, 仅有的差别是从原点起时间的长度为 15 s.

3. 可能的因素: 交通密度、街道宽度、汇集交叉路口的街道数.

4. 可能的答案是: 最大化最小绿灯时间、最小化最大红灯时间、最小化每次循环中信号灯的变化次数.

5. 例如, 通过移动或伸展图 13 中绿灯和红灯的周期, 你可以找到另一个最优解. 通过这个方法, 得到 $d_1 = 35$, $d_2 = 15$, $d_3 = 5$, $d_4 = 15$, 并包括 $S_z = [0,35)$, $S_p = [55,70)$, $S_y = [50,70)$, $S_x = [0,55)$ 和 $S_w = [35,50)$. 这个指派, 即是交叉指派, 也是一个分段 (不同于正文中给出的分段).

6. 像前面一样, 记团为 $K_1 = \{x,z\}$, $K_2 = \{x,w\}$, $K_3 = \{x,y\}$ 和 $K_4 = \{p,y\}$. 因为 x 属于 K_1, K_2 和 K_3, 这些团在排序上必须是连贯的. 进一步, y 属于 K_3 和 K_4, 所以这两个团必须互为前后. 我们得到的结论是: 最大团的连贯排序是 (K_1, K_2, K_3, K_4), (K_2, K_1, K_3, K_4), (K_4, K_3, K_1, K_2) 和 (K_4, K_3, K_2, K_1).

7. 最大团为 $K_1 = \{x,z\}$, $K_2 = \{x,w\}$, $K_3 = \{x,y\}$, $K_4 = \{p,y\}$. 连贯排序是 (K_1, K_2, K_3, K_4), (K_2, K_1, K_3, K_4), (K_4, K_3, K_1, K_2) 和 (K_4, K_3, K_2, K_1).

改变排序并不改变解的本质, 只是改变变量的次序. 例如, 对于排序 (K_2, K_1, K_3, K_4), 其最优解是 $(15, 40, 0, 15)$. 相应的调度是 $S_z = [15,55)$, $S_p = S_y = [55,70)$, $S_x = [0,55)$, $S_w = [0,15)$.

8. 对于排序 $K_1 = \{w,z\}$, $K_2 = \{z,v\}$, $K_3 = \{v,x,y\}$, $K_4 = \{y,t,v\}$, 相应的 LP 是

$$\max \quad 2d_1 + 2d_2 + 3d_3 + 3d_4$$

$$
\begin{aligned}
\text{s. t.} \quad d_1 &\geqslant 18 \\
d_1 + d_2 &\geqslant 18 \\
d_2 + d_3 + d_4 &\geqslant 10 \\
d_3 &\geqslant 15 \\
d_3 + d_4 &\geqslant 20 \\
d_4 &\geqslant 20 \\
d_1 + d_2 + d_3 + d_4 &\leqslant 60 \\
d_1, d_2, d_3, d_4 &\geqslant 0
\end{aligned}
$$

LINDO 给出 $d_1 = 18, d_2 = 0, d_3 = 22, d_4 = 20$ 个单位时间. 相应的调度是一个分段.

注:如果你得到不同的最优解,请别担心. 事实上,最优解的通解由如下形式 $(18, 0, d_3, 42 - d_3)$ 给出,其中 $15 \leqslant d_3 \leqslant 22$. 容易验证它们是可行解,并有相同的目标函数值为 162. 反之,如果 (d_1, d_2, d_3, d_4) 是一个最优解,则 $(e_1, e_2, e_3, e_4) = (18, 0, d_3 + d_1 - 18 + d_2, d_4)$ 也是一个可行解,其目标函数值为

$$2e_1 + 2e_2 + 3e_3 + 3e_4 = 2d_1 + 2d_2 + 3d_3 + 3d_4 + d_1 - 18 + d_2$$

因为 $d_1 - 18 + d_2 \geqslant 0$,我们有

$$2d_1 + 2d_2 + 3d_3 + 3d_4 + d_1 - 18 + d_2 \geqslant 2d_1 + 2d_2 + 3d_3 + 3d_4$$

但 (d_1, d_2, d_3, d_4) 是最优解,所以 $d_1 - 18 + d_2 = 0$. 已知 $d_1 \geqslant 18, d_2 \geqslant 0$,其结果为 $d_1 = 18$, $d_2 = 0$ 和 $d_3 + d_4 = 42$. 最后,$d_4 = 42 - d_3 \geqslant 20$,蕴含着 $d_3 \leqslant 22$.

9. 对于交通图的所有分段(或所有交叉指派),只需证明 $\sum |S_v|$ 有界. 但这是显然的,因为 Nn 是一个上界,这里 n 是 G 的顶点数.

10. 对于左边的图,满足所有约束的分段为 $S_x = [0, 1), S_y = [0, 2), S_z = [2, 4)$ 和 $S_t = [3, 4)$. 对于右边的图,已知 x, y 和 z 是不相容的,我们至少需要 $r_x + r_y + r_z = 5$ 个单位时间才能满足约束.

11. 我们证明 $U = \cup_v S_v$ 是一个区间,也就是需要证明这个集包含它任意两个顶点之间的所有元素. 假定 $p < r < q$ 且 $p \in S_v, q \in S_w$. 因为 G 是连通的,存在着 G 中的一条路径 $z_1, \cdots, z_n$ 且 $z_1 = v$ 和 $z_n = w$. 因为区间 S_{z_i} 与下一个区间 $S_{z_{i+1}}$ 相交,由归纳假设,显然,$U' = \cup S_{z_i}$ 是一个区间. 但 $p, q \in U'$,所以 $r \in U'$,因此 $r \in U$.

一个反例是,构造仅有两个顶点 x, y 且无边的图,定义交叉指派为 $S_x = [0, 1)$, $S_y = [1, 2)$.

12. 如果给定的交叉指派 S 不是完全的,则存在着顶点 w,使得区间 I 满足 $S_w \subset I \subseteq \cup S_v$,并对每个与 w 不同且不邻接的顶点 v,有 $S_v \cap I = \varnothing$. 为简洁起见,在证明中,称这样的顶点 w 是 S 亏损的(defective). 只需证明亏损的顶点数至少可以减少 1 即可. 为了证明这一结论,固定 S 亏损的顶点 w 且记第一个 $S_w = \varnothing$. 对于其他的顶点,因为 I 非空,且 $I \subseteq \cup S_v, I$ 将与某个 S_v 相交,而 v 是不同于 w 的顶点而且与 w 不相邻.

现在考虑所有此类区间 I 的并 J. 因为 J 是非空交集区间的并, 所以它也是一个区间. 定义 $T_v = S_v$ 对于 $v \neq w$, 且 $T_w = J$. 我们有, T 是 G 的一个交叉指派. 注意: $J \supset S_w$. 假定 v 与 w 邻接, 则不等式 $S_v \cap S_w \neq \varnothing$ 蕴含着 $S_v \cap J \neq \varnothing$, 即 $T_v \cap T_w \neq \varnothing$. 现在假定 $v \neq w$ 且 $S_v \cap J \neq \varnothing$. 由 J 的定义, 存在具有上述性质的区间 I 使得 $S_v \cap I \neq \varnothing$. 现在, 由 I 的假设, v 与 w 邻接.

还需注意: 对于所有的 v, 有 $T_v \supseteq S_v$, 所以 $|T_v| \geqslant |S_v|$, 且 $\cup T_v = \cup S_v$.

为了证明亏损的顶点数至少已减少了 1 个, 我们陈述两个事实:

- w 不是 T 亏损的.

- 如果一个顶点是 T 亏损的, 则它也是 S 亏损的.

关于第一点, 注意 $\cup T_v = \cup S_v$, 并假定存在着区间 L 使得 $J \subset L \subseteq \cup S_v$ 且 $L \cap T_v = \varnothing$, 对于每个 $v \neq w$ 且不与 w 邻接的顶点成立. 因此, $L \supset S_w$, 并且因为 $T_v \supseteq S_v$, 有 $L \cap S_v = \varnothing$, 对于每个 $v \neq w$ 且不与 w 邻接的顶点成立. 这就证明了 L 是区间并 J 中的某一个, 与 $J \subset L$ 矛盾.

至于第二点, 令 u 是 T 亏损的, 且 $u \neq w$. 存在着区间 L 使得 $T_u \subset L \subseteq \cup S_v$ 且 $L \cap T_v = \varnothing$, 对于每个 $v \neq u$ 且不与 u 邻接的顶点成立. 因为 $S_v \subseteq T_v$, 我们还有 $L \cap S_v = \varnothing$, 对于每个 $v \neq u$ 且不与 u 邻接的顶点成立. 但 $S_u = T_u$, 所以能够得到所要的结论: u 是 S 亏损的.

13. 令 K 是顶点 v 使得 $\alpha \in S_v$ 构成的集合. 如果 v 和 w 是 K 中不同的元素, 则 $\alpha \in S_v \cap S_w$. 由分段的定义, v, w 是邻接的.

14. 考虑图 19 和图 20 的区间图和交叉指派. 你可以取 $\alpha = 100$. 这个交叉指派不是完全的.

15. 我们可以附加假定: α 大于 S_w 中的所有元素 (其他的情况在正文中已处理). 对于每个顶点 v, 令 $T_v = \{\beta : -\beta \in S_v\}$. 通常是证明: T 是一个完全交叉指派且 $-\alpha \in \cup T_v$. 进一步, 使得 $-\alpha \in T_v$ 的顶点 v 的集合还是 K, 且 $-\alpha$ 小于 T_w 中的所有元素. 得到的结果就是在正文中证明的情况.

16. 令 G 是区间图, S 是完全交叉指派, 且 $\alpha \in \cup S_v$. 我们希望证明: 使得 $\alpha \in S_v$ 的顶点集 K 是最大团. 可知它是一个团, 只需证明它是最大的.

因为 K 是连通的, 它一定包含在 G 的连通分支 H 中. 现在, H 是连通图, 且 $(S_v)_{v \in H}$

是它的一个交叉指派. 它还是完全的, 如果 I 是一个区间, 使得 $S_w \subset I \subseteq \bigcup_{v \in H} S_v \subseteq \bigcup_{v \in G} S_v$, 则可知, 存在一个 G 中的顶点 z 使得 $S_z \cap S_w = \varnothing$, 但 $S_z \cap I \neq \varnothing$. 因为 $I \subseteq \bigcup_{v \in H} S_v$, $S_z \cap S_u \neq \varnothing$ 对于某个 $u \in H$ 成立, 因此, z 与 u 邻接. 但 H 是一个连通分支, 所以 $z \in H$. 因为 K 是 H 中满足 $\alpha \in S_v$ 顶点 v 的集合, 由习题15, K 是 H 的最大团. 它也是 G 的最大团, 因为 H 是一个连通分支.

17. 反证法. 假设 $\sum d_i < N$. 则可用 $d_i' = d_i + \varepsilon$ 替换 d_i, 且存在某个 $\varepsilon > 0$ 使得它还是 L 的可行解. 实际上, 取 $\varepsilon = \left(N - \sum d_i \right) / s$, 则有

$$\sum_{i : v \in K_i} d_i' \geqslant \sum_{i : v \in K_i} d_i \geqslant r_v$$

对所有的顶点 v 成立, 并且

$$\sum d_i' = \sum (d_i + \varepsilon) = \sum d_i + s\varepsilon = N$$

但

$$\sum p_i d_i' = \sum p_i d_i + \varepsilon \sum p_i > \sum p_i d_i$$

这与 $d_1, \cdots, d_s$ 是最优解矛盾.

18. 按照算法的描述来说明. 令 G 是一个具有最大团 $K_1, \cdots, K_s$ 连贯排序的图. 选择 s 个任意的正数 $d_1, \cdots, d_s$, 并考虑 s 个区间

$$J_i = \left[\sum_{h=1}^{i-1} d_h, \sum_{h=1}^{i} d_h \right), \quad 1 \leqslant i \leqslant s$$

对于每一个顶点 v, 令 $S_v = \bigcup_{i : v \in K_i} J_i$. 我们证明 $S = (S_v)_v$ 是 G 的交叉指派.

考虑任意的顶点 v, 由假设, 最大团是连贯排序的, v 属于 $K_h, K_{h+1}, \cdots, K_l$, 但不属于其他的最大团; 所以有 $S_v = J_h \cup J_{h+1} \cup \cdots \cup J_l$, 且是一个区间.

下面证明: 如果 v, w 是不同的顶点且满足 $S_v \cap S_w \neq \varnothing$, 则 v 与 w 相邻. 令 $\alpha \in S_v \cap S_w$, 则 $\alpha \in J_h$ 且 $v \in K_h$, 并有 $\alpha \in J_r$ 且 $w \in K_r$, 所以 $h = r$, 和 v 与 w 邻接.

为了完成整个证明, 我们需要证明, 如果 v, w 邻接, 则 $S_v \cap S_w \neq \varnothing$. 事实上, $\{v, w\}$ 是一个团, 由习题1, v 和 w 属于最大团 K_i. $\varnothing \neq J_i \subseteq S_v \cap S_w$, 所以 $S_v \cap S_w \neq \varnothing$.

19. 假设 LP 是可行的. 为了证明它有最优解, 仅需证明: 对于所有的可行解目标函

数有界.但这是显然的,因为 $N\max_i p_i$ 是一个上界.

20. a) 注意:对于每一个 L' 的可行解 $d_1,\cdots,d_s$,有 $\sum d_i \geqslant 0$;

b) 如果 L 有可行解,则它有最优解 $d_1,\cdots,d_s$,并且它还是 L' 的可行解.由习题 17,$\sum d_i = N \geqslant N_0$.类似的讨论证明:如果对于 L 的可行解有 $l = \sum d_i$,则 $N_0 \leqslant l \leqslant N$.最后,令 $N_0 \leqslant l \leqslant N$.考虑 L' 的最优解 $d_1,\cdots,d_s$,则 $d_1',d_2,\cdots,d_s$,其中 $d_1' = d_1 + l - N_0$,是 L 的可行解且 $d_1' + \sum_2 d_i = l$.

21. 对于图 22 左图,取 $N=3$,则 L 是

$$\max \quad 2d_1 + 2d_2 + 2d_3$$

$$\text{s. t.} \qquad d_1 \quad \geqslant \quad 1$$
$$d_1 + d_2 \quad \geqslant \quad 2$$
$$d_2 + d_3 \quad \geqslant \quad 2$$
$$d_3 \quad \geqslant \quad 1$$
$$d_1 + d_2 + d_3 \quad \leqslant \quad 3$$
$$d_1, d_2, d_3 \quad \geqslant \quad 0$$

它的最优解 $d_1 = d_2 = d_3 = 1$,所以 a)成立.这个 LP 的最优值为 6.另一方面,由习题 20,条件 b)等价于下列 LP 的最优值小于等于 3.

$$\min \quad d_1 + d_2 + d_3$$

$$\text{s. t.} \qquad d_1 \quad \geqslant \quad 1$$
$$d_1 + d_2 \quad \geqslant \quad 2$$
$$d_2 + d_3 \quad \geqslant \quad 2$$
$$d_3 \quad \geqslant \quad 1$$
$$d_1, d_2, d_3 \quad \geqslant \quad 0$$

但前 4 个不等式相加,我们得到 $2(d_1 + d_2 + d_3) \geqslant 6$,所以对于任何可行解(任何最优解)有 $d_1 + d_2 + d_3 \geqslant 3$.或者运行 LINDO 软件来验证这个 LP 的值是 3.

对于右图仍取 $N=3$,并选择 $K_1 = \{x,y\}, K_2 = \{y,z\}, K_3 = \{z,t,u\}$ 是最大团的排序.

则 L 是

$$\max \quad 2d_1 + 2d_2 + 3d_3$$

$$\text{s. t.} \qquad d_1 \quad \geqslant \quad 1$$
$$d_1 + d_2 \quad \geqslant \quad 1$$
$$d_2 + d_3 \quad \geqslant \quad 1$$
$$d_3 \quad \geqslant \quad 1$$
$$d_3 \quad \geqslant \quad 1$$
$$d_1 + d_2 + d_3 \quad \leqslant \quad 3$$
$$d_1, d_2, d_3 \quad \geqslant \quad 0$$

它的最优值为 8. 为了确定 N_0,求解

$$\min \quad d_1 + d_2 + d_3$$

$$\text{s. t.} \qquad d_1 \quad \geqslant \quad 1$$
$$d_1 + d_2 \quad \geqslant \quad 1$$
$$d_2 + d_3 \quad \geqslant \quad 1$$
$$d_3 \quad \geqslant \quad 1$$
$$d_3 \quad \geqslant \quad 1$$
$$d_1, d_2, d_3 \quad \geqslant \quad 0$$

因为这个 LP 的最优值为 2,满足条件 b). 另一方面,如果 d_1, d_2, d_3 是 L 的最优解,从最后一个不等式有 $d_3 \leqslant 3 - (d_1 + d_2)$,所以

$$8 = 2d_1 + 2d_2 + 3d_3 \leqslant 2(d_1 + d_2) + 3(3 - (d_1 + d_2)) = 9 - (d_1 + d_2)$$

于是 $d_1 + d_2 = 1$,并由于 $d_1 \geqslant 1$,蕴含着 $d_2 = 0$,故条件 a)不成立.

22. 由定理 1(分段的存在性),L 是可行的,所以(由习题 19)它有最优解,类似于算法的第 (3)步,产生一个最优分段.

23. 交通路口对应的图由图 26 所示.

类似于图 14 所示图的讨论,可证明这个图不是一个

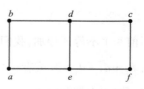

图 26　习题 23 的解

区间图.

按照算法,对于非区间图给出确切的证明可能是冗长和乏味的,所以我们选择某种捷径来简化这个工作.使用定理3(支撑子图的分段)来计算分段数.

为了得到一个最大支撑子图,且它还是一个区间图,必须去掉某些边使两个正方形消失.容易看到,如果去掉中间的边 de 可以得到六边形,它仍然不是区间图.结论是需要去掉两条边,使剩下的图中不存在正方形.应用这种方法,可以得到15个交通子图,其中有9个如图27所示.其余的图,Ⅱb,Ⅲb,Ⅴb,Ⅶb,Ⅷb 和Ⅸb,是与图中对应编号关于中垂线对称的图(当然,编号和持续时间不变).

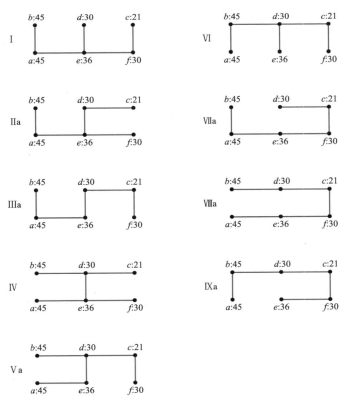

图27　习题23的交通图

为了使用定理3(支撑子图的分段)找到给定图的分段数,我们必须证明这15个子图是区间图.注意,作为图(即不考虑 r_i 和 N),它们恰好只有三种形式,如图28所示.标号已表明最大团的连贯排序,也就证明了这些图确实是区间图.

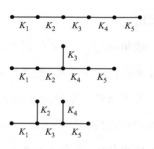

图28　对应图27中交通图的区间图

下面要确定与交通子图相关的 15 个 LP 哪些是可行的,并且对那些可行的线性规划给出可行解,使变量的和严格小于 N,如定理 3(支撑子图的分段)所需要的.

为了方便起见,对于所有子图的边始终使用统一的标号,如图 29 所示.注意,那些边还是子图的最大团;我们同样使用该标号作为 LP 的变量.

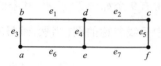

图29　标记图26的边

原则上必须检查 15 个 LP,或者用 LINDO 求解,但注意到这些线性规划之间的密切关系,能够更有效地完成这项工作.确实,如果考虑图 26 所示原图的所有限制,就能得到与 15 个子图之一相关的 LP,再加上两个变量为零的条件(实际上可以忽略目标函数,因为在这里仅需要可行解).从这点来说,我们的任务可以简化,如果能找到关于原图系统的解,其中可能会有许多变量为零,这些解通常能满足若干个 LP.

考虑下列系统

$$e_3 + e_6 \geqslant 45$$
$$e_1 + e_3 \geqslant 45$$
$$e_2 + e_5 \geqslant 21$$
$$e_1 + e_2 + e_4 \geqslant 30$$
$$e_4 + e_6 + e_7 \geqslant 36$$
$$e_5 + e_7 \geqslant 30$$
$$e_1 + e_2 + e_3 + e_4 + e_5 + e_6 + e_7 \leqslant 135$$
$$e_1, e_2, e_3, e_4, e_5, e_6, e_7 \geqslant 0$$

这个系统足够简单,可通过手工的方法得到需要的解(如果你宁愿找一个更复杂的系统逼近,可以利用软件包来求解该系统,取目标函数为所有变量的和,这将会使几个变量变为零). 通过检验我们得到:$e_2 = 30, e_3 = 45, e_7 = 36$, 其余的变量等于零, 它是这个系统的解, 并且它还是包含边为 e_2, e_3 和 e_7 那些子图对应系统的解, 也就是图 IIa, Vb, VIIa, VIIIb 和 IXa 对应系统的解. 还注意到, 这个解满足 $e_1 + \cdots + e_7 < N$.

现在选择一个前面计算没有涉及的图, 例如子图 I, 来完成相关的计算. 现在考虑的系统是

$$e_3 + e_6 \geqslant 45$$
$$e_3 \geqslant 45$$
$$e_5 \geqslant 21$$
$$e_4 \geqslant 30$$
$$e_4 + e_6 + e_7 \geqslant 36$$
$$e_5 + e_7 \geqslant 30$$
$$e_3 + e_4 + e_5 + e_6 + e_7 \leqslant 135$$
$$e_3, e_4, e_5, e_6, e_7 \geqslant 0$$

我们取 $e_3 = 45, e_4 = 36, e_5 = 30$, 其余的变量为零. 这表明与图 I, IIIa, IIIb 和 VI 相关的 LP 是可行的, 且存在着满足定理条件的解.

与 IV 相关的 LP 是不可行的, 因为它的某些约束是 $e_6 \geqslant 45, e_1 \geqslant 45, e_2 \geqslant 21, e_7 \geqslant 30$, 这与 $e_1 + e_2 + e_4 + e_6 + e_7 \leqslant 135$ 不相容.

下面考虑 IIb, 对于该子图, 我们取 $e_1 = 45, e_5 = 30, e_6 = 45$, 其余的变量为零. 这表明与 IIb, Va, VIIb, VIIIa 和 IXb 相关的 LP 满足我们需要的条件.

由定理 2 (分段数), 与 14 个子图之一相关的 LP 有交叉指派数, 且等于 LP 的值. 另一方面, 由习题 17, 如果 $d_1, \cdots, d_s$ 是其中一个 LP 的最优解, 则有 $\sum d_i = N$, 而且知道, 子图的最大团均由两个顶点构成, 则 LP 的值是 $2 \sum d_i = 2N = 270$. 现在使用定理 3 (支撑子图的分段), 我们得到结论: 这还是原交通图的分段数.

24. 只需找出可实现它的交叉指派数的最大支撑子图之一的分段即可. 例如, 选择图 27 中编号为 I 的子图, 并求解相关的 LP, 得到 $e_3 = 75, e_6 = 0, e_4 = 30, e_7 = 9, e_5 = 21$ (这

个顺序表明最大团的连贯排序). 使用通常的方式确定分段, 得到 $S_a = S_b = [\,0,75\,)$, $S_c = [\,114,135\,)$, $S_d = [\,75,105\,)$, $S_e = [\,75,114\,)$, $S_f = [\,105,135\,)$.

25. a) 没有调度满足要求, 因为 $r_p + r_y = 115 > 110$;

b) 需要求解的 LP 是

$$\min \quad d_1 + d_2$$
$$\text{s.t.} \quad d_1 \quad \geqslant \quad 65$$
$$d_1 + d_2 \quad \geqslant \quad 45$$
$$d_2 \quad \geqslant \quad 50$$
$$d_1, d_2 \quad \geqslant \quad 0$$

其值是 $N_0 = 115$;

c) 求解.

$$\max \quad 2d_1 + 2d_2$$
$$\text{s.t.} \quad d_1 \quad \geqslant \quad 65$$
$$d_1 + d_2 \quad \geqslant \quad 45$$
$$d_2 \quad \geqslant \quad 50$$
$$d_1 + d_2 \quad \leqslant \quad 115$$
$$d_1, d_2 \quad \geqslant \quad 0$$

其结果是 $d_1 = 65$, $d_2 = 50$ 个单位时间. 相应的调度为 $S_p = [\,0,65\,)$, $S_x = [\,0,115\,)$, $S_y = [\,65,115\,)$. 它是一个交叉指派, 所以也是一个分段;

d) 可能的调度是 $d_1 = 70$, $d_2 = 50$ 和 $d_1 = 65$, $d_2 = 55$, 绿灯总时间是 240. 这些调度是交叉指派, 所以也是分段;

e) 这些调度不能再改进(见算法的第 (4) 步).

26. a) 见图 30. 选取最大团的排序 $K_1 = \{x,y,z\}$, $K_2 = \{z,t,w\}$. 约定 $r_x = 65$, $r_y = 50$, $r_z = 110$, $r_t = 80$, $r_w = 70$ 和 $N = 145$ 单位时间. 对应的 LP 是

图 30 习题 26 (a) 解的图

$$\max \quad 3d_1 + 3d_2$$

$$\text{s. t.} \qquad d_1 \quad \geqslant \quad 65$$

$$d_1 \quad \geqslant \quad 50$$

$$d_1 + d_2 \quad \geqslant \quad 110$$

$$d_2 \quad \geqslant \quad 80$$

$$d_2 \quad \geqslant \quad 70$$

$$d_1 + d_2 \quad \leqslant \quad 145$$

$$d_1, d_2 \quad \geqslant \quad 0$$

其值为 435 个时间单位,且 $d_1 = 65$, $d_2 = 80$. 相应的调度为 $S_x = S_y = [0, 65)$, $S_z = [0, 145)$, $S_w = S_t = [65, 145)$, 它是一个交叉指派.

b) 对应的图如图 31 所示. 选择与上面相同的 r 值,但取 $N = 180$.

选择最大团的连贯排序 $K_1 = \{x, y\}$, $K_2 = \{y, z\}$, $K_3 = \{z, t, w\}$. 对应的 LP 是

图 31　习题 26b)解的图

$$\max \quad 2d_1 + 2d_2 + 3d_3$$

$$\text{s. t.} \qquad d_1 \qquad \geqslant \quad 65$$

$$d_1 + d_2 \qquad \geqslant \quad 50$$

$$d_2 + d_3 \quad \geqslant \quad 110$$

$$d_3 \quad \geqslant \quad 80$$

$$d_3 \quad \geqslant \quad 70$$

$$d_1 + d_2 + d_3 \quad \leqslant \quad 180$$

$$d_1, d_2, d_3 \quad \geqslant \quad 0$$

最优解是 $d_1 = 65$, $d_2 = 0$, $d_3 = 115$, 对应的调度为 $S_x = S_y = [0, 65)$, $S_z = S_w = S_t = [65, 180)$. 它是一个分段,但不是交叉指派,因为 y 与 z 相容但 $S_y \cap S_z = \varnothing$.

c) 由交叉指派的分段的命题和定理 1(分段的存在),这些指派不能再被改进了.

参考文献

Fulkerson, D. R. , O. A. Gross. 1965. Incidence matrices and interval graphs. Pacific Journal of Mathematics, 15 : 835 – 855.

Gilmore, P. C. , A. J. Hoffman. 1964. A characterization of comparability graphs and of interval graphs. Canadian Journal of Mathematics, 16 : 539 – 548.

Golumbic, Martin. 1980. Algorithmic Graph Theory and Perfect Graphs. New York : Academic Press.

Hurd, Frederick W. , Theodore M. Matson, et al. 1955. Traffic Engineering. New York : McGraw-Hill.

Opsut, Robert J. , Fred S. Roberts. 1981. On the fleet maintenance, mobile radio frequency, task assignment, and traffic phasing problems. Theory and Applications of Graphs, edited by Gary Chartrand, 479 – 492. New York : Wiley.

Opsut, Roberts. 1983a. Optimal I – intersection assignments for graphs : A linear programming approach. Networks, 13 : 317 – 326.

Opsut, Roberts. 1983b. I – colorings, I – phasings, and I – intersection assignments for graphs, and their applications. Networks, 13 : 327 – 345.

Roberts, Fred S. 1979. On the mobile radio frequency assignment problem and the traffic light phasing problem. Annals of New York Academy of Sciences, 319 : 466 – 483.

Stoffers, Karl E. 1968. Scheduling of traffic lights – A new approach. Transportation Research, 2 : 199 – 234.

Van Vuren, Tom, Dirk Van Vliet. 1992. Route Choice and Signal Control : The Potential for Integrated Route Guidance. Aldershot, Hants, UK : Avebury Press.

7 纸牌、编码和大袋鼠

Cards, codes, and kangaroos

丁颂康　编译　谭永基　审校

摘要:

Kruskal 计数是由数学家(不是魔术师)Martin Kruskal 发明的一种纸牌戏法. 该戏法的数学基础与 Pollard 的"大袋鼠"方法有关. 这种方法的设计是为了解决以下离散对数问题: 给定一个有限循环群 $G = \langle g \rangle$, 以及 $X \in G$, 找出 $n \in \mathbf{Z}$ 使得 $g^n = X$. 将对这种纸牌戏法进行探讨, 揭开其中的秘密, 并揭示上述离散对数和密码、马氏链的关系.

原作者:

Lindsey R. Bosko-Dunbar

Dept. of Natural Sciences and

Mathematics, West Liberty

University, West Liberty,

WV 26074.

lindsey. bosko@ westliberty. edu

发表期刊:

The UMAP Journal, 2011, 32(3):

199 – 236.

数学分支:

数值分析

应用领域:

游戏

授课对象:

大学本科学生或者抽象代数和线性代数专业的一年级研究生

预备知识:

循环群, 生成元, 模算法, 矩阵逆, 用于计算机代数系统的模算法和因子分解函数, 期望值, 关于马氏链的标准结果.

目 录:

1. 引言

这个案例,首先在第 2 节介绍了一种纸牌戏法,并举了戏法成功的例子. 在揭开其秘诀之前,我们先描述几种依赖于离散对数问题(discrete logarithm problem,简记 DLP)的隐秘系统(第 3 节). 这些命题之间的关联是 Pollard 的"大袋鼠"方法,它对于 DLP 和戏法的基础而言是关键. 第 4 节,我们在揭开戏法秘密的同时,还将讨论在密码学、离散对数、纸牌和大袋鼠之间的许多联系. 第 5 节,在进一步讨论纸牌戏法之前,我们将建立一些关于马氏链(Markov chains)的结果. 然后在第 6 节,我们将建立纸牌戏法的马氏过程模型. 马氏链分析的结果进一步证实纸牌戏法"可能"成功. "可能"是第一位公布这种戏法的人 Martin Gardner 采用的精准的用词,他的意图是表明这种戏法有别于经典的魔术师的戏法. 第 7 节中,我们也完成了建立在戏法的一种修正模式基础上的概率分析,提出了戏法失败概率的一个上界.

2. 一种纸牌戏法

一群数学家在一起聚会. 为了招待她的同伴,她拿出一副 52 张牌的标准扑克,开始了她的戏法表演:

作为庄家,她首先告诉观众,每张牌将对应一个值,A 对应 1,人头牌(J、Q、K)对应 5,其他牌对应牌面上的点数. 接着她邀请一位玩家,让他从 1 到 10 中记下一个数. 然后她开始一张一张地发牌,牌面向上. 当发出牌的张数等于玩家心中选择的那个数,玩家就要默默记下那张牌对应的值,我们称那张牌为第一张主牌. 玩家继续从这张牌开始在心里计数,当庄家发出牌的张数等于第一张主牌的值,对应的牌就是玩家的第二张主牌.

举个例子,玩家开始选的是 4,庄家发出的前 4 张牌是 A,10,2,8;那么玩家的第一张主牌就是 8,从这张 8 开始后面的第 8 张牌就是玩家的第二张主牌.

　　游戏继续,按照这种方法从一张主牌找出下一张主牌,直到 52 张牌全部发完.这时,庄家宣布,她相信她所挑出的那张牌一定是玩家的最后一张主牌(意思是庄家能猜出玩家的最后一张主牌——编译者注).令人惊讶的是,庄家居然猜对了.

　　我们给出一个例子,其中玩家的主牌用红色表示:

　　例 1

　　A,10,2,8,7,4,7,J,6,5,K,8,2,3,9,8,5,Q,J,5, 6,8,K,10,K,3,

　　9,5,2,K,4,Q,9,Q,3,7,6,A,J,10,J,A,6,4,9,4,7,A,2,3,Q,10

　　玩家开始选择的秘密数是 4,最后指到的主牌是 Q(这里,牌的花色不加区分).

　　庄家并不保证每次都能猜对玩家的最后一张主牌,但是大多数情况下她都能成功.当她与别的玩家再次表演这种戏法时,她的那些数学家同伴开始探讨起了戏法的原理.他们注意到牌的顺序是随机的,并没有洗牌作弊或者排成特殊的序列.庄家并不是专业的魔术师,她也乐意同大家讨论戏法的秘密.不过她首先必须给出属于似乎完全无关的课题——密码学的一些背景.

习题

　　1. a) 对于例 1 给出的牌的序列,请你用不同的初始秘密数演练这个戏法,你得到的最后一张牌(最终的主牌)是什么?

　　b) 有没有 1 到 10 中的某数,用它作初始秘密数,得到的最后主牌不是 Q?

　　2. 如果牌按规则

　　A,A,A,A,2,2,2,2,3,3,3,3,4,4,4,4,5,5,5,5,

　　6,6,6,6,7,7,7,7,8,8,8,8,9,9,9,9,10,10,10,

　　10,J,J,J,J,Q,Q,Q,Q,K,K,K,K

　　有序排列,戏法得到的最终主牌有可能是什么?

3. 密码学

这一节将给出关于上述纸牌戏法的秘密真实的数学背景. 秘密的揭露留待第 4 节. 这里要说的是该戏法与 DLP 相关,DLP 又与密码学有关,我们将在本节稍后讨论.

3.1 密文

密码学的目标是将信息通过一个并不安全的通道送到预定的接收者,而不让窃密者读懂. 为了达到这个目标,一种加密的算法将原来明文的信息转换成密文,然后送给预定的接收者. 接收者使用解密的算法将收到的信息转换成原来的明文. 图 1 给出的是要你求解的密文,和明文加密的一个例子.

> XFTBPWANWPL 表示 CRYPTOQUOTE
> 其中每个字母代表的是另一个字母.上例中W表示O,P表示T.
> 密文:C TCBYHTCXEXAQ XW C FHDXEH MAU
> BZUQXQJ EAMMHH XQBA BYHAUHTW
> —— NCZK HUFAW
> 图 1　引自一位著名数学家的语录加密而成的密文

引例中的对应关系(XFTBPWANWPL 表示 CRYPTOQUOTE,W 表示 O,P 表示 T)和求解的密文的对应不一定一样. 习题 3 要你将上述密文翻译出来(密文的灵感来自 Arkansas Democrat Gazette).

这里的密文谜题使用的是一种非常普通的解密算法,就是用一种双射函数 f 将一个字母映射到另一个字母. 解密算法就是对密文用 f 的逆将其转换成原来的明文.

更强和更有用的加密算法将是一种接收原始明文和密钥作为输入、密文作为输出的函数,解密算法输入密文和密钥、输出明文. 密钥不为窃密者所知. 于是,其安全性将较少依赖于算法,而更多地依赖于密钥的安全.

3.2 Diffie-Hellman 密钥交换约定

两个人如何能约定一把钥匙,同时还要保守其秘密? 当然,两个人可以见面决定密钥,但这种约会并不总是可行的. 作为替换,我们考虑用一种方法使得两支队伍可以通过可能并不安全的渠道建立起密钥. 这就是由 Whitfield Diffie 和 Martin Hellman 在 1976 年设计的 Diffie-Hellman 密钥交换约定. 更早的版本是由英国政府通讯总局的 Malcolm J. Williamson 在 1974 年独立地发明出来,但被保密了. Singh[1999, Ch. 6, 243 – 292]讲述了密钥发明的故事.

Diffie-Hellman 密钥交换约定用到以非零整数 p 为模的群,记作 $\mathbf{Z}_p^*$. 我们留给读者以下定义:

如果对于所有的 $x \in G$,一定存在 $n \in \mathbf{N}$,使得 $g^n = x$,则称元素 g 是群 G 的生成元 (generator). 并记作 $\langle g \rangle = G$.

假定 Alice 和 Bob 打算交流私人信息. 他们可以通过 Diffie-Hellman 约定得到共享的密钥,详见图 2.

1. Alice 和 Bob 约定一个质数 p 和一个整数 g,$1 < g < p$, 使得 $\langle g \rangle = \mathbf{Z}_p^*$;
2. Alice 和 Bob 分别秘密地选择整数 x, y,$1 < x, y < p$;
3. Alice 将 $X = g^x \bmod(p)$ 发送给 Bob, Bob 将 $Y = g^y \bmod(p)$ 发送给 Alice;
4. Alice 计算出 $Y^x = g^{xy} \bmod(p)$,同时 Bob 计算出 $X^y = g^{yx} \bmod(p)$,他们将得到相同的值, 这就是密钥.

图 2　Diffie-Hellman 密钥交换约定

例 2　实践中,p 的值通常会很大(长度为 1 024 位或 2 048 位)而计算过程由计算机代数系统完成. 这里我们仅用小的 p 演示约定的步骤,取 $p = 23$,它有 5 位($23 = 10\ 111_2$)我们首先找到群 $G = \mathbf{Z}_{23}^* = \{1, 2, \cdots, 22\}$ 的一个生成元 g. 任何一个这样的生成元都会有性质

$$g^{p-1} = 1 \bmod(p) \tag{1}$$

但没有小于 $p - 1 = 22$ 的整数满足性质(1). 由于

$$2^{11} = 3^{11} = 1 \bmod(23)$$

2 和 3 都不是群的生成元. 因为 2 不是生成元,所以 $4 = 2^2$ 也不是生成元. 经过检验 $5^{22} = 1 \bmod(23)$ 并且不存在小于 22 的整数 n 满足 $5^n = 1 \bmod(23)$,可知 5 就是一个生成元. (这里,检验可以用 Maple 的指令 mod,或者 Mathmatica 的 Mod[m,n]).

现在我们任意挑选两个数,比如 $x = 6, y = 15$,作模 23 运算:

$$X = 5^6 = (5^2)^3 = 2^3 = 8,$$

$$Y = 5^{15} = (5^2)^7 5 = (2)^7 5 = 13 \cdot 5 = 19$$

这样,

$$Y^x = 19^6 = (19^2)^3 = 16^3 = 3 \cdot 16 = 2$$

$$X^y = 8^{15} = (8^3)^5 = 6^5 = (6^2)^2 \cdot 6 = 13^2 \cdot 6 = 8 \cdot 6 = 2$$

于是,2 就是密钥.这把密钥用来对两支队伍传递的信息加密.我们运用指数运算律详细解读了计算过程.诚然,计算机代数系统可以简化这种计算.

有多种方法找到对信息加密的途径.有一类被称为 Caesar Cipher 的替换码是以 Julius Caesar 命名的.运用于现代英文字母,它将字母 A、B、⋯、Z 分别转换成数字 0、1、⋯、25,并使用密钥 k 将信息中的 x 转变成

$$y = x + k \,(\mathrm{mod}\ 26)$$

信息可以通过计算 $y - k \,(\mathrm{mod}\ 26)$ 解密.假如窃密者知道了密钥 k 和这种方法,信息就会被破译.为了这个原因,需要重点保证密钥的安全性.

在 Diffie-Hellman 密钥约定中,p、g、X、Y 被认为是公开的,因为窃密者可能知道这些变量的值——这种了解,甚至可以不伤及传输的安全性.可是进一步,如果窃密者可以确定 x 和 y,那么,他就能计算出密钥 k.而有了 k,任何加密了的信息都会被轻易地解密.这样,破解 $X = g^x$ 以求出 x 以及 $Y = g^y$ 以求得 y,就成了窃密者的目标,因为密钥就是 $k = g^{xy}$.

假如这里的计算是实数范围内进行的,人们就可以简单地利用对数计算出 x 和 y.然而,Diffie-Hellman 密钥约定采用的是有限群.在有限群上可以定义类似于实数上的对数的概念,而它的计算将不再是容易的.满足 $X = g^x \,(\mathrm{mod}\ n)$ 的最小非负整数,称为 X 对应于基 g 模 n 的离散对数(discrete logarithm),或称指数(index).对它的计算即 DLP.这个问题是困难的,也不存在有效的通解.然而,有着比粗暴的猜测—检验方法快一些的算法,这就是逐步提高计算 g 的幂次直到找到符合 $X = g^x \,(\mathrm{mod}\ n)$ 的 x.

我们依据对完成算法需要用到的计算步数来讨论它的有效性.通常所说的多项式时间算法(polynomial-time algorithm)是指那种运算步数不超过 $c \cdot n^k$ 的算法,其中 c、k 是正的常数,n 则表示输入数据的长度.这个长度是指表示输入数据所需的位数,而不是数据本身.多项式算法的例子包括加、减、乘、除.不存在已知的解决离散对数问题的、以输入长度的多项式为界的算法.下一节,我们将论述一种方法,它的运算时间是 $O(W^{1/2}) = O(\mathrm{e}^{(\log W)/2})$,其中 W 是输入数据长度的界,O 是表示数量级的大 O 记号.

可是,我们先要介绍一种类似于 Diffie-Hellman 密钥交换约定的隐秘系统,目的是要说明解决 DLP 固有的困难对于密码学来说恰恰是有用的.对 DLP 的讨论,会将密码

学的原理与前面所说的纸牌戏法联系起来.

3.3　El Gamal 隐秘系统

Bob 选择了一个质数 p 和群 $\mathbf{Z}_p^*$ 的一个生成元 g,他再挑选了 $a \in \mathbf{Z}_p^*$,满足 $a < p - 1$. 然后,他公开了他的密钥 (p,g,g^a). 现在,假如 Alice 想给 Bob 发送一个信息,她可以通过以下步骤对信息进行加密:

1. 观察 Bob 公开了的密钥 (p,g,g^a);

2. 把信息转换成整数 $m_1,m_2,\cdots,m_n,m_i \in \mathbf{Z}_p^*$;

3. 再挑选一个满足 $b < p-1$ 的随机数 $b \in \mathbf{Z}_p^*$;

4. 计算 $B = g^b (\bmod\ p)$,以及对所有的 i,计算 $C_i = m_i (g^a)^b (\bmod\ p)$;

5. 给 Bob 发送码文 $(B,C_1,C_2,\cdots,C_n)$.

Bob 通过以下算法解码:

1. 用私钥 a,计算 $B^{p-a}(\bmod\ p)$,它是 g^{ab} 的逆;

2. 对所有的 i,计算 $B^{-a}C_i = (g^b)^{-a}m_i(g^a)^b = g^{-ab}m_i g^{ab} = m_i(\bmod\ p)$.

习题

3. 对于图 1 给出的码文,确定对应关系 f 以及相应的明文;(提示:M→F)

例 2 讨论了 Diffie-Hellman 密钥交换约定的一个实例,用 5 作为其生成元. 在以下习题中,我们将探讨如何寻找这个循环群的其他生成元.

4. Lagrange 定理指出有限群 G 的任意子群 H 都具有性质: $|G|$ 能被 $|H|$ 整除. 运用这条定理确定 $\langle x \rangle$ 可能的阶,这里 $\langle x \rangle = \mathbf{Z}_{23}^*$.

5. 运用上述结论和公式(1),确定 $\mathbf{Z}_{23}^*$ 的其他生成元.

6. 应用计算机代数系统,加上公式(1),确定 $\mathbf{Z}_{102877}^*$ 最小的生成元. Maple 的指令 mod(e,m) 可以计算 e(mod m),Mathematica 中的 Mod[e,m] 也一样.

7. 鉴别例 2 中的公开的和私人的信息. 你如何由公开数据来确定私人数据?

8. 证明 El Gamal 隐秘系统中,"$B^{p-a}(\bmod p)$ 是 g^{ab} 的逆"的结论.

9. 假设 $p = 1\,777, g = 6, a = 1\,009$,使用 El Gamal 隐秘系统和 Maple 或 Mathematica 将 $m = 1\,341$ 译成密码,假定 $b = 701$.

10. 使用 Maple 或 Mathematica,用习题 9 给出的 p, g, a, b 的值译解 $C = 1\,031, B = 1\,664$.

11. 鉴别 El Gamal 隐秘系统中的公开和私密部分. 如何将它们同 Diffie-Hellman 密钥交换中的公开和私人信息进行比较?

4. 关于 DLP 的 Pollard 大袋鼠方法

我们已经知道隐秘系统的安全性依赖于 DLP 的难度. 尽管解决 DLP 并没有一般的有效方法,还是要探讨某种解决它的途径,这也与纸牌戏法有关.

4.1　跳跃着的大袋鼠

设 G 是由 g 生成的有限乘法循环群,$X \in G$. G 可以看成是某个 $\mathbf{Z}_k$ 的元构成的群.

我们希望找到 X 对于 g 的离散对数,也就是求解方程 $X = g^x$. 从构造两个序列着手:

- 一个是知道起点的,称之为具有"驯化了"的行为;
- 另一个是从我们不知道的位置开始的,称之为具有"野性"的行为.

可以把这些序列想象成为一只大袋鼠跳跃着通过这个循环群,而每一步都停留在群的元上(图 3).

为了控制袋鼠的跳跃,我们用一个细分函数

$$h : G \longrightarrow J \subset \mathbf{Z}_k$$

把大量的原始数据转换成较小的数量;细分函数的一个例子就是将你的姓名用首字母替代.

这里的细分函数是把 G 的 $|G|$ 个元素映照到一个阶为 $\lfloor \sqrt{|G|} \rfloor$ 的较小集合

$$J = \{ 1, 2, \cdots, \lfloor \sqrt{|G|} \rfloor \}.$$

此处，$\lfloor x \rfloor$ 是取下整函数，它表示小于等于 x 的最大整数. 关于选择这种细分函数(还有其他的可能性)的进一步解释将留在本节以后.

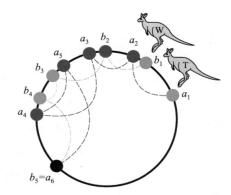

图 3　大袋鼠方法概念图，T,W 分别表示驯化的和野性的

现在，一只驯化了的袋鼠从某个已知值 $a_0 = g$ 开始，紧接着跳过一段距离 $h(a_0)$，乃至在这第一跳末了，它位于 $a_1 = a_0 g^{h(a_0)}$. 一般地，通过一系列跳跃以后，$a_{m+1} = a_m g^{h(a_m)}$. 递归和简化以后，我们有

$$a_{m+1} = g^{1 + h(a_0) + h(a_1) + \cdots + h(a_m)}$$

经过 $m+1$ 跳，袋鼠走过了一段距离

$$d_{m+1} = h(a_0) + h(a_1) + \cdots + h(a_m)$$

更重要的是，这只驯化了的袋鼠的路径是由 G 的生成元 g 的幂次构成的.

那只野性的袋鼠所走的路径，开始于一个未知值 $b_0 = X = g^x$. 跳跃的距离用同样的细分函数确定，于是 $b_{n+1} = b_n g^{h(b_n)}$. 我们有

$$b_{n+1} = X g^{h(b_0) + h(b_1) + \cdots + h(b_n)}$$

这里，野性袋鼠经过 $n+1$ 跳以后走过的距离是

$$d'_{n+1} = h(b_0) + h(b_1) + \cdots + h(b_n)$$

野性袋鼠的路径是由 X 乘上 g 的幂次构成.

假定在野性袋鼠停留的某个点上，驯化了的袋鼠也到访了，那么就有等式

$$g^{1 + h(a_0) + h(a_1) + \cdots + h(a_m)} = X g^{h(b_0) + h(b_1) + \cdots + h(b_n)} \tag{2}$$

于是

$$X = g^{1 + h(a_0) + h(a_1) + \cdots + h(a_m) - [h(b_0) + h(b_1) + \cdots + h(b_n)]}$$

我们知道了指数 X，显然就有

$$x = 1 + h(a_0) + h(a_1) + \cdots + h(a_m) - [h(b_0) + h(b_1) + \cdots + h(b_n)]$$

这个过程，就是 Pollard 大袋鼠方法，一系列步骤可以引领到 DLP 的解（它也与第 3 节讨论的 Diffie-Hellman 密钥交换和 El Gamal 隐秘系统有关系）. 我们将用大袋鼠方法解释纸牌戏法的诀窍. 注意到 Pollard 的袋鼠和表演戏法的人（和玩家）二者，他们都在跳，只不过前者经过的是循环群，后者则是在一叠纸牌上跳. 下面我们给出 Pollard 方法的例子：

例 3　设 $G = \mathbf{Z}_{29}^{*}$，$g = 3$，$x = 2$. 我们希望找到 x，使 $3^x = 2 \pmod{29}$. 我们有 $j = \lfloor \sqrt{|G|} \rfloor = 5$，因此可以定义细分函数 $h: G \longrightarrow J = \{1,2,3,4,5\}$ 如下（这里 h 按周期 $8 = 2s - 2$ 反复，其中 $s = \lfloor \sqrt{|G|} \rfloor = \lfloor \sqrt{|29|} \rfloor = 5$）：

a	1	2	3	4	5	6	7	8	9	10	11	$\cdots$	28
$h(a)$	1	2	3	4	5	4	3	2	1	2	3	$\cdots$	4

然后，取模 29，我们有

$$a_0 = 3$$
$$a_1 = 3 \cdot 3^{h(3)} = 3 \cdot 3^3 = 3^4 = 23$$
$$a_2 = 3^4 \cdot 3^{h(23)} = 3^4 \cdot 3^3 = 3^7 = 12$$
$$a_3 = 3^7 \cdot 3^{h(12)} = 3^7 \cdot 3^4 = 3^{11} = 15$$
$$a_4 = 3^{11} \cdot 3^{h(15)} = 3^{11} \cdot 3^3 = 3^{14} = 28$$
$$a_5 = 3^{14} \cdot 3^{h(28)} = 3^{14} \cdot 3^4 = 3^{18} = 6$$
$$a_6 = 3^{18} \cdot 3^{h(6)} = 3^{18} \cdot 3^4 = 3^{22} = 22$$

以及

$$b_0 = 2$$
$$b_1 = 2 \cdot 3^{h(2)} = 2 \cdot 3^2 = 18$$
$$b_2 = 2 \cdot 3^2 \cdot 3^{h(18)} = 2 \cdot 3^4 = 17$$
$$b_3 = 2 \cdot 3^4 \cdot 3^{h(17)} = 2 \cdot 3^5 = 22$$

因为 $a_6 = b_3$，我们有 $3^{22} = 2 \cdot 3^5 \pmod{29}$. 对于原要求解 $3^x = 2 \pmod{29}$，其结果为

$3^{17} = 2 \pmod{29}$. 这样,仅仅经过 9 次计算,我们就能确定 2 在这个群里关于生成元 3 的指数. 可以用 Maple 中的函数 mod 或者 Mathematica 中的函数 Mod 来检验上述结果.

4.2   Pollard 大袋鼠方法分析

对这个方法进行分析,我们假设:

袋鼠着地的位置对应的是 G 的元上服从均匀分布的独立随机样本.

现在假定驯化的袋鼠跳跃了总共 $c\sqrt{|G|}$(c 是某常数). 那么,对于野性袋鼠的每一跳,都会有 $\dfrac{c\sqrt{|G|}}{|G|} = \dfrac{c}{\sqrt{|G|}}$ 的机会,使野性袋鼠落在驯化袋鼠的路上. 反之,如果野性袋鼠在它的 $\sqrt{|G|}$ 次跳跃中都没有落在驯化袋鼠的相同位置,这事件发生的概率为

$$\left(1 - \frac{c}{\sqrt{|G|}}\right)^{\sqrt{|G|}} = \left(1 + \frac{1}{-\dfrac{\sqrt{|G|}}{c}}\right)^{-\frac{\sqrt{|G|}}{c} \cdot (-c)} \approx e^{-c}$$

这里用到了微积分中的公式,对于较大的 n,有

$$\left(1 + \frac{1}{n}\right)^n \approx e, \quad \left(1 - \frac{1}{n}\right)^{-n} \approx e$$

我们希望 c 相比 $\sqrt{|G|}$ 要小一些,因为 $\dfrac{\sqrt{|G|}}{c}$ 越大,上述近似式越接近. 进而,我们又并不希望计算无限步的跳跃. 所以,当 c 足够大时,失败的概率将会很小,因为 e^{-c} 很小. 例如,

c	1	2	3	4	5
e^{-c}	0.367 9	0.135 3	0.049 8	0.018 3	0.006 7

以上分析归功于 Lacey[2002],Pollard[1978]本人也曾进行过类似讨论.

4.3   细分函数

如前约定,这里将讨论细分函数 h 的选择,它规定了跳跃的界,似乎有一点随意. Pollard[2000a,438] 说:

……当袋鼠的跳跃是 2 的幂,……或者其他某数的幂次时,方法将很有效. 不是说仅有这些好的选择. 大部分充分大的集合可能都是好的选择.

他同时引述了自己的[1978]和 Oorschot 与 Wiener[1999]的工作.

习题中,你将用 2 的幂次探讨细分函数.但是,我们先提供一个选择得不好从而导致该方法不成功的细分函数的例子.

例 4　给定 $G = \mathbf{Z}_7^*$,它由 $g = 3$ 生成,假设我们想知道满足 $3^x = 6$ 的值 x.如果我们愚蠢地取了 $h(y) = 6$(对所有的 $y \in G$),那么由 $a_0 = g = 3$ 以及

$$a_{i+1} = a_i 3^{h(a_i)} = a_i 3^6 = a_i$$

因为对于所有的 i,都有 $a_i = 3$,驯化袋鼠的序列就是 $\{3, 3, \cdots, 3\}$.而由 $b_0 = 6$ 以及

$$b_{i+1} = b_i 3^{h(b_i)} = b_i 3^6 = b_i$$

于是,野性袋鼠的序列便是 $\{6, 6, \cdots, 6\}$,碰撞将永不发生.

DLP 没有解决,责任完全在于细分函数.我们需要的细分函数能在每个袋鼠的序列中插入一些变化,而袋鼠不要老是跳到同一个地方.

一个保证能成功的细分函数是常数函数 $h(y) = 1$(对所有的 $y \in G = \langle g \rangle$).驯化袋鼠的序列是 $\{g, g^2, g^3, \cdots\}$,所以这只袋鼠最终将跳遍这个群的每个元,于是它必然在某个点上碰到野性袋鼠.可是,这种细分函数并不比猜测—检验方法好.

4.4　秘密

回到纸牌戏法,我们把它同袋鼠方法关联起来,进行类似的分析.回顾一下原来的过程,玩家的序列是从挑选一个 1 到 10 之间的数开始,跟着对以后发出牌的张数进行计数,直到张数等于所挑选的数.这就是第一张主牌,玩家应秘密地记住这张牌的值(A 计为 1,人头牌计为 5,其他牌就是牌的点数).然后,玩家将根据计数一张接一张地找到他的主牌.在玩家通过这叠牌构造他的序列的同时,庄家也在用同样的方式构造她自己的序列.庄家预言的玩家最后一张主牌实际上也就是庄家序列中的最后一张牌.简言之,这就是戏法的秘密.

大多数时间,戏法以庄家准确地猜出玩家最后一张秘密主牌结束.所以,在某个点上,或者在最后一张牌或者在前面的牌上,两个序列在同一张牌上相遇.恰似在袋鼠方法中,两个序列跑过同一集合.我们可以把庄家和玩家分别想象成驯化的和野性的袋鼠.形象地看,两条路变成小写希腊字母 λ 的样子.也正因为这个缘故,Pollard 袋鼠方法有时被称为 λ 法.图 4 就是采用例 3 的序列得到的 λ.

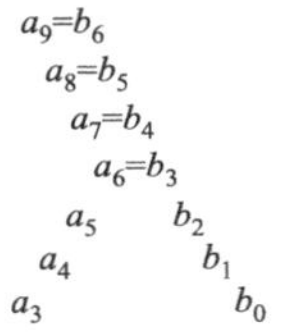

$$
\begin{aligned}
&a_9 = b_6 \\
&a_8 = b_5 \\
&a_7 = b_4 \\
&\quad a_6 = b_3 \\
&a_5 \qquad b_2 \\
&a_4 \qquad\quad b_1 \\
&a_3 \qquad\qquad b_0
\end{aligned}
$$

图 4　为什么 Pollard 袋鼠方法有时被称为 λ 法

习题

12. 用 $G = \mathbf{Z}_{13}^*$, $g = 6$, $X = 3$ 确定 $x \in \mathbf{Z}_{>0}$, 使 $g^x = 6^x = X = 3 \pmod{13}$——也就是在 $\mathbf{Z}_{13}^*$ 中寻找 4 关于生成元 6 的指数. 定义由下表给出的 $h: G \longrightarrow J = \{1, 2, 3\}$, 这里 h 依模 $4 = 2s - 2$ 反复, 其中 $s = \lfloor \sqrt{|G|} \rfloor = \lfloor \sqrt{|13|} \rfloor = 3$. 注意 $6^{12} = 1$ 和 $6^{-1} = 6^{11}$ 可能会有用.

a	1	2	3	4	5	6	7	8	9	10	11	12
$h(a)$	1	2	3	2	1	2	3	2	1	2	3	2

13. 用 $G = \mathbf{Z}_{102877}^*$ 和习题 6 里找到的生成元 g, 采用 Pollard 袋鼠方法确定 x, 使成立 $g^x = 7 \pmod{102877}$. 可以用附录 A 中 Maple 或者 Mathematica 的代码, 这个代码输入质数 p、生成元 g 和整数 $X \in \mathbf{Z}_p^*$, 输出的就是由 Pollard 袋鼠方法得到的 $\mathbf{Z}_p^*$ 中对应于生成元 g 的指数 X. (这个结果可以用 Mathematica 的指令 Multiplicative Order[g, p, {X}]确认).

14. 在附录 A 的计算机代码中, 我们有 $s = \lfloor \sqrt{|G|} \rfloor$ 以及对应的细分函数 h 如下表:

附录 A 代码中的细分函数

a	1	2	$\cdots$	s	$s+1$	$s+2$	$\cdots$	$2s-2$	$2s-1$	$2s$	$2s+1$	$\cdots$
$h(a)$	1	2	$\cdots$	s	$s-1$	$s-2$	$\cdots$	2	1	2	3	$\cdots$

用下列不同的细分函数 h 重写 Maple 或者 Mathematica 代码, 这里 t 满足 $2^t < s$:

新的细分函数

a	1	2	$\cdots$	$t+1$	$t+2$	$t+3$	$\cdots$	$2t$	$2t+1$	$2t+2$	$2t+3$	$\cdots$
$h(a)$	2^0	2^1	$\cdots$	2^t	2^{t-1}	2^{t-2}	$\cdots$	2^1	2^0	2^1	2^2	$\cdots$

15. 采用习题 13 的数据, 运行附录 A 的计算机代码和习题 14 修正的代码. 是否两个细分函数都能导致序列的较快碰撞? 你如何进行比较而得出你的结论? 用一些不同的输入, 再次运

行代码是否能找到一个使序列更快碰撞的细分函数.

16. 证明:在 Pollard 袋鼠方法中,如果 $a_n = b_m$,那么对所有的 $k \geq 0$,都有 $a_{n+k} = b_{m+k}$.

5. 马氏链

到现在为止,这个模型探讨了密码学、离散对数问题、Pollard 袋鼠方法,所有这些都关系到引言中描述的纸牌戏法. 在纸牌戏法中,玩家到下一张主牌的"跳跃"仅仅依赖于当前的主牌. 举个例子,假定玩家前 6 张主牌为 8、8、5、K、K、3(见例 1),下一张主牌将是在 3 这张牌后面第 3 张. 重要的是下一次"跳跃"仅仅依赖于当前一张牌而不是序列中前面的牌张. 这一点,正与 Pollard 袋鼠方法相类似,下一个位置仅仅依赖于当前的位置.

不管是纸牌戏法,还是袋鼠方法,都可以依据马氏链的方式表示,它在采用概率论和矩阵理论模型分析长期行为时是一个有用的工具. 以下,我们综合了 Grinstead[1997]、Kemeny 和 Snell[1960]、Roberts[1976]关于马氏链的结果,至于进一步的详情和结果的证明请参考原文.

有关马氏链的结果

马氏过程(或称马氏链)是这样一个状态的系统:从一种状态向另一种状态转移的概率仅仅依赖于当前的状态,而与以前访问过的状态无关.

可以把有关的概率表示在转移矩阵中,先前的状态对应于行,下一种状态对应列. 一个有三种状态的系统的简单例子如:

$$T = \begin{array}{c} \\ 1 \\ 2 \\ 3 \end{array} \begin{array}{ccc} 1 & 2 & 3 \\ \begin{pmatrix} 0.5 & 0 & 0.5 \\ 0 & 0.5 & 0.5 \\ 0.25 & 0.25 & 0.5 \end{pmatrix} \end{array}$$

定理 对于由状态 $1, 2, \cdots, n$ 组成、转移矩阵为 T 的一个马氏过程,从状态 i 经过 k

步到达状态 j 的概率为 $T_{i,j}^k$，其中 $1 \leqslant i, j \leqslant n$.

对于转移矩阵为 T 的一个马氏链，假设过程开始时处于 n 种状态的概率已经给定，表示为向量 $v = \{v_1, v_2, \cdots, v_n\}$，其中 v_i 是处于第 i 种状态的概率. 那么，向量 vT^k 的第 j 个分量表示过程经过 k 步以后到达状态 j 的概率.

一个过程的状态的集合称为暂时的(transient)，如果存在某种途径离开该集合，并且过程一旦离开该集合，那么再回到集合中任何状态的概率都为 0. 一种状态称为暂时的，如果它属于暂时集合.

所谓吸收状态(absorbing state)是指到达以后就不可能从它那里离开的状态. 吸收型马氏链是指至少包含一个吸收状态，并且从每一个非吸收状态都会有一条途径转移到某个吸收状态的那种马氏链.

吸收型马氏链也简称为规范型的，如图 5 所示：

$$
\begin{array}{cc}
 & \text{吸收状态} \qquad \text{非吸收状态} \\
\begin{array}{c}\text{吸收状态} \\ \text{非吸收状态}\end{array} & \left(\begin{array}{cc} I & O \\ R & Q \end{array} \right)
\end{array}
$$

图 5　吸收型马氏链转移矩阵的规范形式

假若存在 m 种吸收状态和 $n - m$ 种非吸收状态，那么

- I 是由吸收状态组成的 $m \times m$ 阶单位矩阵；

- O 是 $m \times (n - m)$ 阶零矩阵；

- R 是 $(n - m) \times m$ 阶矩阵；

- Q 是由过程从一种暂时状态转移到另一种状态的概率组成的 $(n - m) \times (n - m)$ 阶矩阵.

具有规范形式转移矩阵的吸收状态链的基本矩阵是 $N = (I - Q)^{-1}$.

基本矩阵 N 具有一些有用的性质：

- N 的元对应各个非吸收状态从所有可能的开始状态到达的过程转移次数的期望值.

- N 的第 i 行元之和是假设过程从状态 i 开始到过程被吸收之前转移步数的期望值.

- **NR** 是这样的矩阵,它的元是各可能的非吸收开始状态并终止于一个特定吸收状态的过程的概率.

17. 解释为什么转移矩阵 T 的每一行之和都是 1.

18. 在马氏链上可以设置以下等价关系 ~:两个状态 s_i 和 s_j 认为是等价的,记作 $s_i \sim s_j$,如果 $i = j$,或者既存在 s_i 到 s_j 的路,也存在从 s_j 到 s_i 的路. 验证 ~ 确实是等价关系. 该等价关系将所有状态划分成两个等价类.

19. 解释为什么吸收链不会有如下性质的转移矩阵 T:对于某个 k 及所有的 i, j,$T_{i,j}^k > 0$.

20. 对于具有转移矩阵 T 的吸收链,其中 $\lim_{n \to \infty} Q^n = 0$,找出 $I - Q$ 的逆以证实它的存在.

21. 试描述一个过程,使其结果满足 $NR = [1]$,其中 $[1]$ 是一个 1×1 的单位矩阵.

6. 类似马氏过程的简化 Kruskal 计数

把纸牌戏法看成马氏过程,我们必须首先对牌叠加以限制,以便作更可行的概率计算. 如同原先的戏法,仅对牌面值加以区分而不管牌的花色. 我们沿用 Haga 和 Robins [1997] 的处理方法:为了给每个牌面值相同的概率,抛开人头牌;又假设有一个无限的随机牌叠,1 到 10 的每一个牌面值以相等的、独立的机会处在牌叠中的任意位置.

我们定义一个马氏过程,它的状态,分别对应于庄家当前的主牌和在它前面最近的玩家主牌之间的距离——牌的张数,或者当两者是同一张牌时计为 0. 由牌面值 1 到 10,这个距离可以是 0 到 9,所以在这马氏链中有 10 种状态. 对应于距离为 0 的状态是吸收的,因为当庄家和玩家指到同一张牌,他们的路将会汇聚到一起,接下来牌的距离将保持为 0. 我们定义转移矩阵的元 $M_{i,j}$ 为距离从 i 变成 j 的概率.

我们用一叠面值只有 1 或 2 的牌举例:

例 5   假定有一叠无限张面值为 1 或 2 的牌,两个值在每个位置牌面上出现是等可能的,并且每个位置上的取值与其他所有位置牌的面值相互独立. 在这个纸牌戏法中,马氏链的状态对应于庄家当前的牌同与它最近的玩家的牌之间的牌的张数,由于玩家的牌可能与庄家的牌一致或者在它之前,所以状态可能是 0 或者 1. 纸牌戏法开始,玩家从集合 {1, 2} 中秘密地选取一个数,然后根据该数计算牌张,找到下一张主牌. 我们计算转移矩阵的各个元:

- $M_{0,0}$:两个序列之间的距离开始为 0,经过一轮依然为 0 的概率. 假如距离为 0,表示庄家和玩家在同一张牌上,于是将移动同样间隔的牌,一轮后再次停在同一张牌上. 所以 $M_{0,0} = 1$;

- $M_{0,1}$:两序列的距离从开始是 0 经过一轮变成 1 的概率. 根据前面的解释,这是不可能的. 所以 $M_{0,1} = 0$;

- $M_{1,1}$:两个序列之间的距离开始为 1,经过一轮依然为 1 的概率. 假如距离为 1,则玩家的牌紧跟在庄家的牌之后,接下来的两张牌等可能地呈现为 1 1, 1 2, 2 1, 2 2. 前 3 种情形结果是庄家和玩家的序列将会在下一轮碰撞在一起. 只有当庄家和玩家的牌为 2 2 时,经过完整的一轮以后,它们的距离从原来为 1 依然保留为 1. 见图 6,其中 d_i 和 p_j 分别表示庄家的第 i 张和玩家的第 j 张牌. 图中的情况显示 $M_{1,1} = 1/4$.

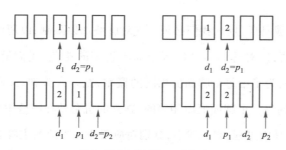

图 6   例 5 中关系到 $M_{1,1}$ 的情况

- $M_{1,0}$:两序列的距离从开始是 1 经过一轮变成 0 的概率. 根据前面的解释,$M_{1,0} = 3/4$.

于是

$$M = \begin{pmatrix} 1 & 0 \\ 3/4 & 1/4 \end{pmatrix}$$

这个矩阵已经具有规范形式,并且 $N = (I - Q)^{-1} = (4/3)$. 根据关于 Markov 链的结果,到过程被吸收为止的轮数的期望值是 4/3.

现在,我们来探索对于有着 10 个相互独立并服从均匀分配的面值的一叠牌会发生什么情况. 其转移矩阵 M 是标记 0 到 9 的 10×10 阶矩阵,根据 Haga 和 Robins[1997],我们有以下两条定理:

定理 转移矩阵 M 满足

(a) $M_{0,0} = 1$,$M_{0,j} = 0$,对于所有的 $1 \leqslant j \leqslant 9$;

(b) $M_{9,9} = \dfrac{1}{100}$,$M_{9,j} = \dfrac{1}{10}\left(1 + \dfrac{1}{10}\right)$,对于所有的 $0 \leqslant j \leqslant 8$;

(c) $M_{i,j} = \left(1 + \dfrac{1}{10}\right)M_{i+1,j}$,对于所有的 $0 \leqslant i \neq j \leqslant 9$;

(d) $M_{i,i} = \left(1 + \dfrac{1}{10}\right)M_{i+1,i} - \dfrac{1}{10}$,对于所有的 $0 < i < 9$.

证明 (a) 因为距离等于 0 就是吸收状态,一旦牌之间的距离为 0,它将保持为 0,所以有 $M_{0,0} = 1$,$M_{0,j} = 0$ 对于所有的 $1 \leqslant j \leqslant 9$;

(b) 牌之间的距离为 9 并且保持为 9 的唯一途径是庄家和玩家的牌都取值 10. 它发生的概率为 $\left(\dfrac{1}{10}\right)\left(\dfrac{1}{10}\right)$. 于是 $M_{9,9} = \dfrac{1}{100}$;

(c)、(d)证明的其余部分参见附录 B.

由归纳法 Haga 和 Robins[1997]还得到了 M 的直接表达式:

定理

$M_{i,i} = \dfrac{1}{10}\left[\left(1 + \dfrac{1}{10}\right)^{10-i} - 1\right]$,对于所有的 $1 \leqslant i \leqslant 8$;

$M_{i,j} = \dfrac{1}{10}\left(1 + \dfrac{1}{10}\right)^{10-i}$,对于所有的 $0 < j < i < 9$;

$M_{i,j} = \dfrac{1}{10}\left(1 + \dfrac{1}{10}\right)^{j-i}\left[\left(1 + \dfrac{1}{10}\right)^{10-j} - 1\right]$,对于所有的 $0 < i < j \leqslant 9$.

例 6　测试所有可能使庄家和玩家的牌的距离从 8 变到 9 的途径,以证实转移矩阵的元 $M_{8,9}$.

首先,我们假设玩家的主牌在庄家前面 8 张.下列两种情况会使距离变为 9:

• 庄家的主牌是 9 而玩家的主牌是 10.因为所有可能取值相互独立并且有等概率 $\frac{1}{10}$,所以这种情况发生的概率为 $\frac{1}{10^2}$.

• 庄家的主牌是 10,玩家的前一张主牌是 1 而下一张主牌是 10.这种情况发生的概率为 $\frac{1}{10^3}$.

两个概率之和正如定理中给出的:

$$M_{8,9} = \frac{1}{10^2} + \frac{1}{10^3} = \frac{1}{10}\left(1 + \frac{1}{10}\right)\frac{1}{10}$$

这个矩阵的更详细的结构由 Haga 和 Robins[1997]完成,该文中还给出了对于牌张的值从 1 到 m 时转移矩阵 M 的一般形式.

矩阵 M 的最终形式已经是规范型的,所以我们可以分别计算矩阵 Q、R 以及 N.由于 N 提供了最重要结果,我们详细计算一下:

$$\frac{1}{11}\begin{pmatrix} 20 & 8 & 7 & 6 & 5 & 4 & 3 & 2 & 1 \\ 10 & 19 & 7 & 6 & 5 & 4 & 3 & 2 & 1 \\ 10 & 9 & 18 & 6 & 5 & 4 & 3 & 2 & 1 \\ 10 & 9 & 8 & 17 & 5 & 4 & 3 & 2 & 1 \\ 10 & 9 & 8 & 7 & 16 & 4 & 3 & 2 & 1 \\ 10 & 9 & 8 & 7 & 6 & 15 & 3 & 2 & 1 \\ 10 & 9 & 8 & 7 & 6 & 5 & 14 & 2 & 1 \\ 10 & 9 & 8 & 7 & 6 & 5 & 4 & 13 & 1 \\ 10 & 9 & 8 & 7 & 6 & 5 & 4 & 3 & 12 \end{pmatrix}$$

这样,N 的各行之和形成一个 9×1 的矩阵:

$$\frac{1}{11}\begin{pmatrix} 56 & 57 & 58 & 59 & 60 & 61 & 62 & 63 & 64 \end{pmatrix}^{\mathrm{T}}$$

回顾前面的结果: N 的行元素之和表示过程从各非吸收开始状态到过程被吸收之前转移步数的数学期望. 举例来说, 假如我们开始于状态 1, 意味着庄家的牌距玩家的牌 1 张, 我们期望牌的距离变成为 0 之前将经过 $56/11 = 5.\overline{09}$ 轮. 纵观 9 种非吸收状态, 这个值最大出现在距离为 9 的状态的情况, 为 $64/11 = 5.\overline{81}$. 尽管牌叠可以是潜在的无限多张, 但我们还是希望能在少数几轮后就能成功! 虽然这不是为什么戏法能在大部分时间成功的确凿的证明, 但它毕竟提供了这个结论的根据. 至于戏法将有接近 5/6 比例成功, 其在数学上更有说服力的理论证明, 参见 Lagarias 等[2009]和 Pollard[2000a].

习题

22. 用确定所有可能使庄家和玩家的牌距离从 7 变到 9 的途径的方法, 证实转移矩阵的元

$$M_{7,9} = \frac{1}{10}\left(\frac{1}{10} + 1\right)^2 \frac{1}{10}$$

7. Kruskal 计数

我们讨论至今的戏法应该归功于数学家 Martin D. Kruskal, 因而有时也称为 Kruskal 计数(Kruskal count).

7.1 如何增加戏法成功的机会

进一步的分析显示, 庄家可以通过以下方法增加准确猜出玩家最后一张主牌的机会:

- 使用两副牌代替一副: 用更多的牌来增加庄家和玩家路径的长度, 于是能增加两条路最终相遇的机会;

- 降低人头牌的值: 降低人头牌的值可以增加庄家和玩家路上牌的平均数, 能使碰撞的可能性增加. 这也可以是戏法表演的结果, 例如人头牌的值取其名字中字母的个

数;J(Jack)为4,Q(Queen)为5,K(King)为4;

- 庄家序列的开始与其用第一张牌不如随机地挑出1到10的数:从第一张牌开始(也就是挑选的秘密数为1),有可能延长庄家牌的序列,也就增加了玩家停留在庄家的某张牌上的可能性.

以上各种修正方法,都能增加袋鼠的跳跃次数,于是更有可能停留在同一张牌上.关于这些变更能增加成功概率的严格证明,见 Lagarias 等[2009].

7.2 成功机会的估计

第6节马氏链的分析提供了直到成功的轮数的期望值,但并不是成功的概率.于是我们考察纸牌戏法的第二条马氏链,它能给出戏法失败概率的上界.考察两条相互独立的链的技术对于马氏链的理论而言是很普通的.Lagarias 等[2009]提出了"简化了的"说法,这里提供未被简化的细节.

定义马氏链如下:首先有两叠相互独立的牌,牌面值在集合 $S = \{1,2,\cdots,L\}$ 中选取,S 中的各数值相互独立并均匀分配.我们开始发这两叠牌.庄家在一副牌上表演纸牌戏法,玩家则用另一副牌.两人都从 S 中挑选一个数,从他们各自那叠牌开始,同时往下计数直到张数等于他们挑选的数.各人落到的牌就是各自的第一张主牌.

我们称一张牌在另一张后面,如果它离那叠牌的顶部更近.

- 无论哪张牌落在另一家的牌后面,将再次被转移,直到落到另一叠的主牌前面.[这点与高尔夫比赛中轮次的排序类似].如前所述,主牌的值是用来计算达到下一张主牌经过的张数.

- 假如庄家和玩家的两张牌到各自牌叠顶部距离相等,那么就在各自牌叠中转移到下一张主牌.

现定义"距离"为玩家当前主牌到牌叠顶部的差,小于庄家当前主牌到牌叠顶部的差的数值.这个距离的取值范围可以从 $-(L-1)$ 到 $(L-1)$.

马氏链的状态就是这 $2L-1$ 种距离:

$$-(L-1),-(L-2),\cdots,-1,0,1,\cdots,L-2,L-1$$

从开始直到距离变成0的时间称为结合时间(coupling time),记为 τ.继续按上述规则执行,直到某一叠牌已通过了第 N 张牌.我们计算未能在 N 张牌之前结合的、失败的概率,即 $P(\tau > N)$.

首先定义随机变量 $\mathscr{Z}_{L,N}$ 为两叠牌中已经出现包括第 N 张牌在内的所有的主牌数.

我们的概率空间为 $\Omega = \bigcup_{k=0}^{\infty} \{\mathscr{Z}_{L,N} = k\}$,所以

$$\{\overline{\omega} \in \Omega \mid \tau(\overline{\omega}) > N\} = \{\overline{\omega} \in \Omega \mid \tau(\overline{\omega}) > N\} \cap \left(\bigcup_{k=0}^{\infty} \{Z_{L,N} = k\} \right)$$

$$\Rightarrow \{\tau > N\} = \bigcup_{k=0}^{\infty} \left(\{\tau > N\} \cap \{\mathscr{Z}_{L,N} = k\} \right)$$

$$\Rightarrow P(\tau > N) = \sum_{k=0}^{\infty} P(\tau > N, \mathscr{Z}_{L,N} = k)$$

$$= \sum_{k=0}^{\infty} P(\tau > N \mid \mathscr{Z}_{L,N} = k) P(\mathscr{Z}_{L,N} = k)$$

$$= \sum_{k=0}^{\infty} \left(\frac{L-1}{L} \right)^{k} P(\mathscr{Z}_{L,N} = k)$$

$$= E\left[\left(1 - \frac{1}{L} \right)^{\mathscr{Z}_{L,N}} \right]$$

因为 $\mathscr{Z}_{L,N} \geq 2N/L$,有

$$\left(1 - \frac{1}{L} \right)^{\mathscr{Z}_{L,N}} \leq \left(1 - \frac{1}{L} \right)^{2N/L}$$

这样

$$E\left[\left(1 - \frac{1}{L} \right)^{\mathscr{Z}_{L,N}} \right] \leq E\left[\left(1 - \frac{1}{L} \right)^{2N/L} \right] = \left(1 - \frac{1}{L} \right)^{2N/L}$$

所以

$$P(\tau > N) \leq \left(1 - \frac{1}{L} \right)^{2N/L}$$

习题

23. 假设 $L = 5$.这意味着两叠牌都是由同分布的五种牌 A、2、3、4、5 组成.给出这个马氏链的 5×5 阶转移矩阵 $\boldsymbol{T}$.为什么不能在这个马氏链上运用第 6 节探讨的分析?

24. 假设 $L = 10$(因为一叠标准的牌的牌面值为 $1, 2, \cdots, 10$)以及 $N = 52$,计算戏法成功的概率.

8. 其他结果和未解决的问题

DLP 问题的难度引出了密码学的一些算法. 除了 Diffie-Hellman 密钥交换和 El Gamal 隐秘系统(它的安全性依赖于 DLP)以外,使用 DLP 的其他密码系统包括美国政府的数字签名算法及其椭圆曲线类似体[Teske 2001].

Montenegrd 和 Tetali[2009]提供了戏法成功概率的界,对 Pollard[2000a]的工作作了增补.

正如通常的实际情况那样,我们在分析中使用的是均匀分布的牌叠. 然而,一副标准的 52 张牌,按照原先对牌值的规定,各个牌值出现的概率并不相同,所以我们也没有对戏法成功概率给出准确的计算. Pollard 自己也承认"准确的计算似乎很困难"(Pollard[2000b]). 他给出了一种近似计算表明,能期望戏法成功的概率达到 89.3%,同时,用仿真方法显示成功概率可达 85.4%.

Grime[n.d]采用几何分布,给出成功概率的估计为 83.88%. Grime 还包括了其他几个有趣的结果,如落在序列的最后一张牌的概率,占据最后那张的不同的牌有多少可能. 在他的模拟中 58.39% 的牌叠具有以下性质:独立地从 10 种可能的位置出发,最后达到的牌是同一张. 进一步,用所有的 10 种开始位置计算,97.9% 的牌叠所得到的最后一张牌,只有不超过两种可能. 我们用 Pollard 证明的结果来结束这里的讨论:任何牌叠最终达到的牌都不可能超过 6 张.

目标是证明最终到达的牌不可能为 7 张或更多. 为此,我们考察整个牌叠中路径的长度. 可以证明,7 条不同路的最小可能长度之和超过了整个牌叠中所有牌的面值的总和. 对于一副标准的 52 张牌以及通常采用的面值计算,其总和为

$$4 \cdot (1 + 2 + 3 + 4 + 5 + 6 + 7 + 8 + 9 + 10 + 5 + 5 + 5) = 280$$

观察由 10 个不同开始位置形成的 10 个序列. 假设它们生成了 7 种不同的最终的

牌. 如果在这 7 张牌的每一张上再增加一轮, 这样做将导致超过 52 张牌的最后一张, 我们假想能稍作延长. 每条延伸了的路径总长度以恰好终止于假想的第 53 张牌上为最小 (设第 53 张牌的值为 0). 这种终止于第 53 张牌、开始于面值为 4 到 10 的牌的延伸的路 (这些就是最小的 7 条路) 的长度是

$$53 - 4 = 49$$
$$53 - 5 = 48$$
$$53 - 6 = 47$$
$$53 - 7 = 46$$
$$53 - 8 = 45$$
$$53 - 9 = 44$$
$$53 - 10 = 43$$

长度总和为 322, 比 280 大. 这就意味着这 7 条路是不可能的.

6 条路最小总长可以是 $322 - 49 = 273$, 所以, 6 就是戏法终了时最后可能位置的张数的上界. 然而, 文献中并没有见到最终有 6 张牌的有序牌叠的例子. 所讨论的最小总长度将包括开始于牌面值 5 到 10、结束于 6, 5, 4, 3, 2, 1 的牌的 6 条路, 其中面值为 6 的牌只能出现在牌叠的第 47 张牌上, 5 出现在第 48 张牌上, 等等.

9. 结束语

这个模型的目标是通过一个有趣的圈套 (纸牌戏法) 介绍 Pollard 的大袋鼠方法. 不管是 Diffie-Hellman 密钥交换还是 El Gamal 隐秘系统都与解决 DLP 的难度有关, 对此, 大袋鼠方法提供了一种探索. 我们用马氏链得到与纸牌戏法相关的一些结果, 包括大多数情况下都能成功的结论. 我们鼓励读者在大庭广众下尝试扮演庄家的角色来玩纸牌戏法.

10. 习题解答

1. 不管选择 $(1,2\cdots,10)$ 中的哪个作为秘密数, 最后的牌都是牌叠的第 51 张, 一张 Q.

2.

秘密数	最后牌
1, 2, 3, 4, 5, 7, 9	第 4 张 Q
6, 8, 10	第 1 张 K

3. 不是所有字母都被赋予密码, 所以在表 1 定义的 f 中跳过了. 引语 "A mathematician is a advice for turning coffee into theorems" ——Paul Erdos（Erdós）.

表 1　习题 3 的解

x	A	C	D	E	F	G	H	I	L	M	N	O	P	R	S	T	U	V
$f(x)$	C	E	F	H	M	J	Y	X	K	T	Q	A	N	U	W	B	Z	D

4. $|\langle x\rangle| \in \{1,2,11,22\}$.

5. 需要找到 x 满足 $;x^1 \neq 1, x^2 \neq 1, x^{11} \neq 1$ 但 $x^{22}=1$. 可以接受的 x 有 5,7,10,11,14, 15,17,19,20 和 21. Mathematica 的指令 Solve$[x^{\wedge}11 = =22,\{x\}, \text{Moduls} ->]$ 给出这些值, 还加上 22, 但它不满足 $x^2 \neq 1$.

6. 因为 $|\mathbf{Z}^*_{102\,877}| = 102\,876 = 2^2 \cdot 3 \cdot 8\,573$, 我们需要找到 x 满足 $x \neq 1, x^2 \neq 1, x^3 \neq 1, x^4 \neq 1, x^6 \neq 1, x^{12} \neq 1, x^{8\,537} \neq 1, x^{17\,146} \neq 1, x^{25\,719} \neq 1, x^{34\,292} \neq 1, x^{51\,428} \neq 1$,

但 $x^{102\,876}=1$. 用 Maple 或 Mathematica, 可以证明, $x=2$ 是解（当然也是最小的解）.

7. 公开的信息是 $X=8, Y=19, p=23, g=5$, 私人信息是 $Y^x = 2 = X^y$. 如果能在 $\mathbf{Z}^*_{23}$ 上求解 $19^x = 2$ 得到 x 或者 $8^y = 2$ 得到 y, 就能够得到前述结果.

8. $B^{p-a}g^{ab} = (g^b)^{p-a}g^{ab} = g^{bp-ab+ab} = (g^p)^b = 1^b = 1.$

9. $B=1\,644$ 且 $C=1\,103$. 密码文就是 $(1\,664,1\,103)$.

10. $m=108$.

11. 公开信息是 $p,g,g^a, B=g^b, C=mg^{ab}$. 私人信息是 a,b,m. 因为我们已经知道了 g, g^b, p, 如果能解 DLP, 就能计算出 a,b 进而得到 m. 这点与 Diffie-Hellman 密钥交换相

同,在那里窃密者试图通过已知 Y 和 Y^x 解出 x.

12.　　　　$a_0 = 6$,　　　　　　　　　　$b_0 = 4$

　　　　　$a_1 = 6 \cdot 6^2 = 6^3 = 8$,　　　　　$b_1 = 4 \cdot 6^2 = 1$

　　　　　$a_2 = 6^3 \cdot 6^2 = 6^5 = 2$,　　　　　$b_2 = 4 \cdot 6^2 \cdot 6 = 4 \cdot 6^3 = 6$

当 $a_0 = 6 = b_2$ 时碰撞发生. 这样,$6 = 4 \cdot 6^3$ 以及 $6^{-2} = 4$. 因为 $6^{-1} = 6^{11}$,我们有

$$4 = 6^{22} = 6^{12+10} = 6^{12} 6^{10} = 6^{10}$$

13. 86 843.

14. 新的带有变化的 Index2(略).

15. 运行 Index2 可以得到与 Index 提供的答案 86 843 相同. 在 Index2 中,序列 a_i 和 b_j 将更长些. 用例 3 的数据运行两者会得出长度相同的序列. 作为另一个例子,可以证明 1987 对于生成元 2 来说是质数. 假如我们希望对于这个生成元找到 1 000 的指数,两种指令都能得到结果 $2^{1356} = 1\ 000$,可是再次显示 Index2 会得到更长的序列 a_i 和 b_j.

16. 假设 $a_n = b_m$,那么 $a_{n+1} = a_n \cdot g^{h(a_n)} = b_m \cdot g^{h(b_m)} = b_{m+1}$. 现在,假设对于某个 $k \geq 1$ 有 $a_{n+k} = b_{m+k}$,那么 $a_{n+k+1} = a_{n+k} \cdot g^{h(a_{n+k})} = b_{m+k} \cdot g^{h(b_{m+k})} = b_{m+k+1}$.

17. 转移矩阵 $\boldsymbol{T}$ 的列表示过程的所有可能状态,现在的过程给定在第 i 行,下一步移动的结果要么停留在状态 i,要么转移到其他状态之一. 如此就有 $\sum_j \boldsymbol{T}_{i,j} = 1$.

18. 对称性:由定义如果 $s_i \sim s_j$,那么 $s_j \sim s_i$;自反性:由定义再加上 $s_i \sim s_i$;传递性:对于 $s_i \sim s_j$ 并且 $s_j \sim s_k$,那么将存在从 s_i 到 s_j 再到 s_k 的路,以及存在从 s_k 到 s_j 再到 s_i 的路,于是 $s_i \sim s_k$.

19. 在一个吸收马氏链的转移矩阵中,必然在某处存在值为 1 的元,并且其他与它同行的元均为 0. 对于这个矩阵的任意次幂,这个结论依然成立.

20. $(\boldsymbol{I} - \boldsymbol{Q})^{-1} = \sum_{n=0}^{\infty} \boldsymbol{Q}^n$,由于 $\lim_{n \to \infty} \boldsymbol{Q}^n = \boldsymbol{0}$(因为前述矩阵之和收敛),所以有

$$(\boldsymbol{I} - \boldsymbol{Q})(\boldsymbol{I} + \boldsymbol{Q} + \boldsymbol{Q}^2 + \boldsymbol{Q}^3 + \cdots) = \boldsymbol{I}.$$

21. 由于 $\boldsymbol{NR}$ 是这样一个矩阵,它的元表示每个非吸收状态最终到达一个特定的吸收状态的过程转移的概率,$\boldsymbol{NR} = [1]$ 意味着过程仅存在一个非吸收状态.

22. 假定玩家的牌在庄家的牌前面 7 张. 要使距离从 7 变到 9,下列情况之一必然

发生:

- 庄家当前的牌是 8,玩家当前的牌是 10.这种情况发生的概率是 $(1/10)^2$;

- 庄家当前的牌是 9,玩家当前的牌是 1.由于距离按照玩家的牌在庄家的牌前面来定义,于是这一轮没有完,要等待玩家再次移牌.要距离等于 9,玩家的牌必须是 10.这个概率是 $\left(\dfrac{1}{10}\right)\left(\dfrac{1}{10}\right)^2$;

- 庄家当前的牌是 10,并且玩家接下去的牌是(i)1,1,10,或者(ii)2,10.这个概率是 $\dfrac{1}{10}\left(\left(\dfrac{1}{10}\right)^3+\left(\dfrac{1}{10}\right)^2\right)$;

  总和为 $M_{7,9}=\dfrac{1}{100}\left(1+\dfrac{1}{10}\right)^2$.

23.

$$
T=\begin{array}{c}
\\0\\1\\2\\3\\4
\end{array}
\begin{array}{ccccc}
0 & 1 & 2 & 3 & 4\\
\left(\begin{array}{ccccc}
5 & 8 & 6 & 4 & 2\\
5 & 5 & 5 & 5 & 5\\
5 & 10 & 5 & 5 & 0\\
5 & 10 & 5 & 0 & 0\\
5 & 10 & 5 & 5 & 0
\end{array}\right)
\end{array}\times\dfrac{1}{25}
$$

这不是可吸收的马氏链.

24. $P(\{\tau>N\})\leqslant\left(1-\dfrac{1}{10}\right)^{104/10}\approx0.334$. 所以成功的概率至少是 $1-0.334=0.666$.

参考文献

Diffie. W. ,M. Hellman. 1976. New direction in cryptography. IEEE Transaction on Information Theory,IT – 22(6): 644 – 654.

Gardner, Martin. 1978. Mathematical Games:On checker jumping, the Amazon game, weird dice, card tricks and other playful pastimes. Scientific American, 238(2):19 – 32. 1989. Reprinted under the title:Sicherman dice, the Kruskal count and other curiosities. Chapter 19 in Penrose Tiles to Trapdoor Ciphers … and the Return of Dr. Matrix. New York:W. H. Freeman. 1977. Rev. ed. , with addendum, 265 – 280. Washington, DC:Mathematical

Association of America. 2005. Reproduced in Martin Gardner's Mathematical Games. CD – ROM. Washington, DC: Mathematical Association of America.

Grime J. n. d. Kruskal's count.

Grinstead C. M. 1997. Introduction to Probability. Providence, RI: American Mathematical Society.

Haga, Wayne, Sinai Robins. 1997. On Kruskal's principle. Organic Mathematics: Proceedings of the Organic Mathematics Workshop. 20: 407 – 412.

Kemeny J. , J. Snell. 1960. Finite Markov Chains. Princeton, NJ: D. Van Nostrand Company, Inc.

Kemeny J. , G. Thompson. 1957. Introduction to Finite Mathematics. Englewood Cliffs NJ: Prentice-Hall.

Klima R. 1999. Applying the Diffie-Hellman key exchange to RSA. The UMAP Journal,20 (1):21 – 27.

Lacey, Michael T. 2002. Cryptography, card tricks, and kangaroos.

Lagarias, Jeffrey C. , Eric Rains, et al. 2001. The Kruskal count. 2009. The Mathematics Of Preference, Choice and Order: Essays in Honor of Peter J. Fishburn, edited by S. Brams, W. V. Gehrlein, and F. S. Roberts, 371 – 391. New York: Springer-Verlag.

Montenegro, Ravi. 2009. Kruskal count and kangaroo method.

Montenegro, Prasad Tetali. 2009. How long does it take to catch a wild kangaroo? Proceedings of 41st ACM symposium on Theory of Computing(STOC 2009) , 553 – 559. 2010. Rev. version(v2).

van Oorschot, P. C. ,M. J. Wiener. 1999 Parallel collision search with cryptanalytic applications. Journal of Cryptology 12:1 – 28.

Pollard J. M. 1978. Monte Carlo methods for index computation (mod p). Mathematics of Computation, 32 (143): 918—924.

Pollard J. M. 2000a. Kangaroos, Monopoly and discrete logarithms. Journal of Cryptology,13: 437 – 447.

Pollard J. M. 2000b. 84. 29 Kruskal's card trick. Mathematical Gazette, 84(500):265 – 267.

Roberts F. S. 1976. Discrete Mathematical Models. Englewood Cliffs, NJ:Prentice-Hall.

Singh Simon. 1999. The Code Book: The Science of Secrecy from Ancient Egypt to Quantum Cryptography. New York: Doubleday.

Teske E. 2001. Square-root algorithms for the discrete logarithm problem (a survey). Public-key Cryptography and Computational Number Theory, edited by Kazimierz Alster, Jerzy Urbanowicz, and Hugh C. Williams, 283 – 301. New York: Walter de Gruyter.

8 重力输水系统
Gravity-Fed Water Delivery Systems

蔡志杰　编译　韩中庚　审校

摘要:

为学习微积分的读者介绍如何将基本流体力学应用于对发展中国家非常重要的简单重力输水系统的建模. 首先推导出 Bernoulli 方程, 从而了解作为沿流线运动的流体质点压力、速度和高度之间的关系. 其次, 应用 Bernoulli 方程分析一个简单的输水系统的合力和流速. 然后, 对层流和湍流分别考虑分压水箱、不同直径的管道及摩擦的影响. 最后, 讨论在 Micronesia 和洪都拉斯重力输水系统的设计和安装.

原作者:

Andrew Dornbush, Paul Isihara, Timothy Dennison, Kristianna Russo, David Schultz

Dept. of Mathematics, Wheaton College, Wheaton, IL 60187.

andrew. dornbush@ my. wheaton. edu

发表期刊:

The UMAP Journal, 2010, 31(4): 281 – 322.

数学分支:

微积分

应用领域:

流体力学, 工程学

授课对象:

学习微积分或微分方程的学生

预备知识:

微积分, 物理(力学)

目　录:

1. 问题的提出

2. Bernoulli 方程的推导

3. 在重力输水系统中的应用

4. 管道中的粘性流

5. 设计一个系统

6. 案例研究:洪都拉斯

7. 进一步说明

8. 习题解答

参考文献

网上更多······　　本文英文版

1. 问题的提出

据世界卫生组织统计,全世界约有 10 亿人口在生活中得不到受保护的可再生的水资源[water. org 2010].不安全的水资源以及卫生设施的短缺导致诸如疟疾、痢疾、失明等疾病和残疾.这些疾病每年夺取约 350 万人的生命,其中大多数是 5 岁以下的儿童.此外,诸如地表及地下水等缺乏保护的水资源极易被农药、生活垃圾和工业垃圾所污染,农业和工业的过度开采利用也威胁到水资源使用的可持续性.

从全球范围来看,城乡人群之间获取安全用水存在着不均衡.一些简单的、可负担得起的管道系统被人们用来向没有其他水资源渠道的贫困地区供应泉水.这些系统中最简单的就是完全由重力供能的系统,仅靠重力将由天然泉水供给的高海拔处源头水箱中的水,通过管道直接输送到低海拔处的接受水箱(图 1).

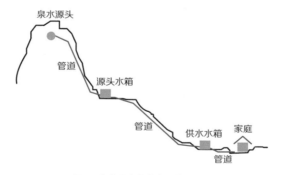

图 1　仅靠重力输送水的简单系统

本文引入并应用流体力学的基本原理来建立重力输水系统的数学模型(图 2).这个模型提供了实际建造时所需要的计算方法,并且能作为一个典型的、具有实用价值的例子供刚开始接触微积分(及物理)的学生们参与重要的、可实际应用的建模问题.

第 2 节从基本物理理论入手推导出 Bernoulli 方程的基本形式,这个方程描述了沿流线流动的流体质点的能量守恒.然后在第 3 节中将 Bernoulli 方程应用于一个简单的

图 2　利用数学模型建造重力输水系统

重力输水系统.引入液压水头这一概念来形象地表示流体压力下的势能守恒,说明需要分压水箱来避免管道破裂的风险.还分析了势能和动能之间的守恒关系,以预测水流速度,这对于满足村落用户的需求是很重要的.

　　第 4 节阐释了如何对这个基本模型进行改进,使其适用于存在摩擦力的情况,及应对不同类型的水流状况.特别展示了层流或粘性流的流速是如何变化的,并定性解释了 Moody 图在寻找湍流的阻尼因素方面的作用.第 5 节给出了整个系统设计步骤的一个例子.第 6 节则关注于基本输水系统怎样高效地应用于洪都拉斯.最后在第 7 节中,我们对有兴趣作进一步研究的读者给出了一点建议.

表 1　符号

记号	含义	国际单位	美制单位	水的国际单位值（在 20℃ 时）
u	速度	m/s	ft/s	–
a	加速度	m/s^2	ft/s^2	–
F	力	N	lb · ft/s^2	–
ρ	密度	kg/m^3	lb/ft^2	998.2
p	压强	N/m^2	lb/(ft · s^2)	–
Q	流量	m^3/s	ft^3/s	–
γ	比重	N/m^3	lb/(ft^2 · s^2)	9 789
μ	动态粘性	kg/(m · s)	lb/(ft · s)	1.002 ×10^{-4}
τ	剪切应力	N/m^2（⊥表面）	lb/(ft · s^2)	–

2. Bernoulli 方程的推导

　　我们的目标是在建造通过管道输水的简单系统时,对沿着称为流线(streamline)的路径运动的液体质点建立模型.Bernoulli 方程在流体力学中对于分析流体质点(不仅限于液体)沿流线的运动起着基础作用,并且在重力输水系统的分析中格外重要.我们将遵循 Young 等[2001]的结果,并使用表2中提到的几个简单假设,推导它的基本形式.

表2 用于推导 Bernoulli 方程基本形式的假设

假设	描述
A1. 不可压缩	液体密度 $\left(\dfrac{质量}{体积}\right)$ 在时间和空间上都是常数
A2. 仅重力做功	整个系统能量仅来自于重力势能.系统既不施力也不受力,即没有施力源(如水泵)也没有能量下降(如涡轮)
A3. 定常状态	空间中每一点的流速都不随时间改变
A4. 无粘性	流动不受阻力,所有力(重力、压力)都是保守力(第4节修改了这个假设以适应阻力.)

用体积 δV 的长方体为微元来描绘流体质点,考察其上的作用力.为了分析其运动情况,引入 (s, y, n) 正交坐标系(见图3).如果假设流线位于一个平面,那么 (s, y, n) 坐标系可从 (x, y, z) 坐标系变换而来:保持 y 轴(垂直于平面)固定,将 x 轴和 z 轴顺时针旋转 θ 角分别得到 s 轴和 n

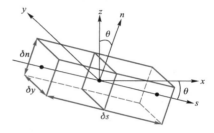

图3 流体质点表示为体积 $\delta V = \delta s\ \delta y\ \delta n$ 的微元

轴. s 轴正向给出了流体质点沿流线的运动方向.其中 s 为沿流线运动距离(注意 s 轴正向上的单位向量总是与流线相切); n 垂直于流线; y 垂直于 $s-n$ 平面.

沿运动轨迹的每一点,流体质点所受合力 F_t 满足 Newton 第二定律:

$$F_t = ma \tag{1}$$

其中 m 为微元的质量, a 为加速度.因为假设这个系统不施力也不受力,意味着它没有施力源或者能量下降(见假设 A2),并且也没有阻力(无粘流——假设 A4),作用在质点上的力只有作用在竖直向下 $(-z)$ 方向的重力 (F_g) 和作用在 s 方向的流体压力 (F_p),于是合力为

$$F_t = F_p + F_g$$

而在流线方向的分力为

$$F_s = F_{ps} + F_{gs} \tag{2}$$

其中 F_s 是合力沿流线方向的分量,F_{ps} 是压力沿流线方向的分量,F_{gs} 是重力沿流线方向的分量(图 4).

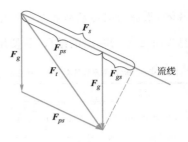

图 4　质点所受合力沿流线方向的分量(F_s)是压力分量(F_{ps})和重力分量(F_{gs})之和

微元在时间 t 的加速度为

$$a = a_s = \frac{du}{dt}$$

其中 $u(t)$ 表示流体质点的速度,根据定义它是沿流线方向的.(对于弯曲的水管及其流线,超出了本文的范围,而在计算穿过流线有压力变化时,加速度的垂直分量(a_n)是要考虑的[Young 等 2001].)注意到

$$u = |u| = \frac{ds}{dt}$$

由微分链式法则,微元的加速度 a_s 沿流线方向的分量 a_s 为

$$a_s = \frac{du}{dt} = \frac{du}{ds}\frac{ds}{dt} = u\frac{du}{ds} \tag{3}$$

注意到 $F_s = ma_s$,由(2)式和(3)式有

$$F_s = mu\frac{du}{ds}$$

于是

$$F_{gs} + F_{ps} = \rho\delta V u\frac{du}{ds} \tag{4}$$

其中微元的质量 m 是质量密度 ρ 与体积 δV 的乘积.

现在来导出(2)式中 F_{gs} 和 F_{ps} 的表达式.首先,为了得到 F_{gs},考察下式给出的重力表达式

$$F_g = mg = \rho g\delta V \tag{5}$$

这是沿 $-z$ 方向的.为了方便,定义比重 $\gamma = \rho g$,于是(5)式可以重写为

$$F_g = \gamma\delta V \tag{6}$$

由图 5 和(6)式,作用在微元上沿流线方向的重力分量为

$$F_{gs} = -F_g \sin\theta = -\gamma\delta V\sin\theta \tag{7}$$

注意负号是必需的,因为 $-\dfrac{\pi}{2} < \theta < 0$,从而 $-\sin\theta > 0$.

下面来确定作用在微元上(沿流线方向)压力分量 F_{ps} 的大小.对于定常无粘流(假设 A3,A4)来说,压力垂直作用在横截面的每个点上,且其大小仅是 s 的函数,即 $F_{ps} = p(s)$.假设微元的中心位于 $s = s_0$.注意压强是单位面积上的压力,取 $p(s_0)$ 为垂直于 $s = s_0$ 处流线的矩形截面 R_0 上压强的大小(图 6).

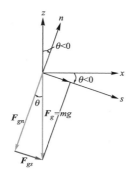

图 5　沿 s 方向的重力分量 F_{gs}

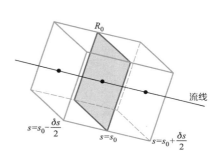

图 6　$s = s_0$ 处微元上的压强计算

微元两端平行于 R_0 的压强大小为

$$p_r = p\left(s_0 + \frac{\delta s}{2}\right), \quad p_l = p\left(s_0 - \frac{\delta s}{2}\right)$$

关于 p_r 的线性近似(见图 7)由下式给出:

$$p_r = p\left(s_0 + \frac{\delta s}{2}\right) = p(s_0) + \delta p_s \approx p(s_0) + \frac{\mathrm{d}p}{\mathrm{d}s}\frac{\delta s}{2} \tag{8}$$

当 $\delta s \to 0$ 时,近似误差也趋近于 0.因为微元是无穷小量,所以(8)式是一个合理的近似.

类似地用下式估计 p_l:

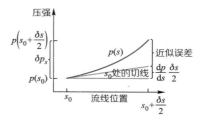

图 7　压强变化 δp_s 关于小的 δs 的线性近似

$$p\left(s_0 - \frac{\delta s}{2}\right) \approx p(s_0) - \frac{\mathrm{d}p}{\mathrm{d}s}\frac{\delta s}{2}$$

由于压强是单位面积上的压力,而横截面积为 $\delta A = \delta n\delta y$(图 3),压强在 $s = s_0$ 处作

用在微元上产生的净力大小为

$$F_{ps} = p_l \delta A - p_r \delta A$$

$$= \left(p(s_0) - \frac{\mathrm{d}p}{\mathrm{d}s} \frac{\delta s}{2} \right) \delta n \delta y - \left(p(s_0) + \frac{\mathrm{d}p}{\mathrm{d}s} \frac{\delta s}{2} \right) \delta n \delta y \qquad (9)$$

$$= -\frac{\mathrm{d}p}{\mathrm{d}s} \delta s \delta n \delta y$$

$$= -\frac{\mathrm{d}p}{\mathrm{d}s} \delta V$$

沿流线方向作用在微元上的重力大小 F_{gs} 和压力大小 F_{ps} 的表达式分别由(7)式和(9)式给出. 将其代入(4)式,得到

$$-\gamma \delta V \sin\theta - \frac{\mathrm{d}p}{\mathrm{d}s} \delta V = \rho \delta V u \frac{\mathrm{d}u}{\mathrm{d}s}$$

即

$$-\gamma \sin\theta - \frac{\mathrm{d}p}{\mathrm{d}s} = \rho u \frac{\mathrm{d}u}{\mathrm{d}s} \qquad (10)$$

我们给出这一关系稍微不同的形式. 注意到

$$u \frac{\mathrm{d}u}{\mathrm{d}s} = \frac{1}{2} \frac{\mathrm{d}(u^2)}{\mathrm{d}s}$$

和(图8)

$$\sin\theta = \frac{\mathrm{d}z}{\mathrm{d}s}$$

于是(10)式可变为

$$-\gamma \frac{\mathrm{d}z}{\mathrm{d}s} - \frac{\mathrm{d}p}{\mathrm{d}s} = \frac{1}{2}\rho \frac{\mathrm{d}(u^2)}{\mathrm{d}s}$$

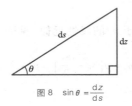

图8　$\sin\theta = \dfrac{\mathrm{d}z}{\mathrm{d}s}$

即

$$\frac{\mathrm{d}p}{\mathrm{d}s} + \frac{1}{2}\rho \frac{\mathrm{d}(u^2)}{\mathrm{d}s} + \gamma \frac{\mathrm{d}z}{\mathrm{d}s} = 0 \qquad (11)$$

最后,注意到 ρ 为常量(不可压缩假设 A1),对(11)式中等式两边关于 s 积分,得到

$$p + \frac{\rho u^2}{2} + \gamma z = 沿流线是常数 \qquad (12)$$

由(12)式可知,沿流线方向,流体压强、质点速度和质点高度之间存在一种关系.至此我们得到了 Bernoulli 方程的基本形式,这是流体力学中非常有力的工具[Young 等,2001].

在建立重力输水系统的模型时,我们将要应用 Bernoulli 方程的如下等价形式,将(12)式中的所有项都除以比重 $\gamma = \rho g$（即 $\dfrac{\rho}{\gamma} = \dfrac{1}{g}$）:

$$\frac{p}{\gamma} + \frac{u^2}{2g} + z = 沿流线是常数 \tag{13}$$

(13)式中的 3 项表示以长度单位描述的 3 种类型的能量（压强$\left(\dfrac{p}{\gamma}\right)$、动能$\left(\dfrac{u^2}{2g}\right)$和势能$(z)$）.这些项称为水头,如表 3 所示.我们将在下一节讨论水头的应用.

表 3 水头的类型

水头名称	Bernoulli 方程（13）中的对应项
压力水头	$\dfrac{p}{\gamma}$
速度水头	$\dfrac{u^2}{2g}$
高度水头	z

习题

2.1 用 $\gamma, \delta V$ 和 $\dfrac{\mathrm{d}z}{\mathrm{d}s}$ 表示 n 方向的重力分量 F_{gn}.

2.2 注意导数可由差商的极限得到,由此得出微元的压力估计

$$p_l = p\left(s_0 - \frac{\delta s}{2}\right) \approx p(s_0) - \frac{\mathrm{d}p}{\mathrm{d}s}\frac{\delta s}{2}$$

2.3 设 L 为长度量纲, M 为质量量纲, T 为时间量纲.验证(13)式中量纲的一致性(求和项必须具有相同的量纲).

3．在重力输水系统中的应用

3.1　基本情形

上一节给出了 Bernoulli 方程如何描述一个流体质点沿一维流线运动.尽管要应用于比在封闭管道内的水流更为一般的情形,Bernoulli 方程依然能够帮助我们对简单的重力输水系统进行设计和建模.注意到 Bernoulli 方程背后的假设在这种情况下依然成立:

A1．流体不可压缩:这个假设对于液体是合理的,因为液体不像气体那样易于压缩.

A2．无施力源也无能量下降:这个系统的所有能量均来自于重力势能;系统中没有水泵、涡轮等.

A3．定常流动:假设作为水源的泉水在打开出水阀门时保持源头水箱装满,从而管内水流关于时间保持不变.

A4．无粘性:在初始情形中,假设无粘流,即没有摩擦力,能量是守恒的.

我们先从供水箱经管道至单个出水阀门的部分开始考虑(图 9).

当出水阀门关闭时,水在管道内是静止的,于是水在供水箱中是守恒的. Bernoulli 方程意味着当向水管下方移动时压强会增大.对于出水阀门关闭的情况下的压强称为静态压强(static pressure).究其原因,考虑静态情况下,没有新的水注入源头水箱,因此整个系统的水速满足 $u = 0$. 在这种情况下,Bernoulli 方程简化为

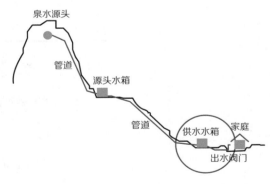

图 9　从供水水箱到出水阀门一段

$$\frac{p}{\gamma} + z = C$$

其中 C 为常数.参考图 10,因为 A 点处压力水头为 0(即与大气压强相等),高度水头为 $z = h_1 + h_2$,常数 C 应满足 $C = h_1 + h_2$.在阀门处(B 点),高度水头等于 0,因此压力水头满足

$$\frac{p}{\gamma} = h_1 + h_2$$

即

$$p = (h_1 + h_2)\gamma \tag{14}$$

如果当沿流线移动时,静态压强增加得太大,那么输水管道可能会破裂,如习题 3.1.2 中考虑的那样.

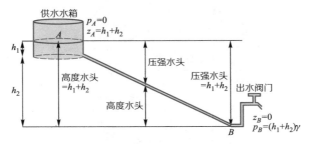

图 10　如果出水阀门关闭,A 点的高度水头转变成 B 点的静态压力水头.对每个内点,沿流线的高度水头和压力水头之和相同(每点的速度水头为 0,所以没有包含在图中)

习题

3.1.1　a)参见图 10,给定 $h_1 = 2$ m,$h_2 = 9$ m,水的比重为 $\gamma = 9.789$ kN/m^3,假设龙头关闭,计算 B 点的压强(即静态压强),单位为 kN/m^2;

b)设计与 a)相同的系统,采用美制单位.给定 $h_1 = 6$ ft,$h_2 = 30$ ft,水的比重为 $\gamma = 62.3$ lb/ft^3,假设龙头关闭,计算 B 点的压强,单位为 psi(磅/平方英寸).

3.1.2　给定一个直径为 2.5 cm 的 PVC 管,其最大工作压

强为 1 862 kN/m². 假设水源高度不超过 3 m,阀门放在水源底部
下面多少米的位置是安全的?

3.2　分压水箱

如上节所述,如果水流在重力输水系统中停止,管道内部的静态压强将随管道高
度的降低而增大(压力水头增大).如果压强超出管道承压限度,管道将会破裂
(见习题 3.1.1b).为了防止这种类型的系统故障,在管线路径的某些适当点安装一个
小分压水箱(见图 11 和图 12).这样一个通常用砖块砌成的水箱,通过使水流排到与外
界连通的水箱中来减小压强.

图 11　洪都拉斯的一个团队安装的分压水箱

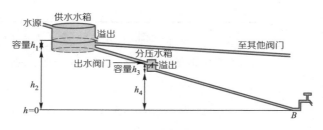

图 12　有分压水箱的简单系统

这就是说,在分压水箱内的水表面上有 $p = 0$(大气压).一个简单的浮球阀门(类似于抽水马桶中停水的球阀)和一个安全溢流管可以保证水不会超出水箱的容积,所以水箱中始终有开放的空间.分压水箱对从其流出的管道来说变成了一个新的源头水箱(习题3.2.2).

习题

3.2.1 根据 Tawney[2000]的地面调查设计输水系统,其源头水箱高度为 1 000 m,出水阀门位于水平距离 850 m,高度 906 m 处.计划管道路径的调查结果列于表4.

表4 习题3.2.1 的数据

水平距离/m	高度/m
150	977
300	955
450	940
600	886
700	895

a) 当阀门关闭时,水平距离为多少时压强最大?

b) 如果采用直径为 10 cm 的 PVC 管(最大工作压强为 917 kN/m²),需要多少中间水箱来分压?(水的比重为 $\gamma = 9.789 \ kN/m^3$.)

3.2.2 参见图 12,假设供水水箱和分压水箱都装满水,计算管道中 A 点(关闭的出水阀门)和 B 点(关闭的阀门底部)的水压.加入分压水箱后,阀门底部的压强减少了多少?

3.3 水流速度

前几节中讨论了水流被管道末端出水阀门阻断的静态系统中压强增大的情况.现在我们打开出水阀门,水将会流动,这里的压强称为动态压强(dynamic pressure).

在粘性流的情况下,静态压强和动态压强是不同的(见第 4 节).本节我们分析从一个水箱流到另一个水箱的水流速度(图 13).类似的分析也可以用于考察从水箱到家庭

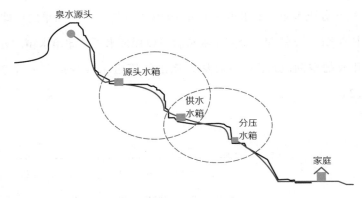

图 13　系统中水箱之间的管道段

中开放的输水管出口的水流速度.

　　有很多理由说明,能够弄清水流速度是重要的[Tawney 2000].如果流速太慢,管道内会发生沉淀导致堵塞.如果流速太快,管道壁将会腐蚀.平均水速应保持在 0.7 m/s 至 3 m/s 之间.进一步,水流量(单位时间水的体积)也依赖于水速.而整个系统满足用水需求的能力由水流量决定.

　　考虑图 14 中的重力输水系统,其中一个半径为 r_1 的源头输水管道以速度 u_0 向水箱供水,使得水箱保持高于输水管道的水位 h_1;一个半径为 r_2,垂直落差为 h_2 的输水管连接第 1 个水箱和高度为 h_3 的第 2 个水箱.

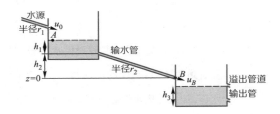

图 14　重力输水系统将高度水头(A 点)转变为速度水头(B 点)

我们得到离开输水管道进入接水箱的水速 u_B 如下:

在 A 点处,$u=0,p=0,z=h_1+h_2$;

在 B 点处,$u=u_B,p=0,z=0$.

应用 Bernoulli 方程,可得

$$\frac{p_A}{\gamma} + \frac{u_A^2}{2g} + z_A = \frac{p_B}{\gamma} + \frac{u_B^2}{2g} + z_B$$

即

$$0 + 0 + (h_1 + h_2) = 0 + \frac{u_B^2}{2g} + 0$$

于是

$$u_B = \sqrt{2g(h_1 + h_2)}$$

习题

3.3.1　津巴布韦 Mundenda 的一个村庄有 70 个家庭,每个家庭平均有 5 口人,每人每天最少安全生活用水为 30 L [Manyanhaire 和 Kamuzungu 2009]. 要求在一个平均需求周期中保持供水箱充满,试计算需要的水流量 Q(单位 L/s).

3.3.2　如果管道半径变窄(或变宽),不可压缩的定常水流速度将增加(或降低). 为了观察其原因,考虑流线上的两点 $s = s_1$, $s = s_2$. 设 A_1, A_2 分别为管道横截面的面积(单位 m^2), u_1, u_2 分别为通过 A_1, A_2 的水流(平均)速度. 连续性方程(见 Chin [2000])改为

$$u_1 A_1 = u_2 A_2 = Q$$

其中常数 Q 为水流量.

a) 假设通过直径 5 cm(2 in)管道的水流速度水头为 3 m (10 ft). 根据连续性方程,如果管道直径变窄至 4 cm(1.5 in),速度水头是多少(假设 $g = 9.8$ m/s^2)?

b) 对如图 14 所示的系统,为保持 B 点处水流定常,求供水速度 u_0 的值(表示为 h_1, h_2, r_1 和 r_2 的形式).

4. 管道中的粘性流

4.1 水头损失

到目前为止,我们一直假设流动无粘性或无摩擦力,现在考虑摩擦力如何影响重力输水系统. 在无粘流的情形中,所有能量是守恒的,但是现在管道中一部分初始的重力势能将会在沿流线流动时因摩擦力而损失. 这种能量损失称为水头损失(head loss),单位为 m,记为 h_f. 因为所有能量或者守恒,或者因摩擦力损失,所以(13)式变为

$$\frac{p}{\gamma} + \frac{u^2}{2g} + z + h_f = 沿流线为常数 \tag{15}$$

值得注意的是,在出水阀门关闭的情况下,速度、(因而)水头损失都是零. 这是静态压强的情况,对无粘流和粘性流都一样. 然而,当阀门打开时,能量将沿流线损失. 因为速度和高度水头不随摩擦力变化,所有的水头损失都来自于形如压强衰减 Δp 的动态压强水头. 也就是说,对沿流线的给定点,有

$$动态压强 = 静态压强 - h_f$$

因此,如果管道能够承受系统的静态压强,那么它也能承受动态压强.

习题

4.1   高度为 50 m 的水源,流至高度为 5 m 的出水阀门. 在高度为 30 m 的中间管道处,测得水速为 2.5 m/s. 如果该点的水头损失为 25 m,该点的压强是多少? 注意,大气压强为参考压强,取为 $p = 0$.

4.2 Reynolds 数

我们需要更进一步考察水和管壁之间出现的摩擦力. 特别要研究管道横截面上的流速向量是如何受摩擦力的影响.

摩擦力的影响与流动形式有关,可分为 3 类(图 15):层流(laminar),流线是光滑

的;湍流(turbulent),流线呈现随机波动,且有显著的非线性特征;过渡流(transitional),流线变化介于层流和湍流特征之间.

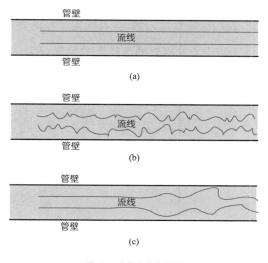

图 15 流线的定性例子
(a) 层流;(b) 湍流;(c) 过渡流

区分不同类型的流动的标准方法是运用 Reynolds 数,记作 Re,定义为

$$Re = \frac{\rho \bar{u} D}{\mu} \tag{16}$$

其中 ρ 为流体密度(质量/体积),$\bar{u}$ 为横截面上的平均速度,D 为管道直径,μ 为动态粘性,是表示流体阻力的参数(20℃时,$\mu_{\mathrm{H_2O}} = 0.001 \ \mathrm{kg/(m \cdot s)}$).

对一个圆形管道,相应于 Reynolds 数的流动类型近似如下:

$Re < 2\ 100 \rightarrow$ 层流:沿光滑路径流动;

$2\ 100 \leqslant Re \leqslant 4\ 000 \rightarrow$ 过渡流:混合层流和湍流的特征;

$4\ 000 < Re \rightarrow$ 湍流:方向随机变化的不规则流动.

习题

4.2 证明 Reynolds 数是无量纲的.

4.3 层流

层流最易于分析,能够使我们找到作用在流体上的摩擦力影响的数学表达式.它对于研究过渡流也是非常必要的,因为过渡流兼有层流和湍流的特征.然而值得注意的是,在重力输水系统中,由于速度和所用管道的直径,层流是非常罕见的(见习题 4.3.4).为了推导出层流的速度,我们从考察均匀的、具有固定半径的圆形管道开始.为此引入如下柱坐标系(图 16):s 为沿中心对称轴的流线上的位置;r 为从中心对称轴开始的径向距离;ϕ 不需要,因为假设径向对称(如图 17 中的二维管道).

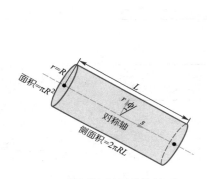

图 16　在管道流分析中的柱坐标系

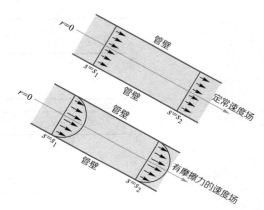

图 17　恒定横截面的无粘流的流速场（上图）因摩擦而改变（下图）

假设对不可压缩的定常粘性流,其速度向量总是垂直于管道的正截面,即速度总是平行于中心对称轴.需要注意的是,速度在正截面上不再是常量.在水和管道的接触处存在摩擦力,产生截面上的速度场,如图 17 所示.进一步注意到,水速在管壁处为 0(无滑动情况),而沿管道的中心对称轴($r=0$)达到最大.

注意到我们假设速度场在任意截面上是相同的.也就是说,没有流体加速度.速度场是由其速度梯度决定的,表示关于 r 的速度大小 $u = |\boldsymbol{u}|$ 的变化率 $\dfrac{\mathrm{d}u}{\mathrm{d}r}$.摩擦力用剪切应力 $\tau(r)$ 表示,它给出了距中心对称轴 r 单位处(侧面)单位面积的摩擦力的大小.对 Newton 流体(例如水),应力与速度梯度的关系由方程

$$\tau(r) = -\mu \frac{\mathrm{d}u}{\mathrm{d}r} \tag{17}$$

给出,其中 μ 为常量,称为动态粘性(dynamic viscosity).负号表示摩擦力与流体运动方向相反.

为了得到速度场,考虑半径为 r,横截面积为 $A_{cs} = \pi r^2$,侧面积为 $A_L = 2\pi rL$ 的同轴圆柱形的微元(图 18).

由 Newton 第二定律,作用在这个微元上 s 方向的合力(重力、压力和摩擦力)应该为零,因为在这个方向上没有加速度:

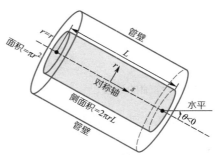

$$F_{gs} + F_{ps} + F_f = ma_s = 0 \qquad (18)$$

微元上沿 s 方向的重力分量 F_{gs} 为

$$F_{gs} = -\gamma\pi r^2 L\sin\theta$$

图 18 内圆柱是用来得到速度场 $u(r)$ 的微元

(习题 4.3.1).压力分量为

$$F_{ps} = -\Delta\bar{p}A_{cs} = -\Delta\bar{p}\pi r^2$$

其中 $\Delta\bar{p} = \bar{p}_r - \bar{p}_l$ 是微元左右表面平均压强的差.摩擦力为

$$F_f = -\tau(r)A_L = -\tau(r)2\pi rL$$

由(18)式可得

$$-\gamma\pi r^2 L\sin\theta - \Delta\bar{p}\pi r^2 - \tau(r)2\pi rL = 0$$

即

$$\tau(r) = -\left(\frac{\gamma L\sin\theta + \Delta\bar{p}}{2L}\right)r \qquad (19)$$

注意,假设应力与速度梯度简单地成比例$\left(\tau(r) = -\mu\dfrac{\mathrm{d}u}{\mathrm{d}r}\right)$,有

$$\frac{\mathrm{d}u}{\mathrm{d}r} = \left(\frac{\gamma L\sin\theta + \Delta\bar{p}}{2\mu L}\right)r$$

因而

$$u(r) = \left(\frac{\gamma L\sin\theta + \Delta\bar{p}}{4\mu L}\right)r^2 + C_1$$

其中 C_1 为常数.注意到管壁上的速度为零(即 $u(R) = 0$),可得

$$C_1 = -\left(\frac{\gamma L\sin\theta + \Delta\bar{p}}{4\mu L}\right)R^2$$

这样我们得到管道中粘性层流的速度场应为抛物线

$$u(r) = -\left(\frac{\gamma L\sin\theta + \Delta\bar{p}}{4\mu L}\right)R^2\left[1 - \left(\frac{r}{R}\right)^2\right] = u_0\left[1 - \left(\frac{r}{R}\right)^2\right] \tag{20}$$

其中

$$u_0 = u(0) = -\left(\frac{\gamma L\sin\theta + \Delta\bar{p}}{4\mu L}\right)R^2$$

为沿中心对称轴的速度.

习题 4.3.2 要求证明相应的水流量为 $Q = \frac{1}{2}\pi R^2 u_0$. 注意到最大流速 u_0 是定常无粘流速度的两倍[Young 等, 2001], 所以水流量 Q 对层流和无粘流是相同的(正如可从不可压缩流的连续性方程作出预测).

习题

4.3.1   证明 $F_{gs} = -\gamma\pi r^2 L\sin\theta$.

4.3.2   证明对半径为 R 的圆形管道, 无粘层流通过横截面的水流量(单位时间的体积)为 $Q = \frac{1}{2}\pi R^2 u_0$(提示: 采用极坐标系, 对(20)式给出的速度场 $u(r)$ 在半径为 R 的圆盘上积分).

4.3.3   a) 如何用图 19(来自于 Nakayama 和 Boucher[1999])说明管道直径变化? 是因为摩擦力导致水头损失吗?

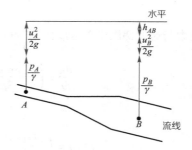

图 19   习题 4.3.3 的图(来自于 Nakayama 和 Boucher［1999］)

b) 对无粘流如何改进 Bernoulli 方程, 使之包含水头损失?

4.3.4   构造一管道以 2 m/s 的平均速度输送水, 要使得其仍是层流, 问最大可能的管道直径是多少? 此管道的水流量是多少? 这可以实现吗? 注意 $\rho_{H_2O} = 998.2$ kg/m^3.

4.4　湍流

湍流的建模在很多方面都要比层流复杂[Young 等,2001],包括:

(1)　湍流的速度梯度随横截面的位置 s 变化(对无粘流和层流,本文都仅考虑速度梯度在各横截面相同的情形,即充分展开流).

(2)　湍流的剪切应力 τ 不再与速度梯度成比例,而是与流体的动态粘性 μ 和质量密度 ρ 有关(对层流,剪切应力与流体密度无关).

(3)　湍流的压强落差 Δp 依赖于管壁的粗糙度参数 ε(对层流,压强落差与管道粗糙度无关).

这些注意事项说明,对定常不可压缩湍流,直径为常数的圆形管道中压强落差 Δp 可用形如

$$\Delta p = F(\bar{u}, R, L, \varepsilon, \mu, \rho) \tag{21}$$

的函数描述,其中 $\bar{u}$ 为横截面上的平均速度,R 为管道半径,L 为管道长度,ε 为管壁的粗糙度参数,μ 为动态粘性,ρ 为密度.(影响压强的其他因素,例如水温、悬浮颗粒和溶解气体可以忽略,所以(21)式是一个很好的近似).

对通过长 L,直径 $D = 2R$ 的管道的定常不可压缩流,根据 Darcy – Weisbach 公式[Young 等,2001]

$$h_f(L) = f \frac{L}{D} \frac{\bar{u}^2}{2g} \tag{22}$$

水头损失 $h_f(L)$(即因摩擦力损失的总能量)依赖于一个摩擦因子 f. 根据连续性方程(见习题3.3.2),这里平均速度 $\bar{u}$ 在每个横截面上都是相同的.假设摩擦因子 f 是形如

$$f = G\left(Re, \frac{\varepsilon}{D}\right)$$

的函数,其中 Re 是 Reynolds 数,$\frac{\varepsilon}{D}$ 称为相对粗糙度.摩擦因子 f 通过方程

$$\frac{1}{\sqrt{f}} = -2.0 \log_{10}\left(\frac{\varepsilon/D}{3.7} + \frac{2.51}{Re\sqrt{f}}\right) \tag{23}$$

与 Reynolds 数 Re 和相对粗糙度 $\frac{\varepsilon}{D}$ 有关,其结果列于表中或者由 Moody 图形象地显示出来[Young 等,2001].后一种方式的定性形式见图20.

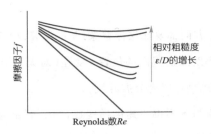

图 20　作为 Reynolds 数(Re)和相对粗糙度 $\left(\dfrac{\varepsilon}{D}\right)$ 的函数的摩擦因子 f 的定性 Moody 图. 这个类型的图由在实际中用于对湍流决定 f 的实验数据构造

习题

4.4.1　PVC 管道比铁管光滑(即 PVC 管道的相对粗糙度 $\dfrac{\varepsilon}{D}$ 比铁管小). 对给定的 Reynolds 数 Re , 两种管道哪个管道有较大的摩擦因子 f?

4.4.2　假设湍流的最大速度介于无粘流和层流之间, 对这 3 种类型的流体, 给出横截面上的(轴对称)速度场的定性描述.

4.5　管道的选择

我们已经介绍了一些与管道选择有关的重要参数, 包括直径、横截面的平均速度、水流量、摩擦力引起的水头损失、压强负载、Reynolds 数和摩擦因子, 见表 5 中的总结. 本节讨论管道直径相对较小的变化如何导致系统设计的巨大改变.

表5　长度为 L 的管道的一些重要参数

公式	单位	本文中的节号
管道直径 D	m	3.3
平均流速 $\bar{u}$	m/s	3.3, 4.2, 4.3
水流量 Q $Q = \pi \left(\dfrac{D}{2}\right)^2 \bar{u}$	m³/s	3.3, 4.2
水头损失 h_t $h_t = f \dfrac{L}{D} \dfrac{\bar{u}^2}{2g}$	m	4.3

续表

公式	单位	本文中的节号
需要的最小压强负载 C $C = 0.1\gamma h$	N/cm²	3.1, 3.2
Reynolds 数 $Re = \dfrac{\rho \bar{u} D}{\mu}$	无量纲	4.1, 4.3

图 21 定性地展示了输水系统中的一段，其中考虑了 3 种不同的管道．静态水头线说明初始可利用的总能量是重力势能．每个管道的水压坡降线（hydraulic grade line，简记为 HGL）表示因沿流线的水流导致的水头损失剩余的总能量．

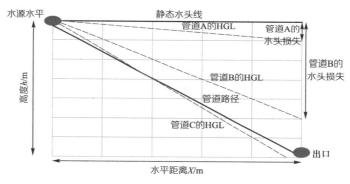

图 21　各种管道的水压坡降线（HGL）图

表 6（基于附录 C [Tawney 2000]）给出了对各种直径的管道和流速，因摩擦力（每 100 m 的管道）造成的水头损失（单位：m）．实际应用中流速过快或者过慢的情况（>3 m/s 导致管道内腐蚀过大，而 <0.7 m/s 时，水中的沉淀会堵塞管道）都被排除了．

表 6　PVC 管道的水头损失（m/100 m）

	管道直径/mm			
	25	40	50	80
允许的最大静态水头/m	253	186	157	146
水流量 Q/(L/s)				
0.35	3.45	0.33	0.11	
1.0	25.7	2.31	0.75	
1.4	49.5	4.38	1.41	0.14
2.0		8.69	2.78	0.26
3.0		19.1	6.04	0.56
4.0			10.6	0.96

注意到水头损失和压强负载都与管道直径负相关,图 21 中的 3 种管道可分类如下:

管道 A:水头损失最小,就是说这个管道有最大的直径 D 和水流量 Q. 因此管道 A 可提供更大的水需求量,并且摩擦力只是阻碍水流到达出水口的一个小因素. 然而,一个较大直径的管道具有较小的压强负载 C,所以这种管道在出水阀门关闭水流停止时出现故障的风险最大. 换句话说,这种管道最需要一个分压水箱,以防止静态压强过大(当管道允许的压力水头小于初始的高度水头(h)与水头损失(h_f)之差时,需要分压水箱).

管道 B:这种管道具有中等大小的管道直径和流速,这样可以满足中等需求,也有中等的压强负载. 可能需要一个分压水箱,也可能不需要. 即使有比管道 A 大得多的水头损失,能量依然足以将水输送至出口.

管道 C:这种管道有最小的直径和水流量,有最大的压强负载,于是最可能无需分压水箱. 然而,这种管道只能满足有限的用水需求. 进一步,因为这种管道有较小的直径,水将以较高速度流过,因摩擦将损失更多的能量. 较多能量成为水头损失,使得水压坡降线(HGL)更加陡峭,从而导致 HGL 降到管道水平之下. 当 HGL 降至管道水平以下,能量将不足以将管道内的水运至出口. 在这种情况下,需要引入一个水泵(对只有重力提供能量的系统,HGL 不能低于管道水平,因为为了满足 Bernoulli 方程而产生的负压强,将阻止水流运动,可能将空气或污垢吸入管道. 理想的管道最好建在 HGL 以下至少 5 m 处).

输水系统的直径大约在 25 mm 至 50 mm 之间变化,可导致系统性能很大的不同[Tawney 2000],因此在建造之前仔细进行系统设计是非常重要的.

习题

4.5.1　对直径为 25 mm 的 PVC 管道,表 6 建议水流量 Q 介于 0.35 L/s 和 1.4 L/s 之间. 求出相应于最小和最大水流量的 Reynolds 数 Re 和水头损失. (译者注——原文为表 5,有误.)

4.5.2　考虑具有如图 21 所示的管线的管道 X. 给定管道 X

的直径为 D, 长度为 $L = \sqrt{h^2 + x^2}$, 摩擦系数为 f, 相对粗糙度为 $\dfrac{\varepsilon}{D}$. 解释如何得到 Reynolds 数 Re, 平均流速 $\bar{u}$, 水流量 Q, 水头损失 h_f 及水压坡降线 (HGL).

5. 设计一个系统

本节我们将提出的重力输水系统的设计思想应用于 Micronesia Nan Mand 的一个村庄. 数据来自于 Mogenson [1966], 注意到:

当地 400 人口以每年 2% 的平均速度增长.

估计每人每天的需水量为 416 L.

系统从海拔 195 m 的源头水箱流至 2 220 m 远、海拔为 5 m 的出水阀门.

其中各点海拔的测量数据见表 7.

表 7　Micronesia Nan Mand 的从源头水箱到出水阀门的海拔测量数据

水平距离/m	海拔/m	水平距离/m	海拔/m
213	177	1 524	91
701	134	1 890	46
1 128	116		

系统的设计规范包括:

系统应满足这个村庄今后 20 年的用水需求.

水流量应保持可接受的水速.

应详细指出分压水箱(如果需要的话)的位置和数量.

水头损失要经过 HGL 图的分析, 保证管道低于 HGL.

为简单起见, 整个系统的管道直径均相同.

以现有的增长率, 这个村庄在 20 年后将有 $400 \times 1.02^{20} = 594$ 人. 每人每天需水量为 416 L, 这个系统必须供应 2.86 L/s, 变换为 0.002 86 m^3/s (1 m^3 = 1 000 L). 因为我们面对相对较大的需水量, 而海拔变化较小(即压力增大较小), 首先试用直径为 50 mm

的管道.应用连续性方程,有

$$Q = \bar{u}A$$

从而

$$\bar{u} = \frac{0.002\ 86\ \text{m}^3/\text{s}}{\pi \times 0.025^2\ \text{m}^2} = 1.457\ \text{m/s}$$

它介于速度范围 0.7 m/s 和 3 m/s 之间(否则需选取新的管道直径).接下来考虑静态压力负载.最大压强是当阀门关闭时位于 5 m 处的出水阀门.源头水箱到出水口的海拔差(190 m)给出了 190 m 的压强水头.对这个压强作如下换算

$$压力水头 = \frac{p}{\gamma}$$

从而

$$p = 190 \times 9\ 789 = 1\ 860\ \text{kN/m}^2$$

这个静态压强超出了 50 mm 管道的最大工作压强 1 144.5 kN/m²,所以至少需要一个分压水箱.如果一个分压水箱安置在海拔 91 m 处(水平距离 1 128 m),那么第一和第二大的静态压强分别为 1 019.2 kN/m² 和 842.8 kN/m².这两个数值都在管道可承受的范围内,所以不需要更多的分压水箱.每 100 m 的水头损失见表 7,又因为其中没有包括水流量 2.86 L/s,在这里使用最接近的 Q,即 3 L/s.同时,因为管道倾角很小,用水平距离估计管道长度.考虑到这些因素,可以估计出每 100 m 水平距离(x)的水头损失为 6.04 m.

　　现在我们可以考察动态压强(阀门打开时)用(13)式来构造 HGL 图.不同的水头数据如下:

速度水头$\left(\dfrac{\bar{u}^2}{2g}\right)$为常量,$\dfrac{1.457^2}{2 \times 9.8} = 0.108$(m);

高度水头(z)为该点的海拔(单位:m);

水头损失(h_f)随水平距离以固定速率增加,$\dfrac{x}{100} \times 6.04$;

压强水头$\left(\dfrac{p}{\gamma}\right)$管道内水流动时动态压强为 $z - \dfrac{\bar{u}^2}{2g} - h_f$.

在图 22 中,HGL 的斜率为水头损失的速度,所以 HGL 有方程 HGL = 195 − 0.108 −

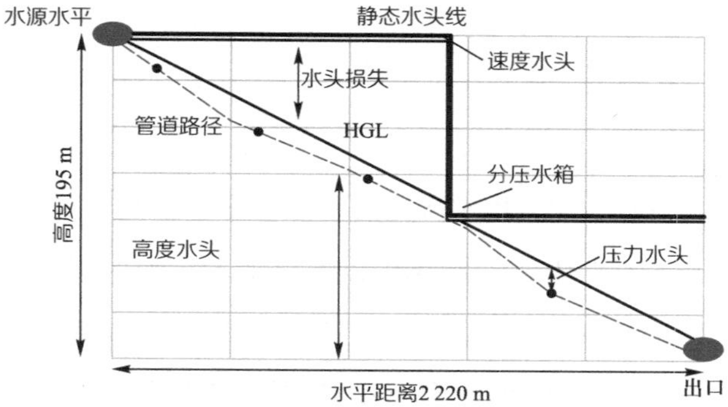

图 22　Nan Mand 村庄的 HGL 图

0.060 4x. 因为管线各点均保持在 HGL 之下,这个设计满足所有条件. 如果管道高于 HGL,我们就需要重新设计,采用直径更大的管道来减小水头损失以防止负压强.

习题

5.1　为新墨西哥 Tesuque Pueblo 的村庄设计重力输水系统. 村庄有 980 人,人口每年以 1.6% 的速度增长[U. S. Census Bureau 2010],且每人每天预期用水 322 L. Barranca Road 的源头水箱位于海拔 2 255 m 处,出水阀门在 15.3 km 远海拔 1 920 m 处[Leder 2001]. 海拔测量数据在表 8 中给出.

表 8　新墨西哥 Tesuque Pueblo 的从源头水箱到出水阀门的海拔测量数据

水平距离/m	海拔/m
2 415	2 170
4 225	2 130
5 625	2 110
10 050	1 980
13 265	1 950

设计一个系统在今后 10 年内无需更新就能满足平均需求. 选择表 6 中列出的管道直径,满足水流量和流速限制,并假设所有管道有相同的直径.

6. 案例研究:洪都拉斯

　　服务性学习项目对于建立本文所述的重力输水系统模型是一个很好的激励和改进.例如,洪都拉斯是西半球最贫穷的国家之一,其农村地区历来很少获得洁净的水.2002 年,据世界卫生组织(WHO)估计,洪都拉斯平均每年约有 2 500 人因缺少洁净用水而死亡.重力输水系统造价低廉、易于维修,同时洪都拉斯当地的山泉可保证这种系统很好地满足实际需求.事实上在洪都拉斯,使用重力的输水系统占所有输水系统的 93%.

　　洪都拉斯项目(Honduras Project,简记HP)是美国 Wheaton 学院的一个学生组织,他们自 1982 年以来,一直在帮助村落建造重力输送饮用水的装置(图 23).HP 与洪都拉斯本地极富经验的工程师 Arnoldo Alvarez 合作设计、建造并共同维护输水系统.学生们每学年都通过社区项目和支持信函来筹集善款.设计团队利用春假来到洪都拉斯的村庄帮助当地百姓挖通水渠、建造水箱、安装管道.

图 23　每年洪都拉斯项目援助洪都拉斯的乡村安装重力输水系统

　　在最近几十年,像 HP 这类项目已经在洪都拉斯很好地扩大了水源地覆盖面(图 24).这种项目很值得其他学校和组织复制推广.

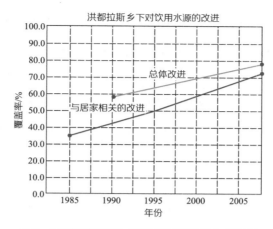

图 24　在洪都拉斯乡下对水源的改进[WHO/Unicef 2010]

7. 进一步说明

在本文中我们导出了 Bernoulli 方程,并将其应用于重力输水系统中压力增大和流速等方面. 然后介绍了分压水箱,计算出层流粘性流的速度场,定性描绘了摩擦力对湍流的影响.

对于实际应用和数学考量更为复杂的一些因素未被引入,其中包括(但不限于):

(1) 研究当主管道分为更小管道的分布系统时,对压力和速度的影响;

(2) 考虑每日最大需水量;

(3) 对水源进行评估,考虑水质和供水能力;

(4) 使用测绘仪计算垂直高度落差;

(5) 测定村落用水需求,包括用水高峰周期和人口增长;

(6) 在管道系统中加入放气阀门;

(7) 将水输送进家庭时配件的选用(如阀门等);

(8) 讨论诸如长期使用 PVC 管道造成的系统维护和安全问题;

(9) 考虑在弯曲管道中的压强变化;

(10) 分析造成水头损失的其他因素,例如悬浮颗粒、溶解气体和水温等;

（11）综合考虑不稳定流体和过渡流来进一步分析,包括阀门造成的水头损失等;

（12）湍流中混沌理论、分形几何、数值分析的应用.

对进一步研究感兴趣的读者可以参考 Tawney［2000］和 ACF 国际［2008］中的实际情况,Nakayama 和 Boucher［1999］或 Young 等［2001］对于流体力学一般背景的介绍,Chin［2000］对总体背景和水利工程问题的论述以及 Jordan［1980］对重力输水系统的深入讨论.

实用资源包括：

比较海拔和 HGL 时可以使用图形计算器,将海拔数据输入统计图以画出 HGL 方程的图形.

Engineering Toolbox［n. d.］给出了 PVC 管道的最大承受压强.

eFunda 公司［2001］提供了多个不同单位制下的 Reynolds 数计算器.

8. 习题解答

2.1　由图 5 和图 8,$F_{gn} = F_g \cos \theta = \gamma \delta V \cos \theta = \gamma \delta V \sqrt{1 - \left(\dfrac{\mathrm{d}z}{\mathrm{d}s}\right)^2}$.

2.2　$\dfrac{\mathrm{d}p}{\mathrm{d}s} \approx \dfrac{p\left(s_0 - \dfrac{\delta s}{2}\right) - p(s_0)}{-\dfrac{\delta s}{2}} \Rightarrow p\left(s_0 - \dfrac{\delta s}{2}\right) \approx p(s_0) - \dfrac{\mathrm{d}p}{\mathrm{d}s}\dfrac{\delta s}{2}$.

2.3　由于 z 的量纲为 L,必须证明另外两项的量纲也是 L. 压强是单位面积上的压力,压力是质量乘以加速度,因而 p 的量纲为

$$\frac{M\dfrac{L}{T^2}}{L^2} = \frac{M}{LT^2}$$

因为 $\gamma = \rho g$ 的量纲为

$$\frac{M}{L^3}\frac{L}{T^2} = \frac{M}{L^2 T^2}$$

所以 $\dfrac{p}{\gamma}$ 的量纲为

$$\frac{\dfrac{M}{LT^2}}{\dfrac{M}{L^2T^2}} = L$$

$\dfrac{u^2}{g}$ 的量纲为

$$\frac{\left(\dfrac{L}{T}\right)^2}{\dfrac{L}{T^2}} = L$$

3.1.1　a）由 Bernoulli 方程，有

$$\frac{p}{\gamma} + \frac{u^2}{2g} + z = c$$

因为当龙头关闭时，$u = 0$ m/s，$z_B = 0$ m，如图 10 所示，所以方程可简化为 $\dfrac{p}{\gamma} = c$. 由于

$$c = 9 \text{ m} + 2 \text{ m} = 11 \text{ m} = \frac{p}{9.789 \text{ kN/m}^3}$$

得到 $p = 107.7$ kN/m^2（译者注：原文中上式的表达和计算结果 105.5 有误.）

b）由 a），有 $\dfrac{p}{\gamma} = c$. 由

$$c = 30 \text{ ft} + 6 \text{ ft} = 36 \text{ ft} = \frac{p}{62.3 \text{ lb/ft}^3}$$

得到

$$p = 2\,242.8 \text{ lb/ft}^2 = 2\,242.8 \text{ lb/ft}^2 \cdot \frac{(1 \text{ ft})^2}{(12 \text{ in})^2} = 15.6 \text{ lb/in}^2 = 15.6 \text{ psi}$$

3.1.2　由图 25，记 h 为从水库到出水口的垂直距离. 则 h 满足

$$\frac{1\,862 \text{ kN/m}^2}{9.789 \text{ kN/m}^3} = (h + 3) \text{ m} \Rightarrow h \approx 187 \text{ m}$$

3.2.1　a）在水平距离 600 m 处压强最大，因为从源头到此处的垂直落差最大（114 m）.

b）在压强水头为

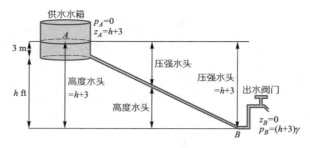

图 25　习题 3.1.2 的解

$$\frac{p}{\gamma} = \frac{917 \ kN/m^2}{9.789 \ kN/m^3} = 93.7 \ m$$

的管道可以工作,所以需要 1 个分压水箱.

3.2.2　A 处的压强为 $p_A = [(h_1 + h_2) - (h_3 + h_4)]\gamma$. B 处的压强为 $p_B = (h_3 + h_4)\gamma$. 分压水箱有效地减少了出水处由总量 p_A 带来的压强.

3.3.1　0.121 5 L/s.

3.3.2　a) 速度水头为 3 m(10 ft)对应于速度 $u_1 = [3 \times 2 \times 9.8]^{1/2} \approx 7.7 \ m/s$. 由连续性方程,$\pi (0.025)^2 u_1 = \pi (0.02)^2 u_2$,所以 $u_2 \approx 12.0 \ m/s$,相应的速度水头约为 7.3 m(24.0 ft). (译者注:原文 u_2 的计算结果为 11.9 m/s,速度水头为 31.6 ft,均有误.)

b)

$$\pi r_1^2 u_0 = \pi r_2^2 u_B \Rightarrow u_0 = \left(\frac{r_2}{r_1}\right)^2 \sqrt{2g(h_1 + h_2)}$$

4.1

$$\frac{p_1}{\gamma} + \frac{u_1^2}{2g} + z_1 = \frac{p_2}{\gamma} + \frac{u_2^2}{2g} + z_2 + h_f$$

$$0 + 0 + 50 = \frac{p_2}{\gamma} + \frac{2.5^2}{2g} + 30 + 25$$

$$p_2 = (50 - 0.32 - 25 - 30) \times 9.789 \ kN/m^2 = -52.07 \ kN/m^2$$

(译者注:原文计算结果 −52.08 有误).

压强为负数表明管道内的压强比外面的压强小,这会导致将空气或污垢吸入管道,从而使水流停止.

4.2 Reynolds 数 $\dfrac{\bar{\rho u D}}{\mu}$ 是无量纲的,因为在表达式 $\dfrac{\dfrac{M}{L^3}\dfrac{L}{T}L}{\dfrac{M}{LT}}$ 中所有单位都消掉了.

4.3.1 $F_{gs} = -F_g \sin\theta = -mg\sin\theta = -\rho(\pi r^2 L)g\sin\theta = -\gamma\pi r^2 L\sin\theta.$

4.3.2 $Q = \displaystyle\int_0^{2\pi}\int_0^R u_0\left[1-\left(\dfrac{r}{R}\right)^2\right]r\mathrm{d}r\mathrm{d}\theta = \dfrac{1}{2}\pi R^2 u_0.$

4.3.3 因为 B 处的管道比 A 处宽,u_B 小于 u_A. 从 A 到 B 的水头损失可由 h_{AB} 表示.

4.3.4

$$Re = \frac{\bar{\rho u D}}{\mu} = \frac{998.2 \times 2 \times D}{0.001} < 2\ 100 \Rightarrow D < 0.001\ \mathrm{m} = 1\ \mathrm{mm}$$

水流量为

$$Q = \bar{u}A < \bar{u}\pi\left(\frac{D}{2}\right)^2 = 1.6\times10^{-6}\,(\mathrm{m}^3/\mathrm{s})$$

所以,对合理的 $\bar{u}$,管道将不可思议地小. 这说明,虽然层流是分析摩擦力的有用的假设,但它在重力输水系统中是不切实际的.

4.4.1 铁管有更大的摩擦系数.

4.4.2

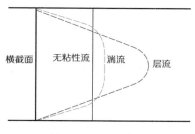

图 26 习题 4.3.2 的解

4.5.1 对应于最小和最大水流量的平均速度分别为

$$\bar{u} = 0.35\,\frac{10^{-3}}{\pi\,(0.012\ 5)^2} = 0.71\,(\mathrm{m}/\mathrm{s})$$

和

$$\bar{u} = 1.4 \frac{10^{-3}}{\pi (0.012\ 5)^2} = 2.85\ (\text{m/s})$$

相应的 Reynolds 数分别为

$$Re = \frac{1.23 \times 0.71 \times 0.025}{1.79 \times 10^{-5}} \approx 1\ 200$$

和

$$Re = \frac{1.23 \times 2.85 \times 0.025}{1.79 \times 10^{-5}} \approx 4\ 900$$

这表示对应于最小流量的是层流,而对应于最大流量的是湍流.注意,层流与湍流之间水头损失的差:最小流量时为每 100 m 3.45 m,最大流量时为每 100 m 49.5 m.

4.5.2　利用(23)给出的 f 的方程或 Moody 图,可以决定 Reynolds 数 Re. 于是可计算得到

$$\bar{u} = \frac{\mu Re}{\rho D}, \quad Q = \pi \left(\frac{D}{2}\right)^2 \bar{u}, \quad h_f = f \frac{L}{D} \frac{\bar{u}^2}{2g}$$

已知水头损失,容易画出如图 21 所示的 HGL. HGL 帮助我们决定管道是否可用于如4.4节中解释的分段系统.

5.1　用直径为 80 mm 的管道来设计系统. 在 10 年中,Tesuque Pueblo 计划有 1 148 人,需要的水流量为 $Q = 4.27$ L/s $= 0.004\ 27$ m³/s. 直径为 80 mm 的管道的横截面面积为 0.005 m²,所以平均速度为 0.85 m/s(低,但在合适的范围之内). 在出水阀门处的最大静态压力水头为 2 255 − 1 920 = 335 m(译者注——原文为 2 255 − 1 950,有误),大于表 6 中最大工作压力水头(146 m). 高度为 2 130 m 和 2 030 m 的分压水箱在第 1 节、第 2 节和第 3 节中将最大静态压力水头分别减少至 125 m,100 m 和 110 m. (因为高度 2 030 m 没有列出,我们不知道在这个位置是否有适当的建造地点. 此时,可能需要第 3 个分压水箱.)若水流量下降,由表 6,水头损失为每 100 m 约 0.96 m.用管道长度近似水平距离,所以 HGL 由表达式 HGL = 2 255 − 0.85²/2g − 0.96x 给出. 将这条直线与给定的高度进行比较,发现高度保持在 HGL 线以下. 这表明动态压强不会是负的,所以系统是可行的(译者注——上述表 6 在原文中均写为表 5,有误).

参考文献

ACF International. 2008. Design, Sizing, Construction and Maintenance of Gravity-Fed Systems in Rural Areas, Module 2. France: ACF.

Bentley, Jessica, et al. 2002. Sustainable water development for the Village of Miramar, Honduras. Albuquerque, NM: Water Resources Program, University of New Mexico. Publication No. WRP – 5.

Chin, David. 2000. Water-Resources Engineering. Upper Saddle River, NJ: Prentice Hall. eFunda, Inc. 2011. Reynolds number calculator.

Engineering Toolbox. n. d. PVC pipes—pressure ratings.

Hofkes E. H. 1981. Small Community Water Supplies. New York: John Wiley & Sons.

Jordan, Thomas. 1980. A Handbook of Gravity-Flow Water Systems. London, England: Intermediate Technology Publications.

Leder, Charles S. 2001. Water production/transmission/distribution system pre-feasibility study prepared for Aamodt Indian Water Rights Mediation Group. Pojoaque River Basin, New Mexico.

Manyanhaire, Itai Offat, Taneal Kamuzungu. 2009. Access to safe drinking water by rural communities in Zimbabwe: A case of Mundenda village Mutasa District of Manicaland Province. Journal of Sustainable Development in Africa, 11: 113 – 127.

Mogenson, Ulla. 1996. Engineering report for Nan Mand water supply system, Kitti Municipality Section Ⅱ, Federated States of Micronesia. SOPAC Technical Report 241.

Nakayama Y., Boucher R. F. 1999. Introduction to Fluid Mechanics. New York: John Wiley & Sons.

Tawney, Eric. 2000. Visualization of construction of a gravity-fed water supply and treatment system in developing countries.

U. S. Census Bureau. 2010. 2005 – 2009 American Community Survey: Tesuque Pueblo.

water. org. 2010. Learn about the water crisis. Accessed 20 February 2011.

WHO/UNICEF Joint Monitoring Program for Water Supply and Sanitation. 2010. Estimates for the use of improved drinking-water sources. Updated March 2010: Honduras. Accessed 20 February 2011.

Young D., Munson B., Okiishi F. 2001. A Brief Introduction to Fluid Mechanics. New York: John Wiley & Sons.

9 依赖于温度的螨虫捕食者—食饵模型

A Temperature-Dependent Model of a Mite Predator — Prey Interaction

吴孟达　编译　叶其孝　审校

摘要:

研究了一个螨虫捕食者—食饵模型的定性表现行为,这个模型基于一个简单的微分方程系统,系统参数由两种螨虫之间的相互作用所确定. 这里的某些参数是温度的函数,因此在分析模型时温度被当做是分歧参数. 研究表明,随着温度的变化,该系统或者存在一个稳定的平衡点,或者存在一个稳定的极限环,或者两者同时存在(双稳态). 模型结论可以解释某些种群爆发现象.

原作者:

John B. Collings

Mathematics Dept. , University of North Dakota, Grand Forks, ND 58202 – 8376.

collings@ plains. nodak. edu

David J. Wollkind

Dept. of Pure and Applied Mathematics, Washington State University.

发表期刊:

The UMAP Journal, 1998, 19(1): 11 – 32.

数学分支:

数学建模,微分方程

应用领域:

种群生物学

授课对象:

学习微分方程或数学建模(包含相平面分析)的学生

预备知识:

微分方程定性理论,相平面分析,常微分方程数值解

目 录:

网上更多……　　本文英文版

1. 引言

本文建立在 Wollkind 等[1988]工作的基础上,研究了用简单微分方程描述的两种螨虫之间的捕食与被捕食的相互作用.螨虫属于与蜘蛛和蜱虫同类的微型节肢动物.螨虫又分为许多种类(编译者注:世界上已发现螨虫有 50 000 多种,仅次于昆虫——百度百科),螨虫的寄生地非常广泛,包括植物、动物、食物以及房间灰尘等.虽然大部分螨虫是相对无害的,但有一些螨虫是危害农作物的害虫,或是传染疾病的媒介,灰尘中的螨虫更是公认的过敏源.

我们要讨论的两个具有相互影响的种群是捕食螨虫——转基因捕食螨(Metaseiulus occidentalis,以下简称为:M 螨虫)与被捕食螨虫——迈叶螨(Tetranychus mcdanieli,以下简称为:T 螨虫),在华盛顿州的苹果树上这两种螨虫很常见.T 螨虫以苹果树叶为食,当其密度达到一定数量(大约每片树叶上 50 只)时,将会对苹果产量产生显著影响,如果密度更高,则会对苹果树产生危害.这种螨虫对杀虫剂能够很快产生抗药性,所以人们考虑利用生物捕食之类的生物控制方法来控制它们的数量,使其维持在较低的水平上.M 螨虫可以担当这样一个捕食者的角色,所以有必要研究这两类螨虫之间的相互作用是如何发生的.

在种群生物学中,种群数量如何随着时间而变化是一个重要问题,并且关于种群动态变化的研究工作已经有了很多.从最简单的单一种群模型到覆盖了整个生态群的非常复杂的模型,这个领域的工作很广泛.影响种群数量动态变化的因素有很多,包括:气候、栖息地、种群年龄、相关生物种类等.这些因素中有确定性的,也有随机性的,即使部分包含这些因素的模型,也很难进行分析,因此,作为研究起步,通常考虑简化模型,忽略一些细节,同时保持对种群动态定性变化的本质的描述.在接下来的建模过程中,我们将秉承这样一种简约的原则.

我们从一个简单的常微分方程系统着手.这个系统在相平面第一象限存在唯一的

一个平衡点,若这个平衡点不是稳定的,则存在一个稳定的极限环.

关于这个用简单微分方程描述的捕食者—食饵系统的一种批评是,它的模型参数的确定缺乏生物相关性.出于对此种说法的至少是部分的回应,我们的模型中包括了由 M 螨虫与 T 螨虫之间相互作用导致的参数变化.这种依赖于参数值的模型显示出:该系统存在一个稳定的平衡点,或者存在一个极限环,或者两者同时存在.两个吸引子(attractors)同时存在是双稳态(bistability)的一个实例.模型结论很好地吻合了由这两种螨虫相互作用的实际现场观察数据以及实验室数据得出的结论.为了保持模型的可分析性,我们在模型中没有包含空间因素、随机性因素以及种群年龄因素的影响.

系统研究的第一步是讨论系统所依赖的基础微分方程的定性表现,包括平衡点的定位与分类,以及周期解存在的充分条件.第二步则是关于 M 螨虫与 T 螨虫之间相互作用参数的讨论.最终,通过数值计算方法得到这些参数下模型行为的结论.

有些模型参数是环境温度的函数,所以系统状态在种类、数值以及稳定性方面的表现依赖于温度的变化,温度参数由此成为一个"分歧参数"(bifurcation parameter),使得系统状态发生改变时的温度值称为"分歧点"(bifurcation points).

下一节将介绍种群模型的发展背景,希望对种群模型有更多了解的读者,有许多参考书籍提供了更全面的介绍,最近出版的适合于具有一年微积分学习基础的读者的一本书是 Hastings [1997],另外两本读者可能感兴趣的书是 Kingsland [1985] 和 Cohen [1995],它们需要的数学基础更少,前者介绍了种群模型的历史,而后者主要讨论人口模型.另一个网络相关信息来源为种群生态学主页(population ecology home page),这个由 Alexei Sharov 在弗吉尼亚工学院维护的网站提供了获得与种群生态学和种群建模有关的多种最新资源的通道.

2. 模型建立

单一种群的简单生长模型通常用 Logistic 方程描述:

$$\frac{\mathrm{d}h}{\mathrm{d}t} = r_1 h \left(1 - \frac{h}{K} \right)$$

其中 t 为时间, $h = h(t)$ 表示种群密度 (单位面积上的种群数量), 单位增长速率为

$$\frac{1}{h} \frac{\mathrm{d}h}{\mathrm{d}t} = r_1 \left(1 - \frac{h}{K} \right)$$

其中参数 $r_1 > 0$, 表示最大单位增长速率; 参数 $K > 0$, 表示环境承载力, 即环境在一个时期内所能承载的最大种群密度.

　　Logistic 方程是简化模型 (例如, 单位增长速率与环境承载力在实际中都不一定是常数), 但是却易于分析 (它是可分离变量的, 在大多数微分方程入门教材中都有介绍). 当种群密度较低时, 它几乎是依指数增长的, 但是随着 $h(t)$ 的增加, 其增长速率会降低, 并且 $h(t)$ 会渐进地趋于 K. 常数解 $h(t) = K$ 是这个方程的一个稳定的平衡解.

　　如果考虑该种群被捕食的因素, 则需要在 Logistic 方程中添加捕食项 $\psi > 0$, 得到

$$\frac{\mathrm{d}h}{\mathrm{d}t} = r_1 h \left(1 - \frac{h}{K} \right) - \psi$$

许多因素会影响捕食率, 例如捕食者的数量, 捕食效率, 以及气候等, 所以 ψ 是一个或多个变量与参数的函数.

　　仍用 $h(t)$ 表示存在一个捕食种群时被捕食种群的密度, 通常假设捕食项 ψ 正比于捕食者的密度 $p = p(t)$, 即假设

$$\psi = p \cdot f(h, p)$$

其中 $f(h, p)$ 表示每个捕食者的捕杀率, 又称为捕食能力.

　　关于捕食者的捕食能力在各种文献的讨论中有种种不同描述, 其中许多文章假设每个捕食者的捕食率与捕食者密度无关, 一个简单的例子是 $f(h) = ah$, 其中 a 是常数, 它表示捕食率是被捕食者密度的线性函数, 它没有考虑这样一种现实, 在一段有限的时间内, 一个捕食者能够定位并捕食的食饵数量是有限制的.

　　考虑到定位与捕食食饵所需的时间, 一个更现实的捕食率函数是

$$f(h) = \frac{ah}{h + b}$$

它表示捕食率随着食饵密度的增加而达到极大值 $a > 0$, 参数 $b > 0$ 与搜索效率与捕食所

需时间有关,表示捕食率达到极大值的一半时对应的食饵密度.这个函数常常被用于节肢动物捕食模型中,也是我们采用的捕食率函数,将其代入方程中得到食饵密度的动态变化方程为

$$\frac{\mathrm{d}h}{\mathrm{d}t} = r_1 h \left(1 - \frac{h}{K} \right) - p \frac{ah}{h + b} \tag{1}$$

与食饵一样,捕食者的寿命也要有一定限制,所以捕食者密度的动态变化过程同样需要建立模型来描述,我们仍从 Logistic 方程开始对 $p = p(t)$ 建模:

$$\frac{\mathrm{d}p}{\mathrm{d}t} = r_2 p \left(1 - \frac{p}{\varGamma} \right)$$

其中 $r_2 > 0$ 表示捕食者的最大平均增长率,$\varGamma > 0$ 表示环境对该种群的最大承载力.

假定我们考虑的捕食者种群仅依赖一种食饵种群,即该捕食者种群没有其他食物来源,如果其所依赖的食饵种群消失了,则该捕食者种群将全部因饥饿而死亡.这样一种关系的最简单描述是

$$\varGamma = \gamma h$$

其中 γ 表示食物质量对捕食者出生率的贡献大小的度量.由此得到捕食者动态模型为

$$\frac{\mathrm{d}p}{\mathrm{d}t} = r_2 p \left(1 - \frac{p}{\gamma h} \right) \tag{2}$$

方程(1)、(2)一起定义了一个微分方程系统:

$$\frac{\mathrm{d}h}{\mathrm{d}t} = r_1 h \left(1 - \frac{h}{K} \right) - p \frac{ah}{h + b} \tag{3a}$$

$$\frac{\mathrm{d}p}{\mathrm{d}t} = r_2 p \left(1 - \frac{p}{\gamma h} \right) \tag{3b}$$

这个微分系统为我们讨论捕食者—食饵模型提供了一个框架.这个简单的系统首先由 May［1973］引入描述捕食者—食饵动态模型,不久后被 Caughley［1976］成功地应用于澳大利亚的飞蛾与仙人掌相互作用种群模型中.关于这个系统的定性行为的研究还可以在以下书中看到:Arrowsmith 和 Place［1982］,Beltrami［1987］和 Renshaw［1991］,但是这些书中都未涉及具体种群的相互作用,也未讨论双稳态的情形.

3. 模型分析——第一部分

微分系统(3)可以引入新的变量与参数,通过变量代换使得变量与参数无量纲化,同时,也可以使得变量变化范围小于1,这样一种变量代换方法在数学建模中经常用到(例如,参见 Borrelli 和 Coleman［1996］).

<hr>

习题

1. 验证:通过引入变量与参数

$$\tau = r_1 t, \quad H = \frac{h}{K}, \quad P = \frac{p}{\gamma K}, \quad D = \frac{b}{K}, \quad \theta = \frac{r_2}{r_1}, \quad \varphi = \frac{a\gamma}{r_1}$$

可以将系统(3)转换为以下无量纲系统

$$\frac{\mathrm{d}H}{\mathrm{d}\tau} = H(1 - H) - P\frac{\varphi H}{H + D} \tag{4a}$$

$$\frac{\mathrm{d}P}{\mathrm{d}\tau} = \theta P\left(1 - \frac{P}{H}\right) \tag{4b}$$

2. 在系统(4)的 HP 相平面中画出被捕食者的 $0 -$ 等倾线(0-isocline,即满足 $\mathrm{d}H/\mathrm{d}\tau = 0$ 的曲线). 在同一张图上,画出捕食者的 $0 -$ 等倾线. 验证:系统(4)有唯一的群落平衡点(community equilibrium point,即第一象限内的不动点),其坐标 (H_e, P_e) 满足:$P_e = H_e$,且

$$H_e = \frac{1}{2}(\Delta + 1 - \varphi - D) \tag{5}$$

$$\Delta = \sqrt{(1 - \varphi - D)^2 + 4D}$$

上述由系统(3)到系统(4)的变量代换过程并不影响系统的解的存在性与稳定性,所以系统(3)也有唯一的群落平衡点,被定义为 (h_e, p_e),与 (H_e, P_e) 的关系为 $h_e = KH_e$,$p_e = \gamma K H_e$. 由习题2中的0 – 等倾线图可以看到,$H_e < 1$,$h_e = KH_e < K$,这意味着被捕食者的平衡点密度要小于环境承载密度. 而如果捕食者不存在,则被捕食者密度会趋近于

环境承载密度.由此我们可以得出结论:捕食者的存在降低了被捕食者的密度.

习题

3. 验证:另一个具有非负密度的不动点是(1,0),并且它总是一个鞍点.求出不动点(1,0)处(4)的线性化系统的稳定与不稳定流形(stable and unstable manifolds)的主特征方向(principal directions,此特征方向由线性化系统的特征向量所确定).

4. 验证:在(1,0)处,不稳定流形的斜率要小于被捕食者 0 − 等倾线的斜率.这意味着在(1,0)点的第一象限内一个充分小的邻域内,鞍点的不稳定流形总是处于被捕食者 0 − 等倾线的上方,如图 1 所示.在确定周期解存在的充分条件时将会用到不稳定流形的这个性质(见习题 8).

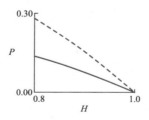

图 1　鞍点(1,0)附近的被捕食者 0 − 等倾线(实线)与不稳定流形(虚线),不稳定流形在此点的斜率由正的特征值对应的特征向量所决定

5. 验证:在群落平衡点(H_e, P_e)处线性化系统(4),该不动点处的雅可比矩阵为

$$J_e = \begin{pmatrix} 1 - 2H_e - \dfrac{\varphi D H_e}{(H_e + D)^2} & \dfrac{-\varphi H_e}{H_e + D} \\ \theta & -\theta \end{pmatrix} \tag{6}$$

6. 不动点(H_e, P_e)局部稳定的充分必要条件是 $\det(J_e) > 0, \mathrm{tr}(J_e) < 0$.

证明:条件 $\det(J_e) > 0$ 总是可以满足.

由此推出：(H_e, P_e) 局部稳定的充分必要条件是 $\theta > \theta_c$，其中

$$\theta_c = \frac{H_e(1 - D - 2H_e)}{H_e + D} \tag{7}$$

提示：群落平衡点在被捕食者 0 – 等倾线上，因此

$$1 - H_e = \frac{\varphi H_e}{H_e + D} \tag{8}$$

θ_c 的一个简化表示式可以导出，首先验证在群落平衡点处有

$$\frac{H_e}{H_e + D} = \frac{1}{H_e + D + \varphi} \tag{9}$$

由（7）与（9）可推得

$$\theta_c = \frac{1 - D - 2H_e}{H_e + D + \varphi} \tag{10}$$

由（5）与（10）我们得到 θ_c 的简化表达式

$$\theta_c = \frac{2(\varphi - \Delta)}{1 + \varphi + D + \Delta} \tag{11}$$

习题

7. 根据（11）与（5）验证：如果 $D < 1$，则存在 φ 值（ >0）使得 $\theta_c > 0$. 对上述参数 D 与 φ，可以通过调整 θ 值，使得群落平衡点稳定或者不稳定.

反之，如果 $D > 1$，则由于 $\theta > 0$ 时总有 $\theta_c < 0$，所以群落平衡点总是稳定的.

8. 应用 Poincare-Bendixson 定理证明：当 (H_e, P_e) 不稳定时，系统存在一个封闭轨道，对应于一个周期解.

提示：利用鞍点 $(1, 0)$ 处的不稳定流形的部分轨道与被捕食者 0 – 等倾线的一部分一起，构成一个包含不稳定平衡点的封闭区域，验证这个区域是正不变的（positively invariant）.

至此,你已经得到结论:系统(4)具有唯一的一个群落平衡点,并且该点的不稳定性是系统存在周期解的一个充分条件.由于从系统(3)到系统(4)的变量代换不影响解的存在性与稳定性,所以上述结论对系统(3)同样适用.

下一节将通过数值方法考察系统(3)的表现行为,其中的参数值将针对 M 螨虫与 T 螨虫构成的捕食者—食饵系统而取.尽管许多行为表现可以由前述分析推出,但数值分析方法却揭示了在一定参数值组合下,系统可以存在两个稳定解.这种一个不动点与一个周期解同时存在的"双稳态"现象,是单纯应用理论分析方法很难发现的.

4. 模型分析——第二部分

系统(3)可以作为 M 螨虫与其捕食对象 T 螨虫之间相互作用的模型,其中的参数须反映两者之间的相互作用关系.首先时间 $t > 0$ 以天为单位,食饵与捕食者密度($h > 0$ 与 $p \geqslant 0$)表示每片树叶上的虫子数量.温度被认为是影响两者间相互作用最重要的环境变量,所以温度因子必须明确纳入到参数 r_1, r_2 及 a 中,特别地,Wollkind 等 [1988] 采用了如下函数作为 T 螨虫和 M 螨虫两种螨虫的增长率:当 $T \in [10, T_M)$ 时,

$$r_1(T) = 0.048 [\exp(0.103(T-10)) - \exp(0.369(T-10) - 7.457)]$$

$$r_2(T) = 0.089 [\exp(0.055(T-10)) - \exp(0.483(T-10) - 11.648)]$$

其中,T 是环境摄氏温度,$T_M = 37.2$ 是 M 螨虫能够繁衍的最高环境温度.此增长率表达式是通过种群繁衍的仿真模型代以真实统计数据计算后得到的.

Wollkind 等 [1988] 还定义了最大捕食率为

$$a(T) = \frac{16 r_2^2(T)}{r_1(T)}$$

关于这两个种群间相互作用模型的其他参数值为:$\gamma = 0.15, K = 300$(个/每片树叶),$b = 0.04$(个/每片树叶)(实地观察发现,螨虫密度通常远远小于 1 个/每片树叶).

习题

9. 方程(8)关于 T 求导数,可以得到

$$\frac{\mathrm{d}H_e}{\mathrm{d}T} = \left[\frac{-H_e(H_e+D)}{(H_e+D)^2+\varphi D} \right] \frac{\mathrm{d}\varphi}{\mathrm{d}T} \cdot \psi \tag{12}$$

由于 $\mathrm{d}\varphi/\mathrm{d}T < 0$，注意到 $h_e = KH_e$，所以食饵密度平衡点 h_e 关于环境温度是递增的，在实地考察中也可以看到，环境温度的升高通常导致螨虫密度的增加.

10. 由习题 6 我们知道，群落平衡点稳定的充分必要条件是 $\theta > \theta_c$. 请画出 θ 与 θ_c 作为 T 的函数的图像（$T \in [10, T_M]$）. 注意这两条曲线相交了两次，两次交点对应的 T 值分别记为 T_1, T_2（$T_1 < T_2$），证明：群落平衡点在 $T \in (10, T_1)$ 与 $T \in (T_2, T_M)$ 时是稳定的，而在 $T \in (T_1, T_2)$ 时是不稳定的.

利用数值方法解方程 $\theta(T) = \theta_c(T)$ 得到：$T_1 \approx 30.89, T_2 \approx 35.56$. 根据习题 8 可知，存在周期解的一个充分条件是 $T \in (T_1, T_2)$，由此得到 T_1, T_2 是两个 Hopf 分歧点（Hopf bifurcation points）.（一般来说，当 μ_c 为参数 μ 的 Hopf 分歧点时，存在 μ_c 的一个充分小的邻域，在该邻域中，当 $\mu < \mu_c$ 或 $\mu > \mu_c$ 时，存在一个周期解，并且当 $\mu \to \mu_c$ 时，该周期解的振幅趋于 0. 参见 Beltrami[1987]. ）

接下来的两个练习构造了一幅图像，描述了模型的解在类型、取值、稳定性方面是如何随着环境温度 T 变化的，这种图被称为分歧图（bifurcation diagram），而 T 被称为分歧参数（bifurcation parameter）.

习题

11. 画出 $h_e = KH_e$ 关于环境温度 T（$T \in (28, 37)$）的函数图像，在图中标出 Hopf 分歧点的位置，并指出 (h_e, p_e) 的稳定区间与不稳定区间（通常用实线表示稳定点，而用虚线表示不稳定点，Hopf 分歧点用方框表示）.

通过画出不同 T 值下的某种度量值，周期解的类似信息也可以添加到这个分歧图中. 这种解的一种可用的度量是一个周期中食饵密度的最大值,即对于给定的 T 值,周期解 $h(t;T)$ 可以用以下最大值表达:

$$\max_{t \in [0,\Omega]} h(t;T)$$

其中 Ω 为周期.

习题

12. 通过数值方法计算 $T=35.5$ 时周期解的食饵密度最大值,且在分歧图中画出此最大值(这个值可以通过相平面周期解的图像估计得到,或者画出 $h(t)$ 的图像,找出震荡衰减的起点). 对 $T=34.5,33.5,32.5,31.5$ 重复以上过程. $T=30.5$ 和 $T=30$ 时又如何?(注意不动点在 $T<30.89$ 时是局部稳定的.)

可以验证,系统存在周期解的最低温度是 $T_0 \approx 29.95$,在 T_0 处存在周期解的一个分歧结点(saddle node bifurcation). 当 $T<T_0$ 时,不存在周期解;当 T 递增地通过 T_0 时,依次出现稳定的与不稳定的周期解. 对于 $T \in (T_0, T_1)$,系统同时存在一个稳定的极限环与一个稳定的不动点,即出现"双稳态"范例.

习题

13. 画出系统在 $T=30$ 时的相图,验证存在一个不稳定的极限环,作为稳定的不动点的吸引域(basins of attraction)与稳定的极限环之间的分界线(separatrix). 当初始条件落在该不稳定极限环确定的区域内时,系统轨迹趋向于稳定的群落平衡点;否则,系统轨迹将趋向于稳定的极限环(可以令 $t \to -\infty$,得到不稳定极限环的图像).

对所有 $T \in (T_0, T_1)$,系统都存在不稳定的极限环,这些解的图像可以添加到分歧图上,如图 2 中的小圆圈表示的曲线.

分歧图图 2 给出了环境温度变化时的系统表现行为的图像表示.

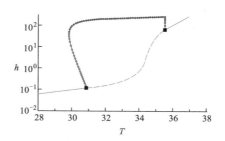

图 2 系统 (3) 的一个完整的分歧图（$T \in (28, 37)$）. 为了更好地表达细节，纵轴刻度作了对数化处理. 习题 11、习题 12 中的图会包含此图中的部分信息

- 对每一 $T \in (10, T_0)$，系统存在一个全局稳定的群落平衡点，并且 T 螨虫的密度非常低.

- 对每一 $T \in (T_2, T_M)$，系统存在一个全局稳定的群落平衡点，但 T 螨虫的密度相对较高.

- 对每一 $T \in (T_1, T_2)$，系统存在一个全局稳定的极限环，T 螨虫的密度存在一个明显的极大值.

如果我们将 T 解释成日常环境平均温度，这个模型所表现的定性行为与实际观察结果保持一致，温度越高，T 螨虫的密度越大，其数量更可能在随后的生长期中震荡变化. (T_0, T_1) 区间为双稳态区间，我们下面将讨论. 这之前，我们先说明，微分系统的分歧图可以将连续曲线离散化，运用数值方法自动得到，有一些计算软件包可以作这些分歧图（图 2 就是应用 AUTO 软件程序自动生成的）.

习题

14. 设 $T = 30$，画出食饵螨虫的平衡密度 $h(t) = h_e(T)$，$0 \leqslant t \leqslant 100$. 然后，令初值为

$$(h(0), p(0)) = 0.1(h_e(T), p_e(T))$$

应用微分方程求解软件求食饵密度 $h(t)$（$0 \leqslant t \leqslant 100$）.

比较两种方法得到的解的图像，特别注意密度极大值的差异.

由习题 14 可知，如果两个种群在群落平衡点处受到某种外力的作用，导致种群数量都有相当大程度的下降，则种群密度接着会大幅反弹，于是稳定的平衡密度将转变为稳定的震荡，如图 3 所示.

　　从种群动态变化的角度来看,这是一个种群爆发的例子,在一段很短的时间内,种群密度有若干个数量级的增加. 在实地观察中,结合杀虫剂的使用,也可以观察到这种现象的发生. 一个特别的种群爆发由杀虫剂所引起,杀虫剂的使用使得 M 螨虫与 T 螨虫的数量同时急剧减少(杀虫剂往往不是只杀死人们想要杀死的害虫),接着 T 螨虫的数量快速反弹,远远大

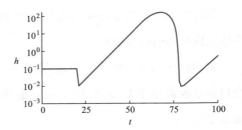

图3　$h(t)$图像,种群爆发现象描述

取 $T = 30, 0 < t < 20$ 时密度平衡点为 $h(t) = h_e(30)$. 在 $t = 20$ 时,食饵与捕食者的密度都降低到它们原来的平衡点密度的 10%,接着食饵密度出现急剧上升,即出现爆发现象. 为了更好地展示细节,纵轴坐标作了对数变换

于杀虫剂使用前的数量,再接着才是 M 螨虫数量的增加. 但是,M 螨虫对 T 螨虫的过度捕食(即,M 螨虫杀死了太多 T 螨虫,以至于剩余的 T 螨虫数量不足以供养它们自身的生存),又导致了种群数量的崩溃. 种群数量的爆发与崩溃呈现出周期模式. 有许多农业研究文献记载了这种由杀虫剂引发的种群爆发现象,例如,参见 DeBach 和 Rosen [1991].

　　另一种导致螨虫爆发的机制是温度升高. 特别地,当 $T < T_0$ 时,系统存在一个稳定的全局群落平衡点. 当 T 递增地通过 T_1 时,这一平衡解变得不稳定了,螺旋形轨迹脱离了稳定的极限环的轨道,同时 T 螨虫的密度远远大于 $T < T_0$ 时的平衡密度,如图 4 所示. 注意到,当 T 递减地通过 T_1 时,在 $T < T_0$ 之前种群密度并没有出现崩溃式的下降,这是滞后延迟的一个例子,表明当 T 在 T_1 附近变化时系统表现不具有可逆性. 这种滞后,以及螨虫爆发的潜在可能,是螨虫数位于双稳态区间 (T_0, T_1) 的直接推论.

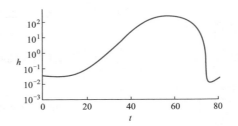

图4　$h(t)$图,描述在 10 天内温度由 25℃ 上升到 35℃ 时的爆发现象(由 $t = 10$ 开始). 种群密度起始于群落平衡点 $(h_e(25), p_e(25))$. 为了更好地展示细节,纵轴坐标作了对数变换

5．习题解答

1．根据链式法则得到：

$$\frac{\mathrm{d}H}{\mathrm{d}\tau} = \frac{\mathrm{d}H}{\mathrm{d}t}\frac{\mathrm{d}t}{\mathrm{d}\tau} = \frac{\mathrm{d}H}{\mathrm{d}h}\frac{\mathrm{d}h}{\mathrm{d}t}\frac{\mathrm{d}t}{\mathrm{d}\tau} = \frac{1}{r_1}\frac{1}{K}\frac{\mathrm{d}h}{\mathrm{d}t}$$

2．捕食者的 0 - 等倾线是 H 轴与直线 $P_1(H) = H$，被捕食者的 0 - 等倾线是抛物线

$$P_2(H) = (1-H)(H+D)/\varphi$$

（0 - 等倾线的图像见图 5）．群落平衡点就是 $P_1(H)$ 与 $P_2(H)$ 在第一象限中的交点，交点处的 H 坐标是下列方程的正根：

$$D + (1-D-\varphi)H - H^2 = 0$$

3．如果 $P \neq H$，使得 $\mathrm{d}P/\mathrm{d}\tau = 0$ 的唯一的另一个值是 $P = 0$，这时，$\mathrm{d}H/\mathrm{d}\tau = 0$ 意味着 $H = 1$，所以唯一的另一个可行的不动点是 $(1,0)$．系统（4）的雅可比矩阵为

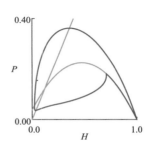

图 5　食饵与捕食者的 0 - 等倾线图（细线）以及包含群落平衡点的正不变区域的边界线（粗线）

$$J = \begin{pmatrix} 1-2H-\dfrac{\varphi D P}{(H+D)^2} & \dfrac{-\varphi H}{H+D} \\[3mm] \theta\dfrac{P^2}{H^2} & \theta - 2\theta\dfrac{P}{H} \end{pmatrix} \qquad (13)$$

在 $(1,0)$ 处

$$J_{|(1,0)} = \begin{pmatrix} -1 & \dfrac{-\varphi}{1+D} \\[3mm] 0 & \theta \end{pmatrix}$$

它的特征值为 -1 与 θ，所以 $(1,0)$ 是一个鞍点．与两个特征值相关的特征向量分别为

$$\begin{pmatrix} 1 \\ 0 \end{pmatrix} \quad 与 \quad \begin{pmatrix} 1 \\ -(1+\theta)(1+D)/\varphi \end{pmatrix}$$

4．被捕食者的 0 - 等倾线的斜率是

$$P_2'(H) = (1 - 2H - D)/\varphi$$

在鞍点$(1,0)$处,斜率为$P_2'(1) = -(1 + D)/\varphi$. 不稳定流形在这点处的斜率是特征根$\theta(>0)$对应的特征向量的斜率$S$, $S = -(1 + \theta)(1 + D)/\varphi < P_2'(1)$.

5. (6)式中的$\boldsymbol{J}_e$可以计算(13)在(H_e, P_e)处的值得到.

6. $\boldsymbol{J}_e$可以利用提示(8)重新表示为

$$\boldsymbol{J}_e = \begin{pmatrix} 1 - 2H_e - \dfrac{D(1 - H_e)}{(H_e + D)} & -(1 - H_e) \\[3mm] \theta & -\theta \end{pmatrix}$$

因此由$0 < H_e < 1$可得

$$\det(\boldsymbol{J}_e) = \theta\left(H_e + \frac{D(1 - H_e)}{H_e + D}\right) > 0$$

于是由条件$\mathrm{tr}(\boldsymbol{J}_e) < 0$给出局部稳定条件$\theta > \theta_c$,其中(7)式中的$\theta_c$可以简化表示为

$$\theta_c = 1 - 2H_e - \frac{D(1 - H_e)}{(H_e + D)}$$

7. 当$\varphi > \Delta$时, $\theta_c > 0$. 由于$\varphi > 0, \Delta > 0$,所以$\varphi > \Delta$等价于$\varphi^2 > \Delta^2$,从而当

$$2(1 - D)\varphi > (1 + D)^2 \tag{14}$$

时, $\theta_c > 0$.

如果$D < 1$,则(14)式等价于

$$\varphi > \frac{(1 + D)^2}{2(1 - D)}$$

如果$D \geqslant 1$,则对任意$\varphi > 0$,都不满足(14),从而$\theta_c < 0$.

8. 在图 5 中,粗线是包含(不稳定)群落平衡点的不变区域的边界线,由部分$(1,0)$处的不稳定流形的轨迹线以及部分被捕食者的 0 – 等倾线一起构成. 如果群落平衡点是不稳定的,则该区域中的轨迹将趋近于一个周期解.

9. H_e与φ都是T的函数,可以在下式中关于T求导得到方程(12)

$$1 - H_e(T) = \frac{\varphi(T)H_e(T)}{H_e(T) + D}$$

10. 见图 6.

11. 与 12. 图 2 给出了用 AUTO 软件包得到的分歧图,其中纵轴作了对数变换处理.图 7 给出了对应练习中给定参数的部分分歧图(未作对数变换处理).与图 2 相同,不动点 h_e 的轨迹表示为曲线,其中实线表示稳定部分,虚线表示不稳定部分,小圈构成的曲线表示被捕食者周期解的极大值.

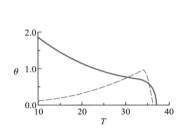

图 6　θ(实线)与 θ_c(虚线)作为 T 的函数的图像

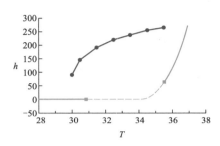

图 7　系统(3)与习题 11、12 相关的分歧图

12. 见图 8.

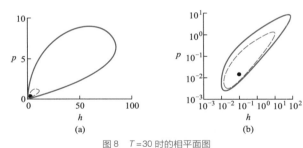

图 8　$T=30$ 时的相平面图
(a) 坐标作了线性变换; (b) 坐标作了对数变换.
图中实线表示稳定的极限环,虚线表示不稳定的极限环(在(a)中几乎看不到),黑点表示稳定的不动点,而(a)中的黑点位置只是近似表示

13. 见图 3.

参考文献

Arrowsmith D. K. , C. M. Place. 1982. Ordinary Differential Equations. London:Chapman and Hall.

Beltrami E. 1987. Mathematics for Dynamic Modeling. San Diego,CA:Academic Press.

Borrelli,Robert L. , Courtney S. Coleman. 1996. Differential Equations:A Modeling Perspective. New York:John Wiley and Sons.

Caughley G. 1976. Plant-herbivore systems. Theoretical Ecology：Principles and Applications，edited by R. M. May，94 – 113. Philadelphia，PA：W. B. Saunders.

Cohen J. E. 1995. How Many People Can the Earth Support? New York：W. W. Norton and Company.

DeBach P.，D. Rosen. 1991. Biological Control by Natural Enemies. Cambridge，UK：Cambridge University Press.

Hastings A. 1997. Population Biology：Concepts and Models. New York：Springer-Verlag.

Kingsland S. E. 1985. Modeling Nature. Chicago：University of Chicago Press.

May R. M. 1973. Stability and Complexity in Model Ecosystems. Princeton，NJ：Princeton University Press.

Renshaw E. 1991. Modelling Biological Populations in Space and Time. Cambridge，UK：Cambridge University Press.

Wollkind D. J.，J. B. Collings，J. A. Logan. 1988. Metastability in a temperature-dependent model system for predator-prey mite outbreak interactions on fruit trees. Bulletin of Mathematical Biology，50：379 – 409.

10 草地生态系统的抗灾能力

The Resilience of Grassland Ecosystems

刘易成　编译　吴孟达　审校

摘要：

介绍状态过渡理论,并以此解释草原上的物种演替. 引入演替阈值概念,它将物种状态分割成两类,一类将随时间发展演化成社会所期望的植被态,另一类则演化成社会所不期望的植被态. 展示如何由数学生态学文献中的两个自治微分方程推导出状态过渡理论,如何利用内部鞍点均衡的稳定流形定义演替阈值. 一系列的习题引导读者理解相平面解的定性性质和稳定流形的解析逼近. 读者同时得到应用相平面数值作图软件(Dynasys)的实践锻炼,这一软件可以从万维网下载. 在讨论部分,将近似稳定流形应用于公共牧场牲畜的数量管控问题,以重建含有更多社会所期望的物种的生态系统. 本文内容适合学习过基本微积分和含相平面解的常微分方程引论相应知识的读者.

原作者：

Kevin Cooper

Dept. of Pure and Applied

Mathematics.

kcooper@ pi. math. wsu. edu

Ray Huffaker

Dept. of Agricultural Economics.

Thomas Lofaro

Dept. of Pure and Applied

Mathematics, Washington State

University Pullman, WA 99164.

发表期刊：

The UMAP Journal, 1999, 20(1)：

29 – 45.

数学分支：

微分方程

应用领域：

生物学, 生态学

授课对象：

学习微分方程的本科生

目　录:

网上更多……　　**本文英文版**

1. 前言

各种草种为了栖息在同一草原生态系统中而相互竞争. 在美国山间地区,作为山艾树林的主要物种,原生草种与多年生草本植物(例如,须芒草、格兰马、丛禾本科生草)的竞争十分激烈. 然而,这些原生草原上家畜的历史性过度放牧,降低了草原承受外来强竞争物种侵略的能力,这无意中使得以麦草为主的外来生禾本植物在原生草原上定居下来(Bromus tectorum L.)[Evans 和 Young 1972]. 雀麦草竞争力强烈,导致西部山地的百万英亩的天然草场被雀麦草占据[Evans 和 Young 1972]. 这对于家畜产业有一定价值,但是相比雀麦草给原生物种带来的伤害,利远远低于弊. 雀麦草还带来了几个环境问题. 它的根系比具有大型根系的多年生植物的根系更靠近地面,因此不能很好地保护土壤. 它促进了土壤的流失,危害了鱼类以及野生动物的河岸栖息地[Stewartand Hull 1949].

注意到西部山地的雀麦草以及世界上其他地区的外来草种具有强劲的竞争力,促使草原生态学家们提出这样的问题:在何种竞争力强度下,能使得更多的有益的原生草种再次独领风骚. 传统的植物演替理论(plant succession theory)表明草原生态系统中的所有植物构成一个处于演替状态的层次结构. 像过度放牧这样的干扰因素能使演替状态衰退,从仅生长本地植物品种的高潮状态演化到有害外来物种的生长的状态. 当干扰因素被消除时,草原生态系统要经历一个次生演替过程,在此过程中,草原生态系统沿着演替状态的同一方向逆向演变到稳定的巅峰状态.

由于试验证明干扰因素消除后草原生态系统并不能完全复原,传统的植物演替理论已经开始慢慢地被近期推出的状态过渡理论(state-and-transition theory)代替. 状态过渡理论预测,随着时间推移,干扰因素使生长在吸引域(basins of attraction)的植物将演化发展到稳定的次生演替状态[Westoby 等 1989;Laycock 1991]. 状态过渡理论意味着减少畜牧业是否促进次生演替的成功,取决于草原条件能否进一步改善环境变化的阈值,使之转变到更理想的稳定的状态. 如此说来,演替阈值(successional thresholds)便成了分析草地生态系统恢复能力的关键分析工具.

Boyd[1991]建立了状态过渡理论的系统,并作为高斯种群内竞争方程(见 Hastings[1996]中的例子)的一种特殊情况来进行研究,野生动物有选择地蚕食多年生草种将影响到草场植被组成的长期演替变化. 这个单元包含了一系列推导必要且充分的生态条件的习题,在这些条件下,由 Boyd 公式可知,稳定流形(stable manifold)将相空间分为吸引域和平衡点两部分,二者分别代表理想的和不太受青睐的植被成分. 稳定流形由与内部平衡鞍点相关的收敛分界线组成,代表着草原生态从长期的过度放牧中恢复的演替阈值. 进一步的练习说明还可以利用特征值与特征向量理论解析地逼近阈值以及从数学上精确分析阈值的逼近程度.

2. 状态过渡理论的数学建模

设 Ω 代表多年生植物与一年生植物竞争生存的区域. 变量 $0 < g < 1$ 表示本土草(也就是多年生草)所占区域的比重,变量 $0 < w < 1$ 表示移植草(也就是一年生草)所占区域的比重. Ω 的部分区域可能是贫瘠的或者有重叠的植被,因此 g 和 w 之和不一定等于 1. 描述多年生草与一年生草竞争的动态方程为

$$g' = \{ r_g [1 - g - q_w(g, E) w] \} g \tag{1a}$$

$$w' = \{ r_w [1 - w - q_g(g, E) g] \} w \tag{1b}$$

(1a)右侧乘以 g 的括号内的表达式以及(1b)右侧乘以 w 的括号内的表达式分别表示本土草与移植草的平均净定植率(net per capita colonization rates). 参数 r_g, r_w(量纲都是 $1/t$)分别表示 g, w 都趋于零时的种群内定植率,$q_g(g, E), q_w(g, E)$ 是非负无单位竞争率,它们依赖于 g 和参数 E. 竞争率稍后讨论.

此时,假设 $q_g(g, E), q_w(g, E)$ 都等于 0(也就是说本地草与移植草无竞争). 方程(1a)和(1b)退化为

$$g' = [r_g(1 - g)] g \tag{2a}$$

$$w' = \left[r_w (1 - w) \right] w \tag{2b}$$

这表明 g 和 w 为基本 logistic 增长函数.

习题

1. 方程(2a)和(2b)本质上是一样的,因此我们只需要研究其中一个的动力学行为就可以了. 由(2b)作图并用所作的图确定定植水平的平衡态(即 w^e 的值,满足 w' 等于 0). 解方程并在 $0 < w < 1$ 范围内画出解曲线. 在定植水平平衡态邻域内解的动力学行为是怎样的呢?

方程(1a)和(1b)中,正的竞争率 $q_g(g, E)$,$q_w(g, E)$ 表示一个植物种群的定植率将导致其竞争对手领地的减少,并且对降低竞争失败者的平均净定植率有影响. 因为假设多年生草的种群密度决定着它与移植草的竞争能力,所以竞争率是一个关于 g 的函数. g 增加时,多年生草的竞争力就更强,导致 q_g 趋近于其上界 q_g^u,q_w 趋近于其下界 q_w^l. Boyd[1991]用下面的 Michaelis-Menten 函数描述了 g 和 $q_g(q_w)$ 之间的正(反)向有界关系:

$$q_g = q_g^u \left(\frac{BE + g}{E + g} \right) \tag{3a}$$

$$q_w = q_w^l \left(\frac{E + g}{BE + g} \right) \tag{3b}$$

参数 B 是 q_g 的下界与上界之比,也等于 q_w 的下界与上界之比,即 $B = q_g^l / q_g^u = q_w^l / q_w^u$. 为了简化模型,Boyd 假设对于本土草与移植草而言,B 是相等的. 随着 g 增加,由方程(3a)可知,q_g 将从下界(当 $g = 0$,$q_g^l = B q_g^u$)逐渐增加到上界($g \to \infty$,$q_g \to q_g^u$). 相反地,随着 g 增加,由方程(3b)可知,q_w 将从上界(当 $g = 0$,$q_w^u = q_w^l / B$)逐渐减少到下界($g \to \infty$,$q_w \to q_w^l$). 当参数 E 的取值很小的时候,竞争率对于 g 的反应更敏感(也就是说,g 取很小值的时候,q_g 和 q_w 分别逼近它们的最大值和最小值).

习题

---

2. 作图说明(3a)和(3b)具有以上性质.

因为多年生草的竞争力与参数 E 成反比,可以取 E 等于一个相对较大的值,来预测优先放牧区牲畜数量较大时,放牧对于多年生草类竞争力具有的间接的不利影响. 反之,我们也可以取 E 为一个较小的值,来预测当放牧区压力较小时,放牧对多年生草类竞争力的影响.

3. 求解分析

将方程(3a)和(3b)代入(1a)和(1b)可得

$$g' = r_g g\left(1 - g - q_w^l \frac{E+g}{BE+g}w\right) \tag{4a}$$

$$w' = r_w w\left(1 - w - q_g^u \frac{BE+g}{E+g}g\right) \tag{4b}$$

我们将用传统的相图技术求解上述系统,并首先在 (g,w) 相空间中,令 $g' = w' = 0$,从而推导出零等倾(nullcline)函数.

习题

---

3. 方程(4a)和(4b)能分别产生一对零等倾线. 令 $g'=0$ 产生的零等倾线是 w 轴,令 $w'=0$ 产生的零等倾线是 g 轴. 分析并求解出另两条内部零等倾线. 令 $g'=0$ 产生的内部零等倾线记作 $N_g(g)$,令 $w'=0$ 产生的内部零等倾线记作 $N_w(g)$.

4. 证明 $N_g(g)$ 在 g 轴的截距是 1,此时多年生草类 100% 拓植,移植杂草灭绝,而在 w 轴上的截距是 w 的临界值 $w_c = 1/q_w^u$. 同时证明 $N_w(g)$ 在 w 轴的截距是 1,此时移植草类 100% 拓植,多年生本土草灭绝,而在 g 轴上的截距是 g 的临界值

$$g_c = \frac{1 - EBq_g^u + \sqrt{(EBq_g^u - 1)^2 + 4Eq_g^u}}{2q_g^u} \qquad (5)$$

令 $g_c = 1$，由(5)可以解出参数 E 的临界值 E_c．并且可以得到，当 E 小于(大于)临界值 E_c 时，g_c 会小于(大于)1．

　　稳态解的个数以及他们的稳定性质在很大程度上取决于 w_c，g_c 相对于临界值 1 的大小．我们将分析产生分割相空间的阈值的结构，这些阈值将相空间分成不同形态的植物态的吸引域．

习题

　　5．假设参数取如下数值：

$$r_g = 0.27, \quad r_w = 0.35, \quad q_w^l = 0.6, \quad q_g^u = 1.07, \quad B = 0.3$$

对于如下三种情况分别画图，将 $N_g(g)$，$N_w(g)$ 放在同一图中：

（a）$E = 0.4$；

（b）$E = 0.172$；

（c）$E = 0.06$．

注意到参数 E 与多年生本土草的竞争力成反比，因此以上三种情况表明 E 的减少会使得多年生本土草的竞争力增加．在三个地块的内部轴上标识稳态解．用方程(4a)和(4b)确定随着时间推移 g，w 在由零等倾线分割成不同地域上的运动方向，并且绘制出必要的轨迹．讨论每一个稳态解被观测到的稳定性．

　　习题 5 的结论表明任一情形下的相图解在原点($w = g = 0$)都有一个不稳定的平衡结点，有一个沿 w 轴($g = 0$，$w = 1$)的全移植草平衡点以及一个沿 g 轴($w = 0$，$g = 1$)的全本土草平衡点．全移植草平衡点的稳定性完全依赖于临界值 w_c（本土草零等

倾线 N_g 在 w 轴上的截距),此临界值与移植草的竞争力的上界成反比,即, $w_c = 1/q_w^u$.

当 $w_c < 1(q_w^u > 1)$ 时,以上三种情况中,移植草有较强的竞争力,全移植草平衡点是稳定的结点,对所有的初始状态都是吸引的,甚至当有一定移植草存活的时候也是如此. 全本土草的平衡点稳定性完全依赖于临界值 g_c(移植草零等倾线 N_w 在 g 轴上的截距),此临界值又取决于参数 E 与其临界值 E_c(见习题 4)的相差的大小. 对于习题 5 中给出的参数值, $E_c = 0.103\ 093$. 当 $g_c > 1(E > E_c)$ 时,习题 5 的情况(a)与(b)中,本土草是相对较弱的竞争者,全本土草平衡点是鞍点,对所有的初始状态都是排斥的,甚至当移植草的值在正的象限中也是如此. 另一方面,当 $g_c < 1(E < E_c)$ 时,如习题 5 的情况(c),本土草是相对较强的竞争者,全本土草平衡点是稳定的结点,对一定范围内的初始状态是吸引的.

习题
---

6. 用计算机程序生成与习题 5 中三种情况相关的数值相图. 你可以从万维网下载一个类似的程序.

4. 演替阈值

习题 5 中的情况(b)和(c)产生了一个内部鞍点平衡点,夹在两个外部稳定结点之间. 一个外部稳定结点是全移植草平衡点. 另一个外部稳定结点是当 $N_g(g)$, $N_w(g)$ 在第一象限相交一次(情况(c))时产生的全本土草平衡点,或者当 $N_g(g)$, $N_w(g)$ 在第一象限相交两次(情况(b))时产生的有一定移植草生存的平衡点.

习题
---

7. 令 $E = 0.172$,用习题 5 中的参数值,在相平面中的直线 $w = 0.2$ 上选择一个初值集. 用计算机程序绘制通过这些初始条

件的相轨线. 当初始条件向左移动时轨线会发生什么变化？找出划分初始条件集的一条曲线：这条曲线将初始条件集划分为两部分，一部分初始条件的轨线趋于(0,1)处不良的全移植草平衡点，另一部分初始条件的轨线趋于有一定数量本土草存活的平衡点. 怎样编写绘制这条曲线的程序呢？

相图中根据不同的动力学行为分割区域的曲线称为分界线. 一条分界线从位于原点的不稳定结点向上发散至内部鞍点. 另一条分界线向下收敛至内部鞍点. 这两条分界线一起组成了鞍点平衡点的稳定流形[Hale 和 Koçak 1991]. 稳定流形将相平面分成不相交的两部分. 流形左侧的所有植被状态随着时间的推移被吸引到不良移植草平衡点，因此被称为是吸引域. 流形右侧的所有植被状态在与生存着一定量的本土草的内部平衡点相关的吸引域中(情况(b))，或者是在全本土草平衡点的吸引域内(情况(c)). 稳定流形就是根据状态过渡理论得到的环境变化的阈值. 能保证阈值存在的两个条件是：

(1) $q_w^u = q_w^l/B > 1$(即，全移植草平衡点是稳定的)；

(2) $N_g(g), N_w(g)$ 在相平面中至少相交一次.

5. 稳定流形的分析方法

为了确定给定生态系统的环境阈值，需要更精确估算内部鞍点平衡态的稳定流形. 首先，稳定流形的下部连接原点和鞍点(记为 X)，鞍点的坐标依赖于参数取值. 在这两个端点上可以得到稳定流形的一次近似.

习题

8. 在习题 7 中计算生成的相图中画出原点到平衡点 X 的线条. 与先前画的曲线相比，哪条线更逼近稳定流形？

对于逼近稳定流形,还有更多有用信息. 如果用 $g-w$ 平面中的曲线,记为 $w=W(g)$,来描述稳定流形,则可知 $W(g)$ 的值及其导数在平衡点 X 处的值. 特别地,令 $X=(\gamma,\omega)$,M 为系统方程(4a)和(4b)在点 X 处的线性化矩阵:

$$\begin{pmatrix} (g-\gamma)' \\ (w-\omega)' \end{pmatrix} = M \begin{pmatrix} (g-\gamma) \\ (w-\omega) \end{pmatrix} \tag{6}$$

由于 X 为鞍点,矩阵 M 具有异号实特征值. 令负特征值对应的特征向量为 (u,v),并假设 $u\neq 0$. 因为稳定流形与点 X 处的特征向量平行,因此稳定流形在该处的斜率为 $\dfrac{v}{u}$. 由此可知,稳定流形的二阶近似具有形式: $W(g)=ag+bg^2$,其中 a 和 b 满足如下条件:

- $W(\gamma)=\omega$(也就是说,X 一定位于稳定流形上);
- $W'(\gamma)=\dfrac{v}{u}$(也就是说,稳定流形与特征向量在 X 处相切).

稳定流形的二阶近似是一个二次多项式. 如有必要,可获得稳定流形的更高阶近似多项式. 但是,这种处理过程是复杂的,而效果不会明显改善.

习题

9. 写出两个可以计算出系数 a 和 b 的稳定流形的近似方程. 利用习题 7 的参数,画出与习题 7 和习题 8 相同的相轨曲线,并与数值近似值作比较. 调整参数 r_g 的值为 0.4,参数 r_w 的值为 0.27,再做一次练习. 在新的参数值下,与数值结果相比,稳定流形的逼近如何?

习题 9 表明在原点处的近似是有问题的. 稳定流形的行为随参数 r_g 和 r_w 的值变化而改变. 只要 $r_w/r_g\neq 1$,轨线就会沿着主方向离开原点的某个邻域. 特别地,当 $r_w/r_g>1$ 时,轨线往往正切于 g 轴远离原点. 类似,当 $r_w/r_g<1$ 时,轨线往往正切于 w 轴远离原点. 这表明稳定流形可以展开成如下形式:

$$W(g)=g^p\left[a_0+a_1(g-\gamma)+a_2(g-\gamma)^2+\cdots\right] \tag{7}$$

其中当 $g \to 0$ 时，$p = r_w / r_g$ 可决定逼近行为. 我们最终采用前两项的截尾逼近：

$$W(g) = g^p [a_0 + a_1(g - \gamma)] \qquad (8)$$

可用上述的特殊化条件计算出系数 a_0 和 a_1，也就是说，$W(\gamma) = w$ 以及 $W'(\gamma) = \dfrac{v}{u}$.

习题

10. 写出两个可以计算出系数 a_0 和 a_1 的稳定流形的近似方程. 利用习题 7 的参数和公式（8）画出与习题 9 相同的稳定流形的近似相轨曲线. 它是否与你先前计算的近似分界线吻合？这种逼近误差是否符合你的期望？

6. 讨论

我们已应用 Boyd[1991] 的草地生态系统竞争模型获得了解析逼近演替阈值的方法. 演替阈值是相空间中的稳定流形，它从时间上将草地环境分割成两种吸引域，一类草地环境将演化成社会所期望的植被态，另一类则演化成社会所不期望的植被态. 存在演替阈值的必要条件是：在被入侵生态草地上，社会所不期望的物种是相对较强的竞争者.

演替阈值为农场主提供了很有价值的管理工具，在以畜牧业生产为主的各种人类活动中，它可维系草地的长期持续性. 例如，在美国的山间地区的万亩草场中，由于牲畜更喜欢多年生本土草，过度放牧通常被认为是那些不被牲畜喜爱的一年生草本物种能够成功入侵的元凶. 大多数这类草场为政府所有并租赁给公民个人经营. 联邦土地管理者有责任设定公共放牧的牧场数量，以确保土地的持续产量（sustained yield）（联邦土地政策和管理法 43 U.S.C. 1732(a)(1982)）. 鉴于公共管理者过去设定的放牧限制没有阻止不理想草种的入侵，公众对此施加越来越大的压力，因此管理者进一步减少公众牧场数量，重新建立更理想的草种生态系统.

减少牧场数量将进一步降低本土多年生草种的消耗,因此增加了他们与外来一年生草种的竞争活力. 由于参数 E 的值与本土多年生草种的竞争力是负相关的,本模型通过减小参数 E 的值间接说明了这一点. 减小 E 的值会导致演替阈值向相平面的左上角偏移,因此吸引域增大,进而导致演替草种和多年生本土草种持续共存. 如果公共管理者当前面对的是植物状态的吸引域增加的情形,那么加强放牧限制就是成功之策,因为草原生态将重新回到一个更理想的植被状态.

习题

11. 采用习题 7 的相同参数,以及习题 10 的逼近阈值. 假设公共牧场经理发现草场中含有 10% 的多年生草种和 70% 的一年生外来入侵草种,也就是说 $(g, w) = (0.1, 0.7)$. 这种植被状态会趋近于什么平衡态? 牧场经理是否该减少牧场数量? 当 E 的值从 0.172 减少到 0.1,减少放牧的影响是什么?

7. 习题解答

1. 平衡态 w° 的值为 0 和 1. 图 1 给出了 $w' - w$ 图. (2b) 的解为 $w(t) = \dfrac{1}{1 + c_w \mathrm{e}^{-\tau t}}$, 其中 c_w 为依赖于初始值的常数.

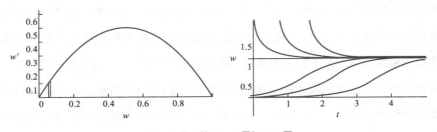

图 1   习题 1 的 $w' - w$ 图和 $w - t$ 图

2. 见图 2. q_w 和 g 有相同的定性性质(从上界递减减小到下界).

3. $N_g(g) = -\dfrac{g^2 + (BE - 1)g - BE}{q_w^l(E + g)}$

$N_w(g) = -\dfrac{q_g^u g^2 + (q_g^u BE - 1)g - E}{E + g}$

4. $E_c = \dfrac{q_g^u - 1}{1 - q_g^u B}$

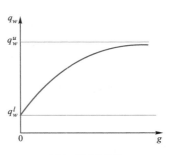

图 2 习题 2 的解

5. 见图 3.

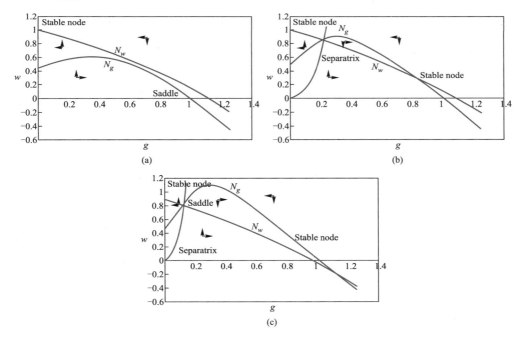

图 3 习题 5 的解

(a) $E = 0.4$;(b) $E = 0.172$;(c) $E = 0.06$

9. $a = \dfrac{1}{\gamma^2}\left(2\gamma w - \dfrac{v}{u}\gamma^2\right)$, $b = \dfrac{1}{\gamma^2}\left(\dfrac{\gamma v}{u} - w\right)$.

若参数值取自习题 7,则有 $a = 2.280\,33$,$b = 20.949\,9$. 如果 $r_g = 0.4$,$r_w = 0.27$,则 $a = 6.050\,82$,$b = -2.770\,78$.

10. $a_0 = \dfrac{w}{\gamma^p}$, $\quad a_1 = \dfrac{1}{\gamma^p}\left(\dfrac{v}{u} - \dfrac{pw}{\gamma} \right).$

若取习题 7 的参数值,则 $a_0 = 9.675\ 05$, $a_1 = 8.137\ 08$.

近似误差可以通过截尾数列来估计,a_1 项之后为 $a_2 g^p (g - \gamma)^2$,其中 a_2 由 $\dfrac{W''(\alpha)}{2}$ 给定,α 为介于 g 和 γ 的值. 然而,W 的二阶导数是很难计算的量,因而近似逼近这一误差项就是意料之中的事. 首先,在 0 和 γ 附近误差的逼近效果最好. 期望在 g 远大于 γ 的时候,误差逼近最差. 当指数 p 增加时,误差逼近得到改善,因此当自身增长率比值 r_w/r_g 较小时,逼近误差将增大. 因为大多数曲率由 g^p 这一项决定,结果导致 W 的二阶导数变小. 因此,当 $p > 1$ 时,误差是很小的,当 $p < 1$ 时,误差也是可接受的.

11. 初始状态取值 $(g, w) = (0.1, 0.7)$,它位于所有杂草平衡态的吸引域. 如果农场减少牲畜数量,则 E 的值将从 0.172 减少到 0.1,近似阈值向上移动到左边(其中 $a_0 = 23.62$, $a_1 = 82.758\ 9$). 此时,初始状态位于更理想的平衡态的吸引域,该平衡态的分量包含原生多年生禾草.

参考文献

Boyd E. 1991. A model for successional change in a rangeland ecosystem. Natural Resources Modeling,5(2):161 – 189

Evans R. ,J. Young. 1972. Competition within the grass community. The Biology and Utilization of Grasses,edited by V. Younger and C. McKell,230 – 246. New York:Academic Press.

Hastings A. 1996. Population Biology:Concepts and Models. New York:Springer-Verlag.

Laycock W. 1991. Stable states and thresholds of range condition on North American rangelands:A viewpoint. Journal of Range Management,44(5):427 – 433.

Stewart G. ,A. Hull. 1949. Cheatgrass (Bromus tectorum)-An ecological intruder in southern Idaho. Ecology,30 (1):58 – 74.

Westoby M. ,B. Walker,I. Noy-Meir. 1989. Opportunistic management for rangelands not at equilibrium. Journal of Range Management,42(4):266 – 274.

11 小型哺乳动物的扩散
Small Mammal Dispersion

周义仓　编译　叶其孝　审校

摘要：

通过社会围栏假设解释小型哺乳动物在相邻区域中的迁移现象. 读者可以看到在种群生态学文献中如何用自治微分方程模型来描述社会围栏假设,然后对这个模型进行改进从而使得它更加实际. 根据实际情况对改进后的模型进行了定性分析并通过相图展示了一些生态现象. 读者可以利用从网上下载的 Dynasys 进行数值计算和绘制相图以获得经验. 通过控制海狸所导致损害的实际问题展示了社会围栏假设.

原作者：

Ray Huffaker

Dept. of Agricultural Economics.

huffaker@ wsu. edu

Kevin Cooper, Thomas Lofaro

Department of Pure and Applied

Mathematics, Washington State

University, Pullman, WA 99164.

发表期刊：

The UMAP Journal, 1999, 20（1）：

47 – 65.

数学分支：

微分方程

应用领域：

生物, 生态

授课对象：

学习微分方程的学生

预备知识：

常微分方程（包含相平面的内容）

目　录:

网上更多……　　本文英文版

1. 引言

　　海狸是北美最多的啮齿动物,成年海狸长 3～4 ft、重 30～60 lb. 海狸的一个特点是它拥有能消化树皮的强大消化系统,海狸喜欢食用像枫树、椴树、桦树、白杨树等硬木树种顶部比较嫩的树皮,它们先在树的底部不断啃咬导致树木倾倒后再开始食用顶部的树皮. 海狸也用倾倒的树木在缓慢流动的河流上建筑堤坝,以便形成它们生活环境所必需的小型塘坝. 这些塘坝可以大大扩展它们的生活范围并为其生存带来许多便利,这些好处包括[Stuebner 1992]:

　　使其生活环境中生物的种类更加丰富;

　　使较混浊水中的杂质沉淀从而改善水质;

　　导致周边区域食草动物的到来从而增加本身的食物供给;

　　增加了土壤的肥力以便植物生长.

　　但这些潜在的好处在经济学家看来是一个机会成本,海狸塘坝的机会成本包括任何环境、美学、被海狸所啃倒的树木未来的经济效益. 当机会成本大于收益时,海狸就会被看做为公害. 在这种情况下,人们就会通过控制海狸的数量以减少它们带来的危害. 例如,North Carolina 州立法机关授权庄园主可以在任何时候使用任何合法的手段去清除海狸以维护他们的财产.

　　捕获是控制海狸以减少它们在给定区域内损害树木最有效的手段,也有很多类似的方法在一定的限制下捕获和清除海狸[Hill 1982]. 然而,实际的情况表明海狸可以从临近未加控制或控制较少的区域不断向控制区域迁移从而弥补海狸数量的减少[Houston 1987]. 种群生态学家提出了社会围栏假设(social fence hypothesis)来解释小型啮齿动物在相邻区域间的迁移过程[Hestbeck 1982,1988]. 根据这个假设,生物个体在给定的区域内竞争至关重要的资源,当竞争达到临界水平时,有些生物个体就会受到社会压力而离开(群体内侵害). 例如,年轻的海狸通常在已有的领地内生活两年后离开以建立自己的领地. 然而,当一个个体试图离开时,它也会受到临近领地内生物种群所施加的领土压力(群体间侵害). 当区域 A 的群体内侵害对一个生物个体施加的压力超过相邻区域 B 的生物对其施加的群体间侵害压力时,社会围栏就会对这个生物个体打开,该生物就从区域 A 迁移到区域 B.

一个清除某地区海狸的努力在无意中会打开社会围栏,使得海狸从未控制的地区向控制地区迁移,不清除海狸时它们就会产生群体间的侵害压力以阻止潜在的迁入. 因此,需要进行不断的捕获以抵消持续迁移,保证在控制区域内海狸数量维持在一个理想的水平. 下面的习题讨论长期多阶段的捕获策略如何影响临近控制区域和未控制区域内海狸数量的变化. 这个习题的基础是关于社会围栏假设的数学描述.

2. 社会围栏假设的数学模型

首先在没有捕获的情况下讨论社会围栏假设的数学模型. 令 X 和 Y 表示相邻的两个区域内海狸的各自密度(每平方英里的海狸数量),$\dot{X}$ 和 $\dot{Y}$ 表示相邻的各自区域内海狸每年的净变化率(每年每平方英里海狸数量的变化),则有

$$\dot{X} = F_0(X)X - F_1(X, Y) \tag{1}$$

$$\dot{Y} = F_2(Y)Y + F_1(X, Y) \tag{2}$$

每片区域中海狸数量每年的净变化率等于每年的增长率(生育率减去死亡率)与迁移率之差. $F_0(X)$ 和 $F_2(Y)$ 是分别与 X 和 Y 相关的年增长率,其形式为

$$F_0(X) = R_X\left(1 - \frac{X}{K_X}\right) \tag{3}$$

$$F_2(Y) = R_Y\left(1 - \frac{Y}{K_Y}\right) \tag{4}$$

其中,R_X(1/年)、K_X(海狸数量/平方英里)、R_Y(1/年)和 K_Y(海狸数量/平方英里)都是非负常数. 当种群密度 X 趋于零时,净增长率趋于 R_X(当 $X \to 0$ 时 $F_0 \to R_X$),R_X 称为内禀增长率. 另一方面,当种群密度 X 趋于 K_X 时,由于拥挤的副作用使得净增长率逐渐

减少到零(当 $X \to K_X$ 时 $F_0 \to 0$). K_X 称为在海狸 X 的区域内的环境容量,参数 R_Y 和 K_Y 的含义类似.

习题

1. 设(1)中的 $F_1(X, Y)$ 为零,则海狸密度 X 就按照净增长率变化,即 $\dot{X} = F_0(X)X$. 画出这个微分方程向量场的图形并用箭头表明当 $X < K_X$ 和 $X > K_X$ 时 X 随着时间的变化情况(箭头指向时间增加时 X 的方向). 接下来求解此微分方程,画出它的解曲线,并解释当 X 分别趋于环境容量 K_X 和零时解与 $F_0(X)$ 的关系.

数学模型中的扩散项 $F_1(X, Y)$(海狸数量/平方英里/年)是社会围栏假设的数学表达,见数学生态学研究文献[Stenseth 1988]. 当 $X > Y$ 时,该文献假设 X 所在区域内群体成员间的侵害压力大于群体间由 Y 的成员施加的侵害压力,年净迁移率 $F_1(X, Y)$ 就导致了从 X 区域内的海狸向 Y 所在的区域扩散,即 $F_1(X, Y) > 0$. 同理,当 $Y > X$ 时,反向的扩散阀打开,Y 区域内的海狸向 X 所在的区域扩散,即 $F_1(X, Y) < 0$. 社会围栏在扩散方面的作用与两个区域中海狸的数量之差有关,满足这个假设的一种 $F_1(X, Y)$ 有下面的形式:

$$F_1(X, Y) = B(X - Y)X \tag{5}$$

其中,B 为常数,单位为(年)$^{-1}$(海狸数量/平方英里)$^{-1}$.

习题

2. 假设 Y 所在区域海狸的密度 Y 比 X 大得多,如 $Y = 100$,$X = 1$,计算与 B 有关的扩散量 $B(X - Y)X$. 再假设 Y 比 X 稍大一点,如 $Y = 100$,$X = 99$,重新计算 $F_1(X, Y)$. 比较和讨论在这两种情形下的扩散数量,并说明由(5)式给出的社会围栏作用公式在生态学中是否合理.

由(5)式给出的社会围栏假设模型的另一个问题是当 $X > Y$ 时触发迁移不一定合理,因为 $K_X \gg K_Y$ 可能导致 X 对其环境容纳量施加的压力远远小于 Y 对于其环境容纳量施加的压力. 对重要资源的竞争的激烈程度 X 比 Y 要小,这意味着 X 所在区域内海狸个体间竞争迫使它们向 Y 迁移的压力小于 Y 所在区域的海狸成员反抗其迁入的压力. 在这种情况下,从 X 所在区域向 Y 所在区域的扩散阀关闭,使得从 X 到 Y 迁移停止. 避免这一问题的另一种社会围栏假设的模型为

$$F_1(X, Y) = M\left(\frac{X}{K_X} - \frac{Y}{K_Y}\right) \tag{6}$$

其中,M 是一个常数速率,其单位为(海狸数量/平方英里/年). 一旦 X 在它的环境容纳量中所占的比例大于 Y 相应的比例 $\left(\frac{X}{K_X} > \frac{Y}{K_Y}\right)$,就假设 X 所在区域内种群成员之间的侵害大于两个区域之间种群的侵害,$F_1(X, Y)$ 就发挥扩散阀的作用使得 X 所在区域内的海狸向 Y 区域迁移,即 $F_1(X, Y) > 0$.

3. 具有捕获的社会围栏模型

我们现在假设对 X 所在区域中的海狸进行捕获(控制区域),但对 Y 所在的相邻区域不进行捕获(非控制区域). 改进的模型为

$$\dot{X} = F_0(X)X - F_1(X, Y) - PX \tag{7}$$

$$\dot{Y} = F_2(Y)Y + F_1(X, Y) \tag{8}$$

其中,$F_1(X, Y)$ 为(6)式中给出的函数,$P(1/年)$ 为单个海狸每年被捕获的比率,PX 是每年捕获的海狸数量. 由于捕获减小了 X 所在区域内海狸对其环境容纳量的压力,这导致了 X 所在区域内阻止相邻区域迁入的种群间侵害压力减少(其他情况没有变化),从非控制区域向控制区域的扩散阀就可能打开而出现从 Y 向 X 的迁移.

4. 无量纲化的比率方程

微分方程组(7)和(8)可以通过对变量和参数的无量纲化过程进行简化,定义无量

纲的变量和参数分别为：

$x = \dfrac{X}{K_X}$　（控制区域中的海狸密度占环境容量的比例）；

$y = \dfrac{Y}{K_Y}$　（非控制区域中的海狸密度占环境容量的比例）；

$\tau = R_X t$　（无量纲化的时间变量）；

$m = \dfrac{M}{R_X K_X}$　（无量纲化的扩散参数）；

$p = \dfrac{P}{R_X}$　（无量纲化的捕获参数）；

$r = \dfrac{R_Y}{R_X}$　（两个区域内内禀增长率的比值）；

$k = \dfrac{K_X}{K_Y}$　（两个区域内环境容量的比值）.

习题

3. 证明将这些无量纲化的变量和参数代入 (7) 和 (8) 后得到无量纲化的模型为

$$x' = \frac{\mathrm{d}x}{\mathrm{d}\tau} = x(1-x) - m(x-y) - px \tag{9}$$

$$y' = \frac{\mathrm{d}y}{\mathrm{d}\tau} = ry(1-y) + km(x-y) \tag{10}$$

注意，模型的参数由原来的 6 个 $(R_X, R_Y, K_X, K_Y, M, P)$ 减少为 4 个 (m, p, r, k).

我们现在来分析当单个海狸每年的捕获率从零增加时模型 (9) 和 (10) 的解.

5. 无捕获的动力学

先考虑不对 X 所在区域内的海狸进行捕获时，X 和 Y 区域内海狸数量的变化情况

(即(9)式中的 $p=0$).令(9)式的右端为零,我们就得到了 $x'=0$ 时等倾线的隐函数表达式,记为 $N_x(y)$:

$$x^2-(1-m)x-my=0 \tag{11}$$

由于(11)中没有交叉项 xy, $N_x(y)$ 在 xy 平面是一条抛物线[Korn,Liberi 1978,387],当 $1-m$ 为正(负)时该抛物线的顶点在 $x>0(x<0)$ 的区域,且抛物线倾斜向下(上)的一支过坐标原点.

习题

4.令(10)式的右端为零,将 y 作为自变量求出 x 以得到 $y'=0$ 的等倾线,即在 Y 区域维持每年增长和扩散平衡的状态,记为 $N_y(y)$,并描绘其图形.

5.利用下面给出的近年来研究中所得到的数据[Huffaker 等 1992]作为参数的基线值绘制 $N_x(y)$ 和 $N_y(x)$ 的图形: $R_x=0.335$, $R_Y=0.3015(r=0.9)$, $K_X=1.107$, $K_Y=0.9963(k=1.11)$, $M=0.3473(m=0.937)$.

6.从习题5中所绘制的等倾线看出,(9)和(10)中给出的模型有两个平衡解,一个平衡解发生在两个种群的数量 X 和 Y 达到其环境容量的状态(例如在 $(x,y)=(1,1)$ 处),另外一个发生在坐标原点.用其他参数绘制的等倾线也有相同的平衡解.等倾线将相平面分为4个区域(称为等倾域),利用箭头标注出在每个等倾域中 x 和 y 随着时间变化的方向.

7.分别计算由(9)和(10)中模型在两个平衡解处线性化系统的本征值,证明坐标原点是一个鞍点,达到环境容量的平衡点 $(x,y)=(1,1)$ 是稳定结点.画出与这些信息一致的解轨线的图形.

8.利用计算机软件画出模型(9)和(10)当参数取这些基线值时的向量场的图形.

借助图 1 有助于理解相平面上参数在不同的等倾域内模型的动力学性态. 图中表示由(9)式所给出的 x 净增长率为 $f_0 = 1 - x$,由(10)给出的 y 净增长率为 $f_2 = r(1 - y)$. 叠加在习题 6 中等倾线上的 3 条虚线将相空间划分为 6 个区域. 以 $x = 1$ 和 $y = 1$ 为边界的区域(Ⅱ 和 Ⅲ)中 x 和 y 的数量都小于其环境容量,两个净增长率均为正. 在 $x = 1$ 右边的区域(Ⅳ、Ⅴ 和 Ⅵ)中 x 的数量大于其环境容量而导致它的净增长率为负. 在 $y = 1$ 上面的区域(Ⅰ、Ⅵ 和 Ⅴ)中由于 y 大于其环境容量而使得它的净增长率为负. 从原点出发与两条等倾线在环境容量处相交的虚线(zdl)上由于 $x = y$ 而使得扩散量 $f_1 = m(x - y)$ 等于零. 种群数量在 zdl 之上的区域(Ⅰ、Ⅱ、Ⅵ)中社会围栏的阀门向从 x 到 y 的迁移开启,而种群数量在 zdl 之下的区域(Ⅲ、Ⅳ、Ⅴ)中的迁移则反向流动.

例如,考虑由上界为 $x = 1$ 和下界为 zdl 的区域 Ⅱ 中的动力学性态时,由于 x 和 y 的数量都在其环境容量之下,种群数量的增长率都是正的. 由于种群数量在 zdl 之上,社会围栏的阀门向着从 x 到 y 迁移的方向开启. x 的自然增长率为正,但其数量由于迁出而减少. 由于迁移出的数量大于自然增长的数量,开始在 $N_x(y)$ 之上时 x 的数量随着时间的推移而减少,然而当 x 的数量一旦低于 $N_x(y)$ 后,自然增长率便大于移出率的增长,x 的数量就开始增加. 相反地,正的净增长率和迁入的作用使得 y 的数量增加.

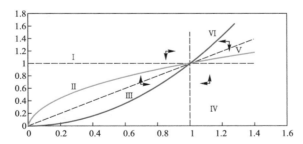

图 1　无捕获($p = 0$)时各个等倾域上解的方向,虚线将平面分为 6 个区域:Ⅰ. $f_0 < 0, f_2 > 0, x$ 区域中的海狸向 y 所在的区域迁移;Ⅱ. $f_0 > 0, f_2 > 0, x$ 区域中的海狸向 y 所在的区域迁移;Ⅲ. $f_0 > 0, f_2 > 0, y$ 区域中的海狸向 x 所在的区域迁移;Ⅳ. $f_0 > 0, f_2 < 0, y$ 区域中的海狸向 x 所在的区域迁移;Ⅴ. $f_0 < 0, f_2 < 0, y$ 区域中的海狸向 x 所在的区域迁移;Ⅵ. $f_0 < 0, f_2 < 0, x$ 区域中的海狸向 y 所在的区域迁移

6．有捕获的动力学

现在考虑每年按比例对 x 所在区域中的海狸进行捕获的情况．描述捕获情况下相邻区域中海狸数量变化的微分方程组是(9)和(10)，其中 p 是取值为 p_f 的常数．我们假设 p_f 对应于年捕获率为100%的情况$\left(\text{即 } P = 1, p = \dfrac{P}{R_x} = 2.985\right)$，其他的参数取习题5中给出的基线值．此时，未加控制区域内 y 的零等倾线和无捕获时的一样，在(9)中令右端为零得到 $p = p_f$ 时 $x' = 0$ 的零等倾线 $N_x(y)$ 所决定的隐函数

$$x^2 - (1 - m - p_f)x - my = 0 \tag{12}$$

零等倾线 $N_x(y)$ 是一个抛物线，当 $1 - m - p_f > 0 (1 - m - p_f < 0)$ 时这个抛物线的顶点落在 $x > 0 (x < 0)$ 的区域，且抛物线倾斜向下(上)的一支与坐标原点相交．当捕获率从零增加时，等倾线 $N_x(y)$ 向下移动．而零等倾线 $N_y(x)$ 和无捕获时相同，保持不动．

习题

9．画出参数取基线值时等倾线 $N_x(y)$ 和 $N_y(x)$ 的图形，分析平衡解的分布．这些平衡解的分布与零捕获时平衡解的分布有何不同？当其余参数取基线值时捕获是否导致和维持社会围栏向从 y 到 x 的迁移开启？

10．求在非负平衡解处的线性化系统的本征值，确定这些平衡解的稳定性，并画出解轨线．

11．利用计算机软件画出基线捕获情况下模型的相图．

表1显示了在控制区域和非控制区域中单个海狸的捕获率 P 对正平衡解的影响．在表1中 X 和 Y 分别是在控制区域和非控制区域有量纲的海狸的数量，x 和 y 是与之对应的无量纲的数量，x 和 y 反映了种群数量对环境容量的压力大小．$F_0(X)X$ 和 $F_2(Y)Y$ 分别是它们持续的年增长率，$F_1(X,Y) < 0$ 是从 Y 向 X 持续的年迁移率，PX 是对 X 持续

的年捕获率. 年增长率函数在(3)和(4)式中定义,年迁移率函数在(5)式中定义.

表1 单个海狸的捕获率 P 对种群数量的影响

P	0	0.25	0.5	0.75	1
X	0.072	0.610	0.295	0.141	0.072
Y	0.205	0.720	0.480	0.313	0.205
x					
y					
$F_0(X)X$					
$F_2(Y)Y$					
$F_1(X,Y)$					
PX					

习题

12. 进行必要的计算完成表 1 中的内容,并根据下面的信息画图:1)画出 x 和 y 随着 P 变化的关系;2)画出每年持续的捕获量和迁移量与 P 的关系;3)画出 X 和 Y 每年持续的增长率与 P 的关系. 利用这些图形解释为什么总的持续捕获率 PX 随着 P 先升后降的原因.

7. 讨论

饱受海狸对树木损害的农场主们有几个选择:一种极端的情况是对海狸不进行任何控制而使得它们达到其所在区域的环境容量,当海狸所修筑的塘坝带来的收益超过它们对树木的危害时,农场主们会选择不对海狸进行控制的策略.

另一种极端的情况是在树木受害区域一次性地捕杀所有的海狸,由于临近区域内海狸的迁移,这种彻底清除海狸的努力可能是徒劳的. 最近提出的社会围栏假设将小型哺乳动物种群的迁徙行为解释成渗透的生态模拟:在一个环境中生存的动物由于受到所在区域内种群成员间相互侵害的压力通过社会围栏向密度较小的区域扩散,直到种群内的侵害压力与种群间的侵害压力平衡时,这种扩散才会停止. 根据这些假设,一个农场主持续对所在区域的海狸进行清除时,必然会产生该区域海狸数量的空缺而导致临近区域海狸的迁入. 这种从临近区域持续的迁入说明了在控制区域对海狸持续捕获的合理性,这样的持续捕获和迁入使得在控制区域内的海狸数量维持在一个稳定的水平.

我们讨论了不同水平上持续的捕获对海狸种群的影响,根据社会围栏假设所建立的模型和近年来研究中确定的参数值,分析相邻的控制和非控制区域内海狸达到平衡态时的数量,研究中有以下发现:

- 在没有捕获时,两个区域中海狸的数量都会达到其环境容量.

- 当在控制区域内对单个海狸的捕获率由零开始增加到一个较小的水平时,该区域内海狸种群在平衡解处的数量导致它相对于其环境容量的比例减小. 拥挤程度的减小使得从非控制区域向控制区域迁移的社会围栏开启,同时也增加了控制区域内海狸的净增长率. 这两方面的增加会被不断增加的捕获量所抵消,所以在控制区域内的海狸数量维持在相对较少的平衡状态. 在非控制区域内的海狸由于不断地迁移,其所占环境容纳量的比例也相对较小.

- 当在控制区域内对单个海狸的捕获率增加到一个较大的水平时,两个区域内平衡状态下海狸数量对其环境容量的压力减小. 在控制区域内由于增长率和迁入率的减小而使得每年需要捕获的海狸数量减少,控制区域和非控制区域内相对于其环境容量的压力差距减小,迁移的压力降低,迁移的社会围栏可能会暂时关闭. 在两个区域中平衡态处的海狸数量减少,净增长率和增长压力也减小.

在上面这些分析结果的基础上,一个农场主应该持续采用相对较低的还是较高的对单个海狸的捕获率? 该问题的回答依赖于生态和经济状况. 经济学家希望一个理性的农场主采用控制区域内平衡解处海狸的数量,农场主应遵循下面的原则来确定持续捕获策略:当每年持续捕获的海狸数量再增加一个时,所引起平衡解处海狸种群数量的边际减少,将使得持续捕获的费用超过树木损害减少所产生的利益.

在其他条件不变时,即使在较少的数量下,当海狸对树木的损害超过捕获的费用时,在控制区域内经济上最优的海狸数量的平衡解应该比较小(单个海狸的持续捕获率较高). 可参阅文献 Huffaker 等[1992]对这个问题更进一步的讨论.

8. 部分习题解答

1. 见图 2. 微分方程的解为 $X(t) = \dfrac{1}{\dfrac{1}{K_x} + ce^{-R_xt}}$,其中 c 是与初始值有关的常数,函数的图像见图 3.

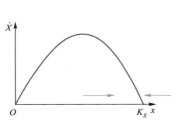

图 2　$F_1(x,y) = 0$ 时 (1) 的图形

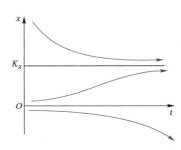

图 3　不同初始值时 (1) 的解曲线

2. 当 $Y = 100, X = 1$ 时,$F_1(X,Y) = -99B$;

当 $Y = 100, X = 99$ 时,$F_1(X,Y) = -99B$.

(5)中所给出的社会围栏形式的问题是不管种群数量差异的大小,由此产生的从当 Y 区域向 X 区域迁移的海狸的数量相同.

4. $N_y(y) = \dfrac{1}{km}[ry^2 - (r-km)y]$. 图 4 中给出了 $r-km > 0$ 和 $r-km < 0$ 两种情况下该函数的图形.

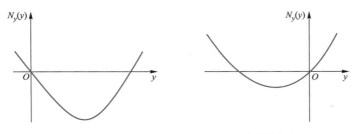

图 4　$r-km > 0$ 和 $r-km < 0$ 两种情况下 $N_y(y)$ 的图形

6. 见图 5.

7. 见图 6. 当 $(x,y) = (0,0)$ 时两个本征值分别为 0.953 864，-1.030 93；当 $(x,y) = (1,1)$ 时两个本征值分别为 -0.951 343，-2.925 73.

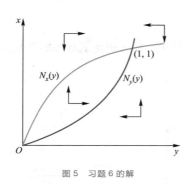

图 5 习题 6 的解　　　　　　　　　　　图 6 习题 7 的解

9. 坐标原点是平衡解，且捕获使得内部平衡解在两个区域内海狸的数量都小于其环境容量. 在给定参数的基线值后，捕获使得 Y 区域的海狸向 X 所在的区域迁移.

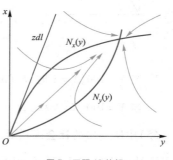

10. 见图 7. 当 $(x,y) = (0,0)$ 时，两个本征值分别为 0.174 641，-3.226 71；当 $(x,y) = (0.065, 0.21)$ 时，两个本征值分别为 -0.177 817，-3.382 25.

12. 见表 2 和图 8. 参见本模块讨论部分关于持续捕获量 PX 为什么开始随着单个捕获率 P 的增加而增加，且后来随着 P 的增加而减少的解释.

图 7 习题 10 的解

表 2　单个海狸的捕获率 P 对种群数量的影响

P	0	0.25	0.5	0.75	1
X	0.072	0.610	0.295	0.141	0.072
Y	0.205	0.720	0.480	0.313	0.205
x	1	0.550	0.270	0.128	0.065
y	1	0.720	0.480	0.310	0.210
$F_0(X)X$	0	0.092	0.072	0.041	0.022
$F_2(Y)Y$	0	0.060	0.075	0.065	0.049
$F_1(X, Y)$	0	-0.060	-0.080	-0.060	-0.050
PX	0	0.152	0.147	0.106	0.072

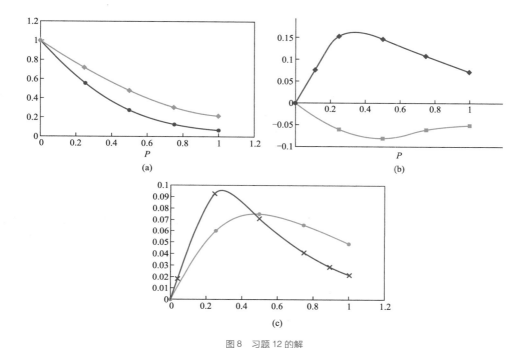

图 8　习题 12 的解

（a）x（下面的曲线）和 y（上面的曲线）随着 P 的变化；（b）PX（上面的曲线）和 $F_1(X,Y)$（下面的曲线）随着 P 的变化；

（c）$F_0(X)X$（$P=1$ 时在下面的曲线）和 $F_2(Y)Y$（$P=1$ 时在上面的曲线）随着 P 的变化

参考文献

Hestbeck J. 1982. Populations regulation of cyclic mammals：The social fence hypothesis. Oikos,39（1982）:157 – 163.

Hestbeck J. 1988. Population regulation of cyclic mammals：A model of the social fence hypothesis. Oikos,52（2）: 156 – 168.

Hill E P. 1982. The beaver. In Wild Mammals of North America：Biology,Management,and Economics,edited by J A Chapman and G A Feldhamer. Baltimore,MD:Johns Hopkins University Press.

Houston A. 1987. Beaver control and reclamation of beaver-kill sites with planted hardwoods. Unpublished. Knoxville, T N:University of Tennessee.

Huffaker R. ,M G Bhat,S M Lenhart. 1992. Optimal trapping strategies for diffusing nuisance-beaver populations. Natural Resource Modeling,6（1）:71 – 97.

Korn H,A Liberi. 1978. An Elementary Approach to Functions. 2nd ed. New York:McGraw-Hill.

Stenseth N. 1988. The social fence hypothesis：A critique. Oikos,52（2）:169 – 177.

Stuebner S. 1992. Leave it to the beaver. High Country News,24（15）:1.

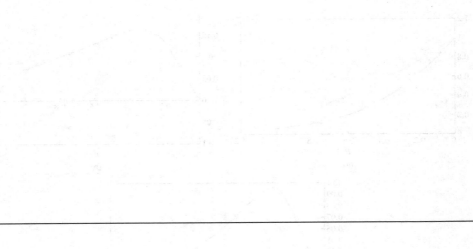

12 医用 X - 光学成像的数学

The Mathematics of Medical X - Ray Imaging

黄海洋　编译　谭永基　审校

摘要：

确定一个物体的内部结构而不切开它，或者观看身体一个断面而不受其他部分影响，这一直是放射科医生和工程师的目标. 这些目标已经通过计算机断层扫描（CT）和其他技术实现了，并被应用在每一个医院. 关于 CT 的这个单元应该能够帮助读者欣赏这项技术及其数学基础.

原作者：

Fawaz Hjouj

Dept. of Mathematics, East Carolina University Greenville, NC 27858.

hjouj@ ecu. edu

发表期刊：

UMAP/ILAP Modules 2006：Tools for Teaching, 87 – 130.

数学分支：

数值分析，傅里叶分析

应用领域：

医学

授课对象：

数学、物理和工程专业的学生

预备知识：

微积分/物理等通常的核心课程，最好有使用 MATLAB 或类似程序的经验.

目　录:

网上更多……　　本文英文版

1. 关于本单元

这个单元是为了给来自不同领域,如数学、工程学以及其他学科的学生简单介绍本科数学有趣应用的一部分.

本单元的核心思想是,我们可以在不切开研究对象的情况下确定它的内部结构. 换言之,我们可以通过线积分重构定义在一个区域上的函数.

数学、物理学、工程学专业的学生将会发现数学基本元素,例如二元函数的定义、直线、积分、数值积分、极坐标系和其他概念如何被明确而具体地运用在生活中,很有意思.

这里有一些供学生和教师考虑的要点:

* 我们假设学生已经掌握了微积分,包括二重积分.

* 为了实践这个课题的想法并求解我们给出的大多数练习,需要计算机代数系统 MATLAB 的基本知识. 开始使用 MATLAB 是容易的,特别是经过老师的一些小小帮助. 此外,通过解决这个单元中的习题,学生不仅可以对概念有更深刻的了解,也可以加强使用 MATLAB 的技能. 实际上,这个单元的最后一节是一个有趣的设计,我们教学生如何恢复他们选择的图片.

* 这个单元是为本科学生准备的. 但是,对一些已知概念的表述不同于通常微积分形式. 例如,我们会从一个不同的角度看待函数的线积分,我们认为将这个方法与用参数方程定义线积分的标准计算方法联系起来对于学生是一个很好的练习.

* 傅里叶变换(Fourier transform)及相关的问题在微积分课程中一般没有涉及. 我们在第 5 节中考虑了这个问题并加入了相关的例子和让学生解决的习题. 如果学生想理解第 10 节的推导,这一节是必需的. 跳过第 10 节的困难步骤并且接受第 10 节公式(24)~(26)结果的学生也可以跳过第 5 节. 但是,我们建议数学专业学生努力学习必要的知识细节.

此外,在有些地方,推导超出了预备知识范围,这并不奇怪.

2. 主要思想(重构)

当阳光(探测器)照射在我的身体(一个物体),我的身体的影子(轮廓)会映在地面上.因此,如果你没看到我,但是能看到了我的影子,你对这是谁的影子会有一个大概的猜想.

在医学、天文学、地理学、地球物理、分子生物学和其他许多领域,一大类重构(reconstruction)问题可以用三步想法的框架表述:

1. 将某种探头(X 射线,γ 射线等)作用在研究对象(人的大脑、引擎、箱包等)的不可见结构上.

2. 检测探头(收集数据)产生轮廓(投影).

3. 通过数学方法研究轮廓特征以便确定内部结构.

我们将使用术语投影表示轮廓.图 1 解释了这个想法.

图 1   使用射线产生轮廓反应内部分布

3. X 射线的基本知识

在 1890 年代中期,物理学家喜欢做的一个实验是在不同条件下通过小的梨形玻璃管放电,如图 2 所示.1895 年,德国科学家 Wilhelm Conrad Roentgen(伦琴,1845—1923)在一个完全漆黑的房间中进行类似实验时发现了 X 射线.他惊奇地发现,当玻璃管通电时,一片柔和光出现在一块放在几英尺之外椅子上的镀磷光剂的硬板上[Kevles 1997].

这是被管内极高的电压加速发出的一束电子,打到了目标(阳极)上,产生了 X 射线. 更令伦琴吃惊的是当他把手放在 X 射线通过的路径上时, 他看见了手骨头的轮廓. 他把这神奇的新射线命名为 X 射线.

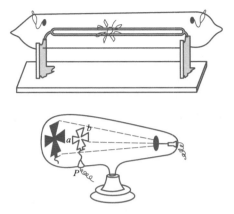

图 2　像这样的早期试验电子管被伦琴和其他科学家用来研究光的本质

很快, 他对这个发现进行了更多的研究. 他记录了如下内容:

- X 射线具有穿透性, 虽然会发生部分衰减, 但是可以穿透一定厚度的固体材料.

- 发射出来的 X 射线可以令胶卷感光, 产生可见的图像. 实际上, 伦琴得到了第一张射线图像——他的妻子的手(图 3)[Kevles 1997].

因为发现了 X 射线, 伦琴获得了第一届诺贝尔物理学奖. 在接下来的几年中, 物理学家发现 X 射线只是电磁波谱中的一个新成员(图 4), 电磁波谱是用来描述各种类型放射物的术语. 同时, 物理学家还证实了 X 射线是一种高频率($10^{17} \sim 10^{20}$ Hz)短波长(10^{-9} m)的电磁波.

X 射线在医学领域两个最著名的应用:

- 传统的 X 射线照影, 这是通过使 X 射线从设备中发射, 穿过人体的器官后在底片中曝光得到的. 虽然现在传统的 X 射线成像设备已经高度发展, 但是产生 X 射线的方法仍然和伦琴使用的一样.

- 计算机断层扫描技术(CT), 它可以完全排除不进行研究的部分. 在这个方法中, X 射线不必进入物体的其他部位而直接穿过指定的平面. 借助计算机用射线在不同角度的投影重构所检查物体的结构.

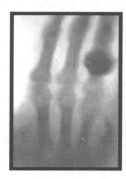

图 3　1895 年 12 月 22 日，伦琴拍下这种有名的照片. 它被称为"第一张 X 射线照片"和"伦琴夫人的 X 射线照片"

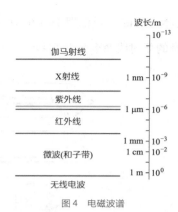

图 4　电磁波谱

下面我们探究应用在 CT 中的数学. 图 5 展示了传统的 X 射线与重构的断层扫描.

图 5
（a）通过 X 射线成像技术得到的影像；（b）计算机断层扫描（CT）

4. 基本概念

给定平面 $\mathbf{R}^2$ 上一个适当正则函数 $f(x,y)$，一种表示 f 的方式是用它的曲面图. 例 1 介绍了这个方法.

例 1　单位盒子.

令

$$f(x,y) = box(x,y) := \begin{cases} 1, 若 |x| \leqslant \dfrac{1}{2} 且 |y| \leqslant \dfrac{1}{2} \\ 0, 其他 \end{cases} \quad (1)$$

　　我们会经常使用这个特殊的函数,并称之为"盒函数"或者简称为 $b(x,y)$. 图 6(a)
展示了这个函数的曲面图.这个函数的另一种表示方式可以通过密度图,如图 6(b).

　　实际上,一个图像可以定义为一个函数 $f(x,y)$,f 在任一点 (x,y) 的值称为图像在那一
点的亮度(intensity)或灰度级(gray level).当 x,y 和 $f(x,y)$ 是离散量时,称图像为数值图
像(digital image).数值图像由元素构成,每一个元素都有特定的位置和数值,称为图像元
素(picture elements)或像素(pixels)[Gonzales 和 Woods 2002].这样,图 6(b)就定义为函数
$b(x,y)$ 的数值图像.为了加深理解,我们建议你在计算机上实现这些想法.本节的所有的
图示都用 MATLAB 生成的.例如,表 1 中的 MATLAB 代码生成图 6(a)和 6(b).

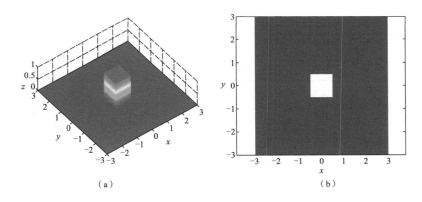

(a)　　　　　　　　　　　　　(b)

图 6　单位立方体的表示
(a) 使用曲面图;(b) 使用密度图

习题

　　1. 使用表 1 中的代码展示径向对称的高斯分布 $f(x,y) = \mathrm{e}^{-(x^2+y^2)}$,

　　a) 使用曲面图;

　　b) 使用密度图.

　　因为我们将会用到线积分的概念,这里介绍在指定直线 L 上的线积分公式.通常,
直线以方程 $y = mx + b$ 的形式给出.取而代之,我们采用实坐标 p,φ

$$L_{\varphi,p} = \left\{ (x,y) \in R^2 : \ x\cos\varphi + y\sin\varphi = p \right\} \tag{2}$$

如图 7 所示,一条夹角为 φ 的过坐标原点的射线与这条直线 L 垂直,p 表示坐标原点到这条直线 L 的距离.

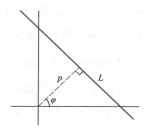

图 7　使用坐标 p,φ 表示直线((2)式)

表1　代码

```
% Code1:a script MATLAB file;generates surface
% and density plots for the symmetric unit Box.

step =.03;
s = -3:step:3;t =s;

[A,B]=meshgrid(s,t);                    % define a grid
C =zeros(length(s),length(s));
for i =1:length(s)
for j =1:length(t)
        x =A(i,j);
        y =B(i,j);
        if abs(x)< =1/2 & abs(y)< =1/2
        C(i,j)=1;
        else
        C(i,j)=0;
        end
end
end
figure(1)
surf(A,B,C)                             % display the surface
view([20,20,120])
shading interp
xlabel('x')
ylabel('y')
zlabel('z')
```

续表

```
title('Surface of the Box Function')

figure(2)
pcolor(A,B,C)                    % display the image
colormap(gray);
shading interp
xlabel('x')
ylabel('y')
axis equal
title('Density Plot for the Box Function')
```

习题

2. 证明直线 L 上的任意点 (x,y) 满足方程 (2) , 即

$$x\cos\,\varphi + y\sin\,\varphi = p$$

5. 傅里叶变换

一个积分变换是一个形如

$$F(s) = \int_a^b f(x)k(s,x)\,\mathrm{d}x$$

的关系式, 给定函数 f 通过这个积分变换成函数 F. 称函数 F 为 f 的变换, 函数 k 称为核 (kernel). 选择合适的核和积分上下限 a,b , 我们可以构造不同的变换. 各种积分变换被广泛地使用, 其中之一是傅里叶变换

$$F(s) = \int_{-\infty}^{+\infty} f(x)\mathrm{e}^{-2\pi\mathrm{i}sx}\mathrm{d}x, \quad -\infty < s < +\infty \tag{3}$$

其中函数 f 定义在实线上, 复指数函数 $\mathrm{e}^{2\pi\mathrm{i}sx}$ 可以写为

$$\mathrm{e}^{2\pi\mathrm{i}sx} := \cos(2\pi sx) + \mathrm{i}\sin(2\pi sx), \quad \text{其中} \mathrm{i}^2 = -1$$

注: 我们有时会使用傅里叶变换算子 (Fourier transform operator) $\mathcal{F}$, 并写为

$$(\mathcal{F}f)(s) = F(s)$$

使用积分变换的一个主要思想是我们可以将关于 f 的问题转换成关于 F 的问题,

有时候这会使问题得到简化;如果是这样,我们就可以先解决比较简单的问题,然后再用逆变换由 F 得到 f.

傅里叶发现定义在实线上的函数 f 可以由它的变换 F 进行合成:

$$f(x) = \int_{-\infty}^{+\infty} F(s) e^{2\pi i s x} ds, \quad -\infty < x < +\infty \tag{4}$$

我们暂且不考虑傅里叶变换存在的条件.大致说来,对于波动不大而且在 $\pm\infty$ 取值不太大的 f,傅里叶表达式(4)是成立的.我们称(4)式为 f 的合成方程(synthesis equation),(3)为 f 的分解方程(analysis equation)[Kammler 2000,3].

实际上按定义求傅里叶变换并不容易.已经开发了一种特殊的算法用来得到常用的 **R** 上函数的傅里叶变换. Kammler 认为:"我们需要记住一些傅里叶变换对 f,F,并学习一些针对已知变换对的变形或组合规则,以便由已知的变换对得到新的变换对"[2000].

例2　sinc 函数.

$$f(x) = \begin{cases} 1, 若 -\dfrac{1}{2} < x < \dfrac{1}{2} \\ 0, 其他 \end{cases}$$

它的傅里叶变换为

$$F(s) = \mathrm{sinc}(s) := \frac{\sin(\pi s)}{\pi s} \tag{5}$$

这是在傅里叶分析中两个最经常使用的函数.图 8 显示了 $f(x)$ 和 $F(s)$ 的图像.

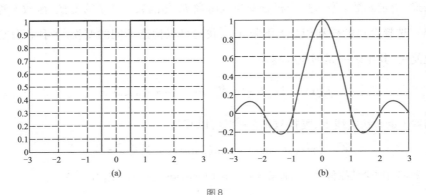

图 8

(a) 例 2 中函数 $f(x)$ 的图像(在顶部的直线段);(b) 例 2 中函数 $F(s)$ 的图像

习题

3. 令 $f(x) = \mathrm{e}^{-\pi x^2}$，它常被称为高斯单元. 利用 f 是偶函数证明

$$F(s) = \mathrm{e}^{-\pi s^2}$$

同样，定义在 $\mathbf{R}^2$ 上函数 $f(x,y)$ 的傅里叶变换为

$$F(u,v) = \int_{x=-\infty}^{+\infty} \int_{y=-\infty}^{+\infty} f(x,y) \mathrm{e}^{-2\pi \mathrm{i}(ux+vy)} \mathrm{d}y\mathrm{d}x \qquad (6)$$

且

$$f(x,y) = \int_{u=-\infty}^{+\infty} \int_{v=-\infty}^{+\infty} F(u,v) \mathrm{e}^{2\pi \mathrm{i}(ux+vy)} \mathrm{d}u\mathrm{d}v \qquad (7)$$

当 f 关于 x,y 坐标可分离时，即 f 是一个乘积：

$$f(x,y) = f_1(x) \cdot f_2(y)$$

用单变量方法计算这些双变量积分，我们可以证明

$$F(u,v) = F_1(u) \cdot F_2(v) \qquad (8)$$

其中 F_1 和 F_2 是 $f_1(x)$ 和 $f_2(y)$ 的单变量傅里叶变换.

习题

4. 证明 (8).

例 3　二元函数的傅里叶变换.

让我们求函数

$$f(x,y) = \begin{cases} 1, \text{若} |x| < \dfrac{1}{2}, |y| < \dfrac{1}{2} \\ 0, \text{其他} \end{cases}$$

的傅里叶变换. 可以看出

$$f(x,y) = f_1(x) \cdot f_2(y)$$

$$f_1(x) = \begin{cases} 1, 若 |x| < \dfrac{1}{2} \\ 0, 其他 \end{cases}$$

和

$$f_2(y) = \begin{cases} 1, 若 |y| < \dfrac{1}{2} \\ 0, 其他 \end{cases}$$

因此

$$F(u,v) = F_1(u) \cdot F_2(v) \qquad\qquad (用(8))$$

$$= \mathrm{sinc}(u) \cdot \mathrm{sinc}(v) \qquad\qquad (用(5))$$

图 9 展示了 $f(x,y)$ 和它的傅里叶变换 $F(u,v)$.

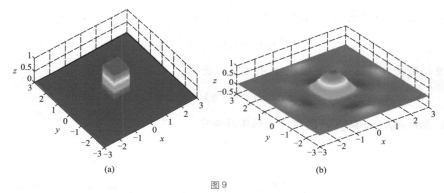

图 9

（a）例 3 中 $f(x,y)$ 的图像；（b）它的傅里叶变换 $F(u,v)$

习题

5. 求高斯单元的傅里叶变换

$$f(x,y) = \mathrm{e}^{-\pi(x^2+y^2)}$$

6. 投影

给定一个平面上一个适当的正则实值函数 f，我们定义它的轮廓（投影）为

$$f^{\vee}\{L\} := \int_L f(x,y)\,\mathrm{d}s \qquad (9)$$

其中 $\mathrm{d}s$ 是 $\mathbf{R}^2$ 上直线 L 的弧长微元. 换句话说, $f^{\vee}\{L\}$ 是 $f(x,y)$ 在直线 L 上的线积分.

在 1917 年, J. Radon 证明了, 当 f 是一个连续的具有紧支集(compact support)的函数时, 由投影(9)式可以还原 f.(他研究报告的一份英文翻译由 Deans[1983]给出). 投影 $f^{\vee}\{L\}$ 也称为函数 f 的拉东变换(Radon transform).

Deans[1983]给出拉东变换及其应用一个很好的基本介绍. Bracewell[1986]提供了拉东变换在图像处理中的许多应用实例. Z. P. Liang 和 2003 年诺贝尔医学奖获得者 P. C. Lauterbur 在高等工程教材中综述了理解现代核磁共振成像所需要的基本概念[1999].

更方便的表示为

$$f^{\vee}\{L\} := f^{\vee}_{\varphi}(p)$$

这里 p,φ 是由(2)式表示的 L 的参数, 取 $-\infty < p < +\infty, 0 \leqslant \varphi < \pi$, 我们可以得到所有直线.

对于某个角度, 比如说 $\varphi = \varphi_0$, $f^{\vee}_{\varphi_0}(p)$ 是 $f(x,y)$ 在 $L_{\varphi_0,p}$ 上的线积分. 因此, 轮廓 $f^{\vee}_{\varphi_0}(p)$ 是一个单变量函数, 即 p 的函数. 这样, 对于每一个 φ, 我们都可以定义轮廓 $f^{\vee}_{\varphi}(p)$.

下面两个例子说明了这个想法.

例 4   盒函数的拉东变换.

考虑例 1 中的盒函数:

$$f(x,y) = box(x,y) := \begin{cases} 1, & \text{若 } |x| \leqslant \dfrac{1}{2} \text{ 且 } |y| \leqslant \dfrac{1}{2} \\ 0, & \text{其他} \end{cases}$$

我们希望得到当 $\varphi = 0°, 45°$ 时的轮廓, 即 $b^{\vee}_0$ 和 $b^{\vee}_{45°}$. 注意到 $L_{0,p}, p \in \mathbf{R}$ 是垂线的集合, 如图 10(a) 所示, 当 (x,y) 在正方支集的外部或内部时, $b(x,y)$ 取常值 0 或 1. 因此, 沿着这族直线中的任意一条 L 的线积分 $\int b(x,y)\,\mathrm{d}s$ 就是落在方形域内线段的长度, 如图 10(b).

例如, $b^{\vee}_0(0) = b^{\vee}_0\left(\dfrac{1}{2}\right) = b^{\vee}_0\left(-\dfrac{1}{2}\right) = 1$. 还有 $b^{\vee}_0(0.6) = b^{\vee}_0(-0.6) = 0$. 图 10(b) 同时也展示了当 p 为水平轴, $b^{\vee}_0(p)$ 落在竖直轴上时 $b^{\vee}_0(p)$ 的图像. 因此, 盒函数的(轮廓)函数 $b^{\vee}_0(p)$ 可以表示为

$$b_0^{\vee}(p) = \begin{cases} 1, & -\dfrac{1}{2} \leqslant p \leqslant \dfrac{1}{2} \\ 0, & \text{其他} \end{cases}$$

当 $\varphi = 45°$ 时,轮廓 $b_{45°}^{\vee}$ 如图 10(c)所示. 我们建议你从直观上理解轮廓含义. 而对盒函数的 $b_{\varphi}^{\vee}(p)$ 的完整推导将在下一节给出.

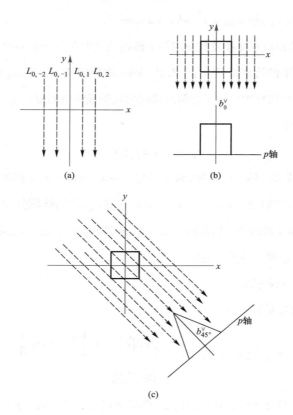

图 10

(a)　线段 $L_{0,-2}, L_{0,-1}, L_{0,1}, L_{0,2}$;(b)　盒函数的 $b_0^{\vee}$ 图;(c)　盒函数的 $b_{45°}^{\vee}$ 图

例 5　单位圆柱体.

令

$$f(x,y) = \begin{cases} 1, & \text{若 } x^2 + y^2 \leqslant \left(\dfrac{1}{2}\right)^2 \\ 0, & \text{其他} \end{cases} \tag{10}$$

这个函数在圆 $x^2 + y^2 \leqslant \left(\dfrac{1}{2}\right)^2$ 内的任一点 (x,y) 处取值为 1,在圆外取值为 0,如图 11(a)(b)所示.

图 11(c)展示了对应于 $\varphi = 0°, 45°, 90°$ 和 135° 的 4 个轮廓的大致图像. 我们将这个例子留做本文的后续研究.

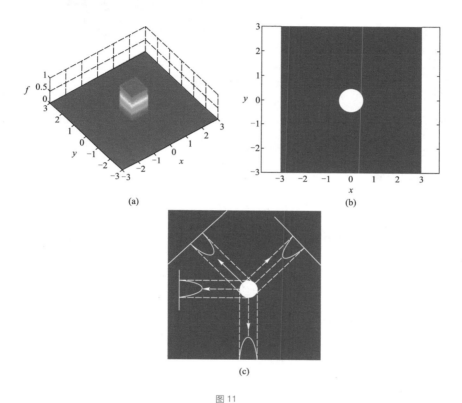

(a)

(b)

(c)

图 11

(a)、(b) 用曲面图和密度图表示对称单位圆柱体,式(10);(c) 单位圆柱体的轮廓 $f_{0°}^{\vee}$, $f_{45°}^{\vee}$, $f_{90°}^{\vee}$, $f_{135°}^{\vee}$

习题

6. 给定如图 12 所示函数 $f(x,y)$ 的二值图像(画的是字母 T),请画出(徒手)$f_{0°}^{\vee}(p)$ 和 $f_{90°}^{\vee}(p)$ 的草图.

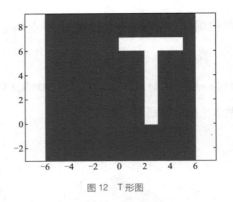

图12　T形图

7. 投影(续)

现在我们知道，$f(x,y)$对应于角φ的轮廓$f_\varphi^\vee$由下式确定

$$f_\varphi^\vee(p) = \int_L f(x,y)\,\mathrm{d}s$$

可以找到一个实用公式去估算$f_\varphi^\vee$. 事实上，如果$\varphi=0$，那么$L_{0,p}$为竖直线，且

$$f_0^\vee(p) = \int_{-\infty}^{+\infty} f(p,y)\,\mathrm{d}y \qquad\qquad (沿竖直线积分)$$

另一方面，如果$\varphi = \dfrac{\pi}{2}$，那么$L_{\pi/2,p}$是水平线，且

$$f_{\pi/2}^\vee(p) = \int_{-\infty}^{+\infty} f(x,p)\,\mathrm{d}x \qquad\qquad (沿水平线积分)$$

更一般地，如果令$x = p\cos\varphi - s\sin\varphi$，$y = p\sin\varphi + s\cos\varphi$，则

$$f_\varphi^\vee(p) = \int_{-\infty}^{+\infty} f(p\cos\varphi - s\sin\varphi, p\sin\varphi + s\cos\varphi)\,\mathrm{d}s \qquad (11)$$

我们将有机会去估计（11）式的积分值，并且这个过程按一些规则来完成〔Deans 1983；Liang 和 Lauterbur 1999〕. 特别地，我们需要下面的两个规则：

令f_1, f_2为$\mathbf{R}^2$上适当的正则函数，并且令c_1, c_2, x_0, y_0为实标量：

a）线性规则：

如果$g(x,y) = c_1 f_1(x,y) + c_2 f_2(x,y)$，　则$g_\varphi^\vee(p) = c_1 f_{1,\varphi}^\vee(p) + c_2 f_{2,\varphi}^\vee(p)$ 　(12)

习题

7. 证明规则(12).

b) 平移规则:

如果 $g(x,y) = f(x-x_0, y-y_0)$，则 $g_\varphi^\vee(p) = f_\varphi^\vee[p-(x_0\cos\varphi + y_0\sin\varphi)]$ （13）

我们现在计算几个基本函数的拉东投影.

例 6 单位圆柱的拉东变换.

令

$$f(x,y) = \begin{cases} 1, 若 x^2 + y^2 \leq \left(\dfrac{1}{2}\right)^2 \\ 0, 其他 \end{cases}$$

考虑到对称性,有 $f_\varphi^\vee(p) = f_0^\vee(p)$.

在式(11)中令 $\varphi = 0$,则

$$f_\varphi^\vee(p) = f_0^\vee(p) = \int_{-\infty}^{+\infty} f(p,y)\,\mathrm{d}y$$

$$= \begin{cases} \displaystyle\int_{-\sqrt{\frac{1}{4}-p^2}}^{\sqrt{\frac{1}{4}-p^2}} \mathrm{d}y, & 若 |p| < \dfrac{1}{2} \\ 0, & 其他 \end{cases}$$

$$= \begin{cases} \sqrt{1-4p^2}, & 若 |p| < \dfrac{1}{2} \\ 0, & 其他 \end{cases} \qquad (14)$$

图 13 画的是这个例子.

例 7 单位盒子的拉东变换.

令

$$f(x,y) = box(x,y) := \begin{cases} 1, 若 |x| \leq \dfrac{1}{2} 且 |y| \leq \dfrac{1}{2} \\ 0, 其他 \end{cases}$$

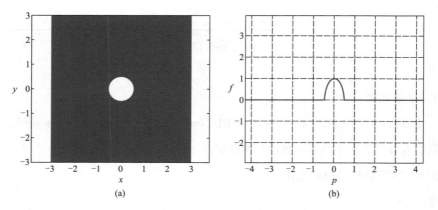

图 13 径向对称单位圆柱的密度图由(a)表示,轮廓图由(b)表示

我们先对 $0 \leqslant \varphi \leqslant \pi/4$ 求 $f_\varphi^{v}(p)$,然后利用对称性. 给定 $0 \leqslant \varphi \leqslant \pi/4$,用过正方形顶点的 4 条直线将平面分为 5 部分,如图 14 所示. 因为当 (x,y) 在支撑的方形区域内部(相应地,外部)时,$f(x,y)$ 取常值 1(相应地,0),$f_\varphi^{v}(p) = \int_L f(x,y)\,\mathrm{d}s$ 正好是直线 L 落在方形区域内部的长度.

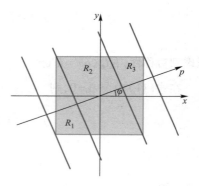

图 14 用来得到(15)式的单位盒子的区域

这样,我们可以使用初等三角函数来表示

$$f^{v}(p,\varphi) = \begin{cases} \dfrac{\sin \varphi + \cos \varphi - 2p}{2\sin \varphi \cos \varphi}, & \text{若} \dfrac{1}{2}\cos \varphi - \dfrac{1}{2}\sin \varphi \leqslant p \leqslant \dfrac{1}{2}\cos \varphi + \dfrac{1}{2}\sin \varphi \\[2mm] \dfrac{1}{\cos \varphi}, & \text{若} 0 \leqslant |p| \leqslant \dfrac{1}{2}\cos \varphi - \dfrac{1}{2}\sin \varphi \\[2mm] \dfrac{\sin \varphi + \cos \varphi + 2p}{2\sin \varphi \cos \varphi}, & \text{若} -\dfrac{1}{2}\cos \varphi - \dfrac{1}{2}\sin \varphi \leqslant p \leqslant -\dfrac{1}{2}\cos \varphi + \dfrac{1}{2}\sin \varphi \\[2mm] 0, & \text{其他} \end{cases} \tag{15}$$

当 $-\pi \leqslant \varphi \leqslant \pi$ 时,用 $\min\left\{|\varphi|, \pi - |\varphi|, \left|\dfrac{\pi}{2} - |\varphi|\right|\right\}$ 代换 φ,对新的变量计算(15)式. 我们用图 15 解释这个例子.

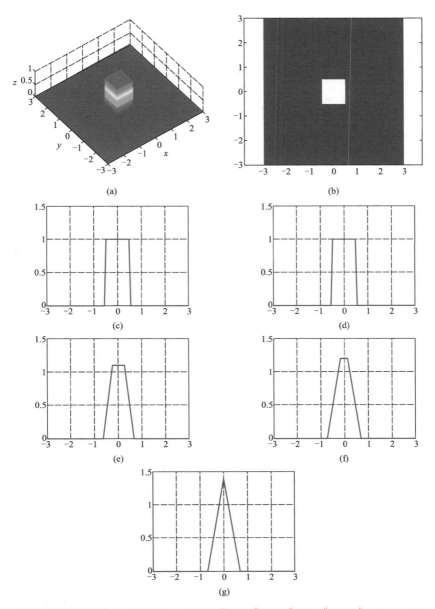

图 15 单位盒子曲面图(a),密度图(b),和轮廓图 $f_0^\lor(p)$, $f_{\frac{\lor}{16}}^{}(p)$, $f_{\frac{\lor}{8}}^{}(p)$, $f_{\frac{3\lor}{16}}^{}(p)$, $f_{\frac{\lor}{4}}^{}(p)$(c) ~(g)

例 8 字母 F 的拉东变换. 令

$$f(x,y) = b\left(x - \frac{1}{2}, y - \frac{1}{2}\right) + b\left(x - \frac{1}{2}, y - \frac{3}{2}\right) + b\left(x - \frac{1}{2}, y - \frac{5}{2}\right) +$$

$$b\left(x-\frac{1}{2},y-\frac{7}{2}\right)+b\left(x-\frac{1}{2},y-\frac{9}{2}\right)+b\left(x-\frac{1}{2},y-\frac{11}{2}\right)+$$

$$b\left(x-\frac{1}{2},y-\frac{13}{2}\right)+b\left(x-\frac{3}{2},y-\frac{13}{2}\right)+b\left(x-\frac{5}{2},y-\frac{13}{2}\right)+$$

$$b\left(x-\frac{7}{2},y-\frac{13}{2}\right)+b\left(x-\frac{9}{2},y-\frac{13}{2}\right)+b\left(x-\frac{3}{2},y-\frac{7}{2}\right)+$$

$$b\left(x-\frac{5}{2},y-\frac{7}{2}\right)+b\left(x-\frac{7}{2},y-\frac{7}{2}\right) \tag{16}$$

其中 b 为盒函数. 这 14 个盒型函数构成一个黑体字母 F, 如图 16 所示. 我们运用线性规则和平移规则, 由(16)式计算 f 的拉东投影.

记

$$p_1 = 0.5\cos(\varphi)+0.5\sin(\varphi), \quad p_8 = 1.5\cos(\varphi)+6.5\sin(\varphi)$$
$$p_2 = 0.5\cos(\varphi)+1.5\sin(\varphi), \quad p_9 = 2.5\cos(\varphi)+6.5\sin(\varphi)$$
$$p_3 = 0.5\cos(\varphi)+2.5\sin(\varphi), \quad p_{10} = 3.5\cos(\varphi)+6.5\sin(\varphi)$$
$$p_4 = 0.5\cos(\varphi)+3.5\sin(\varphi), \quad p_{11} = 4.5\cos(\varphi)+6.5\sin(\varphi)$$
$$p_5 = 0.5\cos(\varphi)+4.5\sin(\varphi), \quad p_{12} = 1.5\cos(\varphi)+3.5\sin(\varphi)$$
$$p_6 = 0.5\cos(\varphi)+5.5\sin(\varphi), \quad p_{13} = 2.5\cos(\varphi)+3.5\sin(\varphi)$$
$$p_7 = 0.5\cos(\varphi)+6.5\sin(\varphi), \quad p_{14} = 3.5\cos(\varphi)+3.5\sin(\varphi)$$

为平移规则(13)中对应于(16)盒函数的位移参数 $x_0\cos\varphi+y_0\sin\varphi$. 则

$$f^{\vee}(p,\varphi)=\sum_{m=1}^{14}b_{\varphi}^{\vee}(p-p_m)$$

图 16 为(16)式所表示的曲面图, 密度图和一些投影图.

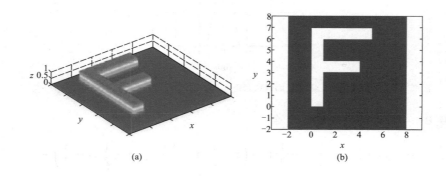

(a)　　　　　　　　　　(b)

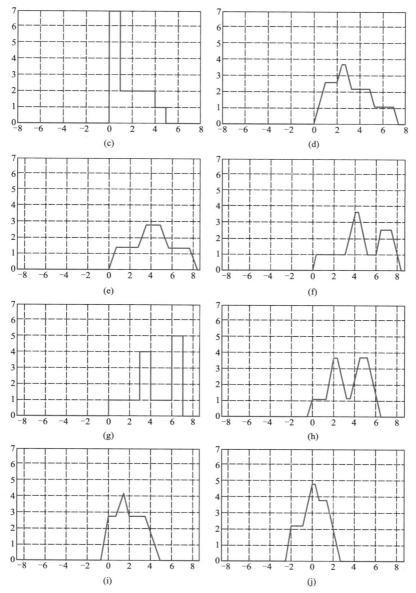

图 16 字母 F 的曲面图（a）、密度图（b）和投影 $f_\varphi^\vee$ 图（c）～（j），其中 $\varphi = 0, \dfrac{\pi}{8}, \dfrac{\pi}{4}, \dfrac{3\pi}{8}, \dfrac{\pi}{2}, \dfrac{5\pi}{8}, \dfrac{3\pi}{4}, \dfrac{7\pi}{8}$

习题

8. 考虑你在习题 5 中用过的径向对称的高斯单元

$$f(x,y) = e^{-\pi(x^2+y^2)}$$

证明 $f_\varphi^{\vee}(p) = e^{-\pi p^2}$，并画出 $f_\varphi^{\vee}(p)$.

8. 重构

1917 年，Radon 给出了以下反演公式 [Shepp 和 Kruskal 1978]. 假设 f 连续且具有紧支集，它在所有直线 L 的投影 $f^{\vee}\{L\}$ 已经给出. 如果 Q 是平面内任意一点，用 $F_Q(q)$ 表示距离为 $q > 0$ 的所有 $f^{\vee}\{L\}$ 的平均值. 那么 f 可以重构为

$$f(Q) = -\frac{1}{\pi} \int_0^{+\infty} \frac{\mathrm{d}F_Q(q)}{q}, \tag{17}$$

该积分收敛为一个 Stieltjes 积分.

这个纯数学结果是重构问题的基础. 然而，一个反演公式是不够的. Radon 工作的假设是已知无限多直线的投影. 然而，实际上，我们都是处理有限数量的投影，由一系列投影 $f_\varphi^{\vee}$ 确定的只是 f 的一个逼近. 而且，(17) 式的离散逼近不能提供好的重构，通常会导致困难 [Shepp 和 Kruskal 1978].

拉东变换和傅里叶变换之间的关系将在第 10 节变得清晰. 两者之间的联系至少可以追溯到 1936 年的 Cramer 和 Wold 的工作 [Deans 1983；Shepp 和 Kruskal 1978].

很多数学方法曾经用于重构，如

- 反投影 (back projection)，在早期的实验中使用过的粗略但重要的方法；

- 滤波反投影 (ltered back projection)，这是一种基于精确的数学求解的分析方法，被用在商业化的 X 射线扫描仪.

在医学领域，$f(x,y)$ 对应于人体在某个平面切片上一点 (x,y) 的组织密度，$f^{\vee}\{L\}$ 是当一束 X 射线沿直线 L 穿过人体时被吸收的对数测量值. 我们获得若干个投影 $f^{\vee}\{L\}$，用它们来合成组织密度函数 f，并显示相应的身体断面图像. 这些数学想法被用

于磁共振成像(MRI)以及用于计算机断层扫描(CT)图像.

下面我们描述反投影方法. 在第 10 节介绍滤波反投影.

一个古老的想法(反投影)

反投影是一种从轮廓 $f_\varphi^\vee$ 来恢复 $f(x,y)$ 的方法. 实际上,这个方法没有被运用,因为它产生的仅仅是 $f(x,y)$ 的一个粗略估计. 然而,通过掌握这一方法的数学思想,你将会获得解决整个问题的关键.

作为开始的例子再次考虑圆柱体函数,

$$f(x,y) = \begin{cases} 1, 若 x^2 + y^2 \leq \left(\dfrac{1}{2}\right)^2 \\ 0, 其他 \end{cases}$$

我们已经在例 5 和例 6 中探讨过这个函数及其轮廓. 正如图 17 的提示,如果我们增加将每个投影返回图像空间的效果,将获得函数 $f(x,y)$ 的一个模糊粗糙图像. 特别地,注意到,图像中心 $(0,0)$ 得到每一个轮廓的贡献.

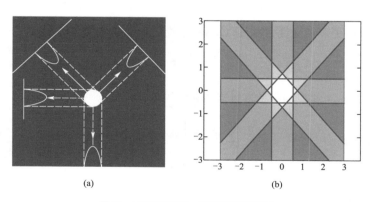

(a)　　　　　　　　　　(b)

图 17 (反投影)将每一个投影传回到平面

参考图 18 作进一步的解释. 函数 $f(x,y)$ 的支撑与相应于角度 φ 的轮廓 $f_\varphi^\vee$ 一起被展示. 应该注视这个图,直到你理解点 (x,y), $f(x,y)$, φ, p 和 $f_\varphi^\vee$ 是怎样由这幅图联系起来的.

我们将看到单个轮廓 $f_\varphi^\vee$ 在估计 $f(x,y)$ 中的贡献. 我们记

$$(\text{Backproj} f_\varphi^\vee)(x,y) := f_\varphi^\vee(p)$$

$$= f_\varphi^\vee(x\cos\varphi + y\sin\varphi)$$

换句话说,Backproj $f_\varphi^\vee$ 将一维轮廓线 $f_\varphi^\vee$ 映射成在直线 $p = x\cos\varphi + y\sin\varphi$ 上为常值的二元变量函数.

如果 f 有紧支集,则 Backproj $f_\varphi^\vee(x,y)$ 是在 xy 平面上的一条带,它正交于由 φ 确定的一条射线,如图 19 所示.

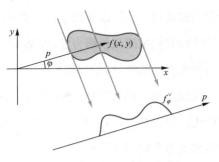

图 18   函数 $f(x,y)$ 和其投影 $f_\varphi^\vee$

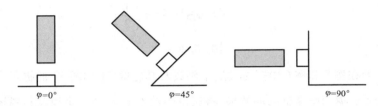

图 19   盒函数在角度为 $\varphi=0°,\varphi=45°,\varphi=90°$ 的反投影

为了用一个函数 $f_B(x,y)$ 逼近函数 $f(x,y)$,使用所有可能的投影 $f_\varphi^\vee$,将每个投影都伸展回 xy 平面.更确切地说,我们通过累积反投影来形成 f_B.数学上记

$$f(x,y) \approx f_B(x,y) := \int_{\varphi=0}^{\pi} f_\varphi^\vee(x\cos\varphi + y\sin\varphi)\,\mathrm{d}\varphi \tag{18}$$

实际上,我们用一个相应的离散逼近形式来替换积分(18):

$$f_{B,N}(x,y) := \frac{\pi}{N} \sum_{m=0}^{N-1} f_{m\pi/N}^\vee \left[x\cos\left(\frac{m\pi}{N}\right) + y\sin\left(\frac{m\pi}{N}\right) \right] \tag{19}$$

例 9   检验想法.

为了检验这些想法,取一个曾在例 6 ~ 例 8 中介绍过的基本函数,例如,例 6 中的圆柱体函数,然后按照下述步骤做:

a) 写出两个 MATLAB 代码,codeA. m 和 codeB. m,实现下面的计算:

代码 A:此函数计算由(10)式给出的圆柱体函数.因此,输入 (x,y) 并输出 $f(x,y)$.

代码 B:此函数计算(14)式中的投影 $f_\varphi^\vee$.因此,输入 p 和 φ 并输出 $f_\varphi^\vee(p)$.

b) 写一个 MATLAB 的脚本(驱动)文件,其输出如下:

i. 显示 $[-3,3] \times [-3,3]$ 的圆柱体函数的图像(密度图).在这一部分,你将调用代码 A.

ii. 显示 $f_\varphi^\vee$ 图像, 通过调用代码 B.

iii. 显示反投影图像, 通过执行 (19) 式:

$$f_{B,N}(x,y) = \frac{\pi}{N} \sum_{m=0}^{N-1} f_{m\pi/N}^\vee \left[x\cos\left(\frac{m\pi}{N}\right) + y\sin\left(\frac{m\pi}{N}\right) \right],$$

其中通过代码 B 计算得到 $f_\varphi^\vee$, N 的值可自己选择. 图 20 显示了 $f_{B,N}$ 的图像, $N = 1, 2, 4, 8,$ 16, 32 和 64.

正如图 20 所示, 通过累积反投影获得的 (18) 或 (19) 的图像有些模糊. 我们将在第 10 节讨论这个问题并推导一个精确的公式.

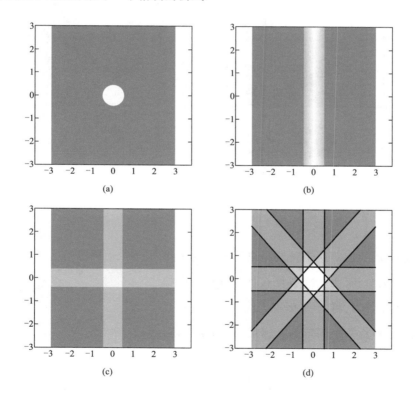

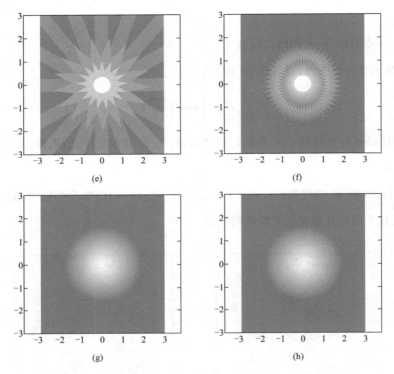

图 20　单位圆柱体的密度图和相应的反投影图像 $f_{B,N}$，其中 $N=1,2,4,8,16,32,64$

9. 计算机断层扫描简介

　　在这部分,我们对这个曾获得诺贝尔奖的工作做一个简要的分析. 为了理解什么是计算机断层扫描(CT). 参考图 21,将 xy 平面视为检测下的切片或层. 切片上的点由一个固定的坐标系 (x,y) 来描述,射线 L(虚线)由 p,φ 如(2)确定. 我们可以想象一个薄片,穿过头部,垂直于身体轴. 投射几百条平行的 X 光线穿过位于该平面的头部.

　　射线(直线) L 由两个值确定:

- I_0 = 输入强度(每秒每单位横截面通过的光

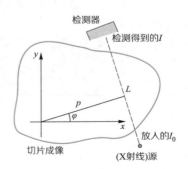

图 21　坐标系. 密度函数 $f(x, y)$ 由 $x-y$ 坐标描述. 射线 L 由它与 x 轴夹角 φ 和与原点距离 p 确定

子数）；

- I = 光束穿过物体之后的观测强度.

显然 $I \le I_0$，这是由于 X 射线穿过物体后会被吸收一部分.

令 $f(x,y)$ = 衰减系数，它取决于材料的密度［Deans 1983］.

物理学证明了

$$-\log\left(\frac{I}{I_0}\right) = \int_L f(x,y)\,\mathrm{d}s = f_\varphi^\aleph(p) \tag{20}$$

由于 I_0 可控，I 可测，故（20）式的左边可以计算.通过这种方法，我们可以收集数据来确定足够多的角度 φ 的轮廓 $f_\varphi^\aleph$.有了未知（不可见）f 的轮廓 $f_\varphi^\aleph$，可以用数学工具来重构 f 并做出图像.

英国工程师 Godfrey Hounsfield 博士在 1971 年发明了第一个实用的 CT 扫描仪. Hounsfield 和美国的物理学家 A. M. Cormack 博士，因为他们在这一领域的贡献，分享了 1979 年的医学和生理学诺贝尔奖［Seeram 1994］.我们再次强调这个非同寻常的发明背后的基本原理是数学重构.

在第 3 节看到的传统的成像技术是由简单地在胶片上生成阴影的方法来实现的，这基本上是由伦琴发明的.另一方面，CT 方法能够清楚地查看一个主体的截面或断层，不受其他区域干扰；当然，为了在探测到 $f_\varphi^\aleph$ 后重构和展示图像 f，电脑是必需的.第 3 节中的图 5 给出了 X 射线成像技术与断层扫描技术之间的比较. 图 22 展示的是现代 CT 扫描检查的场景.

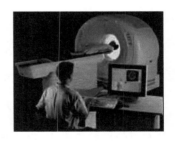

图 22　CT 扫描检查

10. 滤波反投影

反投影（18）产生了一个粗糙的模糊的图像，在中心处的高密度是由于许多不同的图像在那里重叠.然而，如果轮廓在进行反投影之前通过某种方式被修正或滤波，那么反投影是可以进行的.在本节，我们给出所谓傅里叶滤波的完整推导.

从介绍下列重要的规则开始. 令

$$F(u,v) := \int_{-\infty}^{+\infty} \int_{-\infty}^{+\infty} f(x,y) \mathrm{e}^{-2\pi\mathrm{i}(ux+vy)} \mathrm{d}x\mathrm{d}y \tag{21}$$

为 f 的二维傅里叶变换. 单变量函数

$$G_\varphi(\omega) := F(\omega\cos\varphi, \omega\sin\varphi), \ -\infty < \omega < +\infty$$

为通过 φ 角的 F 切片,并记 $g_\varphi(p)$ 为由合成方程

$$g_\varphi(p) = \int_{-\infty}^{+\infty} G_\varphi(\omega) \mathrm{e}^{2\pi\mathrm{i}\omega p} \mathrm{d}\omega$$

确定的函数,则(编译者注:利用公式(11)和二重积分变量替换可以证明)

$$f_\varphi^{\backslash}(p) = g_\varphi(p) \tag{22}$$

或者等价地,

$$(\mathcal{F}f_\varphi^{\backslash})(\omega) = F(\omega\cos\varphi, \omega\sin\varphi) \tag{23}$$

其中 $\mathcal{F}$ 是单变量傅里叶变换算子. 方程(23)称为投影切片定律(projection slice rule). 它建立了拉东变换和傅里叶变换的联系.

现在我们采用极坐标

$$u = \omega\cos\varphi, \quad v = \omega\sin\varphi$$

表示傅里叶合成公式

$$f(x,y) = \int_{-\infty}^{+\infty} \int_{-\infty}^{+\infty} F(u,v) \mathrm{e}^{2\pi\mathrm{i}(ux+vy)} \mathrm{d}u\mathrm{d}v$$

其中 F 由(21)式给出. 由此得到

$$f(x,y) = \int_{\varphi=0}^{2\pi} \int_{\omega=0}^{+\infty} \omega F(\omega\cos\varphi, \omega\sin\varphi) \mathrm{e}^{2\pi\mathrm{i}\omega(x\cos\varphi+y\sin\varphi)} \mathrm{d}\omega\mathrm{d}\varphi$$

将这个积分分解成 I_1 和 I_2 之和

$$I_1 = \int_{\varphi=0}^{\pi} \int_{\omega=0}^{+\infty} \omega F(\omega\cos\varphi, \omega\sin\varphi) \mathrm{e}^{2\pi\mathrm{i}\omega(x\cos\varphi+y\sin\varphi)} \mathrm{d}\omega\mathrm{d}\varphi$$

$$I_2 = \int_{\varphi=\pi}^{2\pi} \int_{\omega=0}^{+\infty} \omega F(\omega\cos\varphi, \omega\sin\varphi) \mathrm{e}^{2\pi\mathrm{i}\omega(x\cos\varphi+y\sin\varphi)} \mathrm{d}\omega\mathrm{d}\varphi$$

改变第二个积分限,

$$I_2 = \int_{\theta=0}^{\pi} \int_{\omega=0}^{+\infty} \omega F(\omega\cos(\theta+\pi), \omega\sin(\theta+\pi)) e^{2\pi i\omega(x\cos(\theta+\pi)+y\sin(\theta+\pi))} d\omega d\theta$$

$$= \int_{\theta=0}^{\pi} \int_{\omega=0}^{+\infty} \omega F(-\omega\cos\theta, -\omega\sin\theta) e^{-2\pi i\omega(x\cos\theta+y\sin\theta)} d\omega d\theta$$

$$= \int_{\theta=0}^{\pi} \int_{\omega=-\infty}^{0} |\omega| F(\omega\cos\theta, \omega\sin\theta) e^{2\pi i\omega(x\cos\theta+y\sin\theta)} d\omega d\theta$$

将 I_2 的这个表达式与上面给出的 I_1 合并得到

$$f(x,y) = \int_{\varphi=0}^{\pi} \int_{\omega=-\infty}^{+\infty} |\omega| F(\omega\cos\varphi, \omega\sin\varphi) e^{2\pi i\omega(x\cos\varphi+y\sin\varphi)} d\omega d\varphi$$

最后,我们使用投影切片定律(23)重写这个积分形式为

$$f(x,y) = \int_{\varphi=0}^{\pi} \int_{\omega=-\infty}^{+\infty} |\omega| (\mathcal{F}f_\varphi^{\wedge})(\omega) e^{2\pi i\omega(x\cos\varphi+y\sin\varphi)} d\omega d\varphi$$

由此得到合成方程

$$f(x,y) = \int_{\varphi=0}^{\pi} f_\varphi^{*}(x\cos\varphi + y\sin\varphi) d\varphi \tag{24}$$

其中

$$f_\varphi^{*}(p) := \int_{\omega=-\infty}^{\infty} |\omega| (\mathcal{F}f_\varphi^{\wedge})(\omega) e^{2\pi i\omega p} d\omega \tag{25}$$

在断层扫描的早期,人们发现,用(18)式可以获得 f 的模糊表示,如图 20;但(24)表明,有可能通过累加 f_φ^{*} 的反投影产生精确的 f 的图像. 这种累加具有抑制低频分量和增强呈现边缘的高频分量的效果. 我们说 f_φ^{*} 是通过滤波 $f_\varphi^{\wedge}(p)$ 得到的,并且将 $f_\varphi^{*}(x\cos\varphi + y\sin\varphi)$ 视为 $f_\varphi^{\wedge}(p)$ 沿着方向 φ 的滤波反投影(filtered back projection). 使用离散化形式

$$f_{F,N}(x,y) := \frac{\pi}{N} \sum_{m=0}^{N-1} f_{m\pi/N}^{*} \left[x\cos\left(\frac{m\pi}{N}\right) + y\sin\left(\frac{m\pi}{N}\right) \right] \tag{26}$$

通过滤波反投影的有限和来逼近 $f(x,y)$.

例 10 单位圆柱体的滤波反投影.

当 f 是径向对称的单位圆柱体(10)时,我们得到

$$f_\varphi^{\wedge}(p) = \begin{cases} \sqrt{1-4p^2}, & \text{若 } |p| < \dfrac{1}{2} \\ 0, & \text{其他} \end{cases}$$

$$(\mathcal{F}f_{\varphi}^{\vee})(\omega) = \frac{1}{2}\frac{J_1(\pi\omega)}{\omega}$$

$$(\mathcal{F}f_{\varphi}^*)(\omega) = |\omega|(\mathcal{F}f_{\varphi}^{\vee})(\omega) = \frac{|\omega|J_1(\pi\omega)}{2\omega}$$

$$f_{\varphi}^*(p) = \int_{\omega=-\infty}^{+\infty}\frac{|\omega|J_1(\pi\omega)}{2\omega}e^{2\pi i\omega p}\mathrm{d}\omega \tag{27}$$

$$= \int_{\omega=0}^{+\infty}J_1(\pi\omega)\cos(2\pi\omega p)\mathrm{d}\omega$$

其中J_k是第一型 k 阶贝塞尔函数[Kammler 2000].

图 23 展示了单位圆柱函数的 f_{φ}^* 和 $f_{\varphi}^{\vee}(p)$ 的图像. 对于这个特定的函数,由于对称性$f_{\varphi}^{\vee}(p)$不依赖 φ. 利用公式(26),其中f_{φ}^* 由公式(27)表示,你可以展示圆柱函数的滤波反投影图像. 图 24 展示出$f_{F,N}$的图像,$N=1,2,4,8,16,32,64$;请将这幅图与图 20 比较.

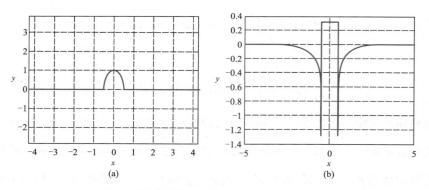

图 23　单位圆柱体的一个轮廓(a)和滤波轮廓(b)

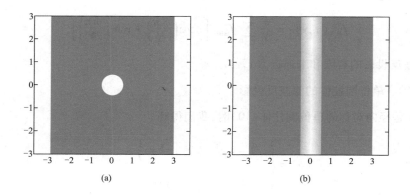

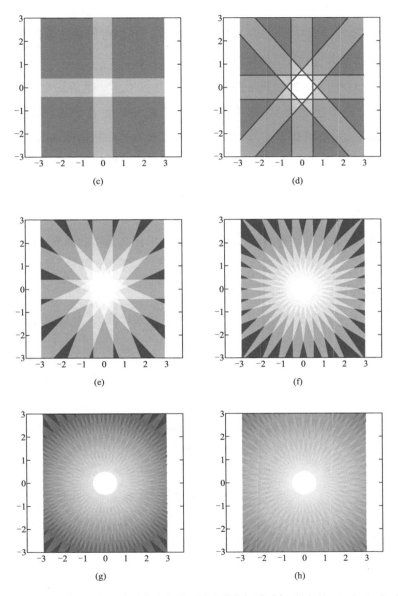

图 24　单位圆柱的密度图和相应的滤波反投影密度图（（26）式），其中 N = 1，2，4，8，16，32，64，f_φ^* 由（27）式给出

我们用两个重要的注记结束这一节.

• 方程(25),即所谓傅里叶滤波,是基本的,但需要进一步的工作才能使用它.虽然对于某些初等函数,例如径向对称的单位圆柱(27),我们可以成功地计算$f_\varphi^*(p)$,那也仅是一个好的"教学"例子,帮助我们检测我们的想法.

在表达式(25)中,$|\omega|$的出现导致了困难,需要运用算法求解这个方程.1965 年 Bracewell 首先讨论了这个问题,他给了一个广泛使用的替代公式,称为卷积滤波 (convolution filtering).还有许多人,如 Ramachandran 和 Lakshminarayanan 提供了进一步的增强卷积滤波[Shepp and Kruskal 1978].今天,许多卷积算法是有效的,而且都包含在滤波反投影词条里.有兴趣的学生可以学习 Bracewell [1986],Brooks[1985],Liang 和 Lauterbur[1999]的进一步研究工作.

• 我们提醒读者在使用滤波反投影时,不论采用什么具体的滤波算法,都要注意两个逼近.

——用和代替积分,正如我们在(26)做的那样.

——因为对于一个给定的角 φ,$f_\varphi^*(p)$是按离散形式计算的,对任意的 p 需要利用插值确定$f_\varphi^*(p)$的值.

习题

9. 在本习题中,不使用反投影,你将学习另一种称为二维傅里叶重构方法的基础知识.

a) 从显示拉东变换和傅里叶变换之间联系的方程(23)开始.用你自己的话解释这种联系.如何使用此方程由$f_0^\vee(p)$重构 $f(x,y)$?

b) 习题 8 证明了径向对称的高斯函数的拉东变换为:$f_\varphi^\vee(p) = e^{-\pi p^2}$.运用(23)从高斯函数的拉东变换恢复高斯函数.

11. MATLAB 设计

在例 10 中处理径向对称单位圆柱时,我们结合 (27) 计算公式 (26). 这里使用一些 MATLAB 的指令讨论一个恢复函数的例子.

MATLAB 的图像处理工具箱(Image Processing Toolbox)是一个支持各种图像处理的函数集合. 特别地,我们简要地描述以下两个函数.

- radon

这个函数计算图像矩阵 $f(x,y)$ 沿某一特定方向的投影. 指令

$$[R,xp] = radon(I,theta)$$

计算图像 I 在由向量 theta 指定角度下的拉东变换. R 的列向量对应于 theta 中各个角度的拉东变换. 向量 xp 是相应的沿 p 轴的坐标.

- iradon

这个函数利用滤波反投影算法实现拉东逆变换:

$$IR = iradon(R,theta)$$

在使用 MATLAB 命令时,你需要清楚我们之前说明的缩放比例与 MATLAB 函数产生的缩放比例之间的差异. 建议你使用 help 命令在 MATLAB 命令窗口中显示信息.

学习例题 11 然后做习题 10,你将恢复一个自己选择的图像.

例 11 灰度图像.

至此使用的图像都是二值图像:$f(x,y)$ 是 1 或 0. 在这个例子中,我们处理不同灰度水平的图像. 定义

$$f(x,y) = Sara(x,y)$$

我们扫描图 25(a) 所示照片的原始彩色版并将其保存为 JPEG 图像,称它为 MyImag. 利用 MATLAB,如 307 页表 2 中的代码 2 所示,可以:

(1) 展示 MyImag(图 25(a)),使用 MATLAB 指令 gb2gray 后,将图像转换为灰度,如代码 2 所示.

(2) 计算并保存几个 MyImag 的投影. 3 个投影,对应于 $\varphi = 0°$,45° 和 90°,显示在

图 25(b) ~ (d)中.

(3) 使用指令 `radon` 和 `iradon` 计算和展示几个重构图像(图26).

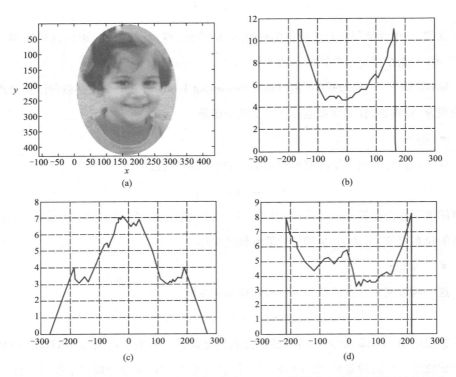

图25　原始图像 Sara (x, y), (b) ~ (d)对应于角度0°, 45°和90°的 Sara 的投影, 使用 MATLAB 命令 `radon`

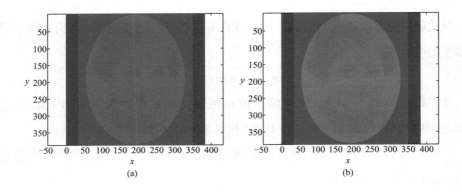

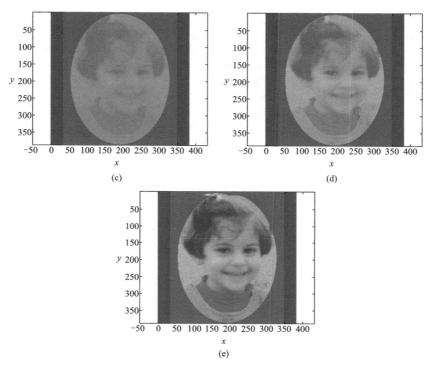

图 26　Sara 的滤波反投影利用 15°，30°，45°，90°和 180°投影

习题

10. 按照例题 11 中的步骤，对你选择的图片执行相同的步骤. 表 2 中代码 2 是做这个习题的一种方式. 你可以研究并进行更改，或者只是使用它.

表 2　代码 2

```
% Code2：a script MATLAB file；
% uses radon and iradon as explained in Example 11.

% Part1：Read and display the original image.
I = imread（'MyImag', 'jpg'）；        % Read the original image
                                        'MyImag'
                                     % and save it as a matrix C
C =rgb2gray（I）；                     % Convert colormap to
                                        grayscale.
```

```
figure ( 1 )
imagesc ( C ) ;                      % Display the image
colormap ( gray ) ;
shading interp
xlabel ( 'x' )
ylabel ( 'y' )
axis equal
title ( ' Figure ( 1 ): Input MyImag' )

% Part 2: compute and display projections
theta0 = 0 ;                         % Note: You may change theta0 to
                                         any angle you want
[ R0, xp0 ]  = radon ( C, theta0 ) ;
figure ( 2 )
plot ( xp0, R0 ) , grid
title ( ' Figure ( 2 ): The Zero Projection of MyImag' )

% Part 3: Practicing
% Here we use radon to collect profiles, and then we
% use iradon to get an image using these profiles.

theta = linspace ( 0, 180, 2 ) ;    % Here we use 90 - degree projec-
                                         tions, but by
                                     % changing theta you can
                                         display different
                                     % images.
                                     % If theta is a vector, it must
                                         contain angles
                                     % with equal spacing between
                                         them.
[ R, xp ]  = radon ( C, theta ) ;
I = iradon ( R, theta ) ;
figure ( 3 )
imagesc ( I ) ;
colormap ( gray ) ;
shading interp
xlabel ( 'x' )
ylabel ( 'y' )
axis equal
title ( ' Figure ( 3 ): Filtered Back projection of MyImag Using 90
projections' )
```

12. 习题解答

1. 你可以使用表3中的脚本文件代码3. 该输出显示在图27.

表3　代码3

```
% Code3：a script MATLAB file；
% generates surface surface
% and density plots for the radially symmetric
% unit Gaussian.

step =0.03；
s = -3:step:3; t =s；

[A, B] = meshgrid (s, t)；      % define a grid
C =zeros (length (s), length (s))；
for i =1:length (s)
for j =1:length (t)
      x =A (i, j)；
      y =B (i, j)；
      C (i, j) =exp ( - (x^2 +y^2))；
end
end
figure (1)
surf (A, B, C)                  % display the surface
view ([20, 20, 120])
shading interp
xlabel ('x')
ylabel ('y')
zlabel ('z')
title ('Surface of the Gaussian Function')


figure (2)
pcolor (A, B, C)                % display the image
colormap (gray)；
shading interp
xlabel ('x')
ylabel ('y')
axis equal
title ('Density Plot for the Gaussian Function')
```

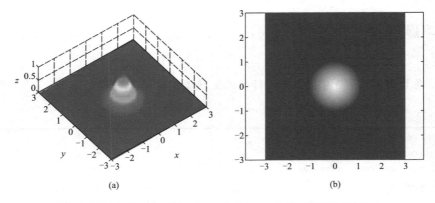

图 27　径向对称单元的表示由一个表面（ a ）和由一个高斯密度曲线（ b ）所示

2. 设 (x,y) 是 L 上任意点. L 的斜率为

$$m = \frac{-\cos \varphi}{\sin \varphi}$$

还有, L 经过点 $(p\cos \varphi, p\sin \varphi)$. 因此, L 的方程是

$$y - p\sin \varphi = \frac{-\cos \varphi}{\sin \varphi}(x - p\cos \varphi)$$

解出 p 即可.

3. 由于 $e^{-\pi x^2}$ 是偶函数, $\sin$ 是奇函数

$$
\begin{aligned}
F(s) &= \int_{x=-\infty}^{+\infty} e^{-\pi x^2} e^{-2\pi isx} dx \\
&= \int_{x=-\infty}^{+\infty} e^{-\pi x^2} \left[\cos(2\pi sx) + i\sin(2\pi sx) \right] dx \\
&= \int_{x=-\infty}^{+\infty} e^{-\pi x^2} \cos(2\pi sx) dx
\end{aligned}
$$

直接计算可得.

4.
$$
\begin{aligned}
F(u,v) &= \int_{x=-\infty}^{+\infty} \int_{y=-\infty}^{+\infty} f_1(x) \cdot f_2(y) e^{-2\pi i(ux+vy)} dy dx \\
&= \left\{ \int_{x=-\infty}^{+\infty} f_1(x) e^{-2\pi iux} dx \right\} \left\{ \int_{y=-\infty}^{+\infty} f_2(y) e^{-2\pi ivy} dy \right\} \\
&= F_1(u) \cdot F_2(v)
\end{aligned}
$$

5. 请应用习题 4 和习题 3 的结果.

6. $f_0^\vee(p)$ 的图像如图 28 所示.

7.

$$g_\varphi^\vee(p) = \int_L [c_1 f_1(x,y) + c_2 f_2(x,y)] \, ds$$

$$= c_1 \int_L f_1(x,y) \, ds + c_2 \int_L f_2(x,y) \, ds$$

8. 我们有 $f(x,y) = e^{-\pi(x^2+y^2)}$,这是径向对称的,所以可以使用式子(11)这样写:

$$f_\varphi^\vee(p) = f_0^\vee(p) = \int_{-\infty}^{+\infty} f(p,y) \, dy$$

$$= \int_{-\infty}^{+\infty} e^{-\pi(p^2+y^2)} \, dy$$

$$= e^{-\pi p^2}$$

得到的 $f_0^\vee(p)$ 被显示在图 29.

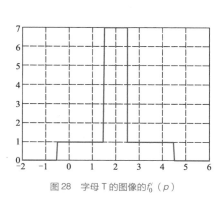

图 28　字母 T 的图像的 $f_0^\vee(p)$

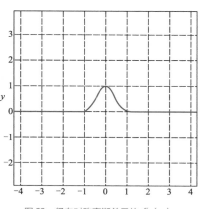

图 29　径向对称高斯单元的 $f_0^\vee(p)$

9. a) 我们知道 $f(x,y)$ 的二维傅里叶变换 $F(u,v)$ 可以通过一个拉东变换 $f_\varphi^\vee(p)$ 的一维傅里叶变换来获得,这里

$$u = \omega\cos\varphi, \quad v = \omega\sin\varphi, \quad \omega^2 = u^2 + v^2$$

b) 由习题 8 有

$$f_\varphi^\vee(p) = e^{-\pi p^2}$$

但通过习题 3 有

$$\mathcal{F}(f_{\varphi}^{\wedge})\ (\omega) = e^{-\pi\omega^2}$$

运用(23)得到

$$F(u,v) = F(\omega\cos\varphi,\omega\sin\varphi)$$
$$= e^{-\pi\omega^2}$$
$$= e^{-\pi(u^2+v^2)}$$

这意味着可以从 $f_{\varphi}^{\wedge}(p)$ 得到 $F(u,v)$. 但接着我们可以使用(7)从 $F(u,v)$ 恢复 $f(x,y)$. 从习题 5 中的确可以得知,这里的 $f(x,y)$ 就是高斯单元.

参考文献

Kevles,Bettyann Holtzmann. 1997. Naked to the Bone: Medical Imaging in the Twentieth Century. New Brunswick, NJ: Rutgers University Press.

Bracewell R. N. 1986. The Fourier Transform and Its Applications. 2nd ed. NewYork: McGraw-Hill,1986.

Brooks,R. A. ,G. Di Chiro. 1975. Theory of image reconstruction in computed tomography. Radiology,117: 561 − 572.

Deans S. R. 1983. The Radon Transform and Some of Its Applications. New York:JohnWiley & Sons.

Gonzales R. C. ,R. E. Woods. 2002. Digital Image Processing. 2nd ed. Reading,MA: Addison-Wesley.

Kammler D. W. 2000. A First Course in Fourier Analysis. Upper Saddle River,NJ: Prentice-Hall.

Liang Zhi-Peu,Paul C. Lauterbur. 1999. Principles of Magnetic Resonance Imaging. New York: Wiley-IEEE Press.

Seeram,Euclid. 1994. Computed Tomography. Philadelphia,PA: W. B Saunders.

Shepp,L. A. , J. B. Kruskal. 1978. Computerized tomography: The new medical X − ray technology. American Mathematical Monthly,85(6):420 − 438.

郑重声明

高等教育出版社依法对本书享有专有出版权。任何未经许可的复制、销售行为均违反《中华人民共和国著作权法》，其行为人将承担相应的民事责任和行政责任；构成犯罪的，将被依法追究刑事责任。为了维护市场秩序，保护读者的合法权益，避免读者误用盗版书造成不良后果，我社将配合行政执法部门和司法机关对违法犯罪的单位和个人进行严厉打击。社会各界人士如发现上述侵权行为，希望及时举报，我社将奖励举报有功人员。

反盗版举报电话　　(010) 58581999　58582371

反盗版举报邮箱　dd@hep.com.cn

通信地址　北京市西城区德外大街4号　高等教育出版社法律事务部

邮政编码　100120

读者意见反馈

为收集对教材的意见建议，进一步完善教材编写并做好服务工作，读者可将对本教材的意见建议通过如下渠道反馈至我社。

咨询电话　400-810-0598

反馈邮箱　hepsci@pub.hep.cn

通信地址　北京市朝阳区惠新东街4号富盛大厦1座
　　　　　高等教育出版社理科事业部

邮政编码　100029

防伪查询说明

用户购书后刮开封底防伪涂层，使用手机微信等软件扫描二维码，会跳转至防伪查询网页，获得所购图书详细信息。

防伪客服电话　　(010) 58582300

网络增值服务使用说明

一、注册/登录

访问http://abook.hep.com.cn/41842，点击"注册"，在注册页面输入用户名、密码及常用的邮箱进行注册。已注册的用户直接输入用户名和密码登录即可进入"我的课程"页面。

二、课程绑定

点击"我的课程"页面右上方"绑定课程"，正确输入教材封底防伪标签上的20位密码，点击"确定"完成课程绑定。

三、访问课程

在"正在学习"列表中选择已绑定的课程，点击"进入课程"即可浏览或下载与本书配套的课程资源。刚绑定的课程请在"申请学习"列表中选择相应课程并点击"进入课程"。

如有账号问题，请发邮件至：abook@hep.com.cn。

图书在版编目（ＣＩＰ）数据

UMAP数学建模案例精选. 1 / 姜启源等编译. -- 北
京：高等教育出版社，2015.7（2023.1重印）
（数学建模案例丛书/李大潜主编）
ISBN 978-7-04-041842-2

Ⅰ. ①U… Ⅱ. ①姜… Ⅲ. ①数学模型 Ⅳ. ①O22

中国版本图书馆CIP数据核字(2015)第027248号

策划编辑	李晓鹏	责任编辑	李晓鹏	封面设计	张雨微	版式设计	张雨薇
插图绘制	杜晓丹	责任校对	王 雨	责任印制	朱 琦		

出版发行	高等教育出版社	咨询电话	400-810-0598	
社　　址	北京市西城区德外大街 4 号	网　　址	http://www.hep.edu.cn	
邮政编码	100120		http://www.hep.com.cn	
印　　刷	涿州市京南印刷厂	网上订购	http://www.landraco.com	
开　　本	787 mm×960 mm　1/16		http://www.landraco.com.cn	
印　　张	20.25	版　　次	2015 年 7 月第 1 版	
字　　数	300 千字	印　　次	2023 年 1 月第 3 次印刷	
购书热线	010-58581118	定　　价	39.80 元	